GEN WO XUE

DIANQI KONGZHI YU PLC

跟我学
电气控制与 PLC

主　编　田宝森　李　瑞

副主编　薛　彬　荏文清

参　编　史　芸　马淑芳　王晓鹤

中国电力出版社

CHINA ELECTRIC POWER PRESS

内 容 提 要

全书分为六章，内容包括电工仪器仪表、常用低压电器、变频器、可编程控制器技术、组态控制技术和以 PLC 为核心的控制技术在工程上的应用。

电工仪器仪表和常用低压电器以应用为导向，介绍常用电工仪器仪表的功能和使用方法，常用低压电器的结构、使用场合和使用方法。变频器以国产青亿和德国西门子两个品牌设备作为样机，介绍其技术性能及使用方法。可编程控制器以日本三菱 FX$_{3U}$ 系列为样机，介绍了 FX$_{3U}$ 的硬件结构、指令系统和三菱公司最新推出的 GX Works2 编程软件的使用方法。组态控制介绍了 MCGS 组态软件的使用方法。工程应用是编者以及其指导下的青岛滨海学院大学生电气创新协会成员共同开发的工程实例，各个项目已经在实际中投入使用。

本书作为青岛滨海学院电气工程及其自动化专业建设成果之一，是编者结合多年的教学和工程实践经验，并加入了指导学生开展校内工程实践项目的内容。全书内容深入浅出、图文并茂，适合广大初级、中级电气工作人员阅读。可以作为高等院校电气类、机电类专业以及其他相关专业的电气控制类课程的教学用书。

图书在版编目（CIP）数据

跟我学电气控制与 PLC/田宝森，李瑞主编 . —北京：中国电力出版社，2018.2
ISBN 978-7-5198-1430-4

Ⅰ. ①跟… Ⅱ. ①田…②李… Ⅲ. ①电气控制②PLC 技术 Ⅳ. ①TM571. 2②TM571. 6

中国版本图书馆 CIP 数据核字（2017）第 295457 号

出版发行：中国电力出版社
地　　址：北京市东城区北京站西街 19 号（邮政编码 100005）
网　　址：http：//www.cepp.sgcc.com.cn
责任编辑：王杏芸（010-63412394）
责任校对：王开云
装帧设计：赵珊珊
责任印制：杨晓东

印　　刷：三河市航远印刷有限公司
版　　次：2018 年 2 月第一版
印　　次：2018 年 2 月北京第一次印刷
开　　本：787 毫米×1092 毫米　16 开本
印　　张：16.25
字　　数：392 千字
印　　数：0001—2000 册
定　　价：48.00 元

前　言

　　传统的电气控制技术一般介绍继电器—接触器控制系统，随着科学的进步和技术的发展，可编程控制器技术、变频器技术、组态控制技术广泛地应用在电气控制系统中。同时在电气控制系统的安装、调试、运行和检修中，电工仪器仪表有着非常重要的作用。

　　全书共分为6章，主要介绍了电气控制技术中的相关仪表、器件，三菱 FX_{3U} 的使用方法，以及在各种工程项目中的应用。第1章常用电工监测仪表，介绍万用表、绝缘电阻表、电桥、示波器、多功能电力表的功能与应用；第2章常用低压电器，介绍继电器、接触器、固态继电器、光电开关、三相异步电动机等器件的原理和应用；第3章变频器技术，介绍国产青亿变频器和德国西门子变频器功能和应用技术；第4章可编程控制器技术，介绍三菱 FX_{3U} 和编程软件的使用方法；第5章组态技术，介绍 MCGS 组态软件的使用方法；第6章通过四个工程应用实例，详细介绍了以 PLC 为核心的控制技术在通风系统、恒压供水系统、智能电气故障检测和人数统计方面的设计方法。

　　本书将现代工业常用的电工器件和控制技术融合在一起，引导读者全面学习和掌握电气控制技术，并通过工程项目应用分析，增强读者的工程实践能力。

　　本书由田宝森高级工程师组织策划，参加编写工作的有青岛滨海学院教师田宝森、李瑞、薛彬、茌文清、史芸、马淑芳，青岛市技师学院教师王晓鹤，全书由李瑞进行统稿。青岛滨海学院翟明戈副教授担任本书主审，对本书提出了许多宝贵意见。

　　本书的工程项目来源于以下单位：青岛滨海学院世界动物自然生态博物馆、青岛滨海学院电工电子实验教学中心、青岛滨海学院焊接工程实践教学中心、青岛巨川环保科技有限公司。浙江乐清永诺电气有限公司、淄博市临淄银河高技术开发有限公司提供了部分技术资料。青岛滨海学院大学生电气创新协会成员贾翔、范浩杰、刘栋、林钰博、程相飞、孙文龙、葛冬杰等同学参与了部分项目的安装调试并整理了部分资料。

　　在此对上述单位和个人一并表示衷心的感谢。由于编者水平有限，书中难免有错误和疏漏之处，敬请广大读者批评指正。

编　者

目　录

前言

第1章　电工仪表 ……………………………………………………………… 1

1.1　常用电工检修仪表 ……………………………………………………… 1

　　1.1.1　数字万用表 ………………………………………………………… 1

　　1.1.2　绝缘电阻表的使用 ………………………………………………… 3

　　1.1.3　钳形电流表的使用 ………………………………………………… 4

　　1.1.4　电桥的使用 ………………………………………………………… 5

　　1.1.5　示波器的使用 ……………………………………………………… 8

1.2　电工测量仪表 …………………………………………………………… 13

　　1.2.1　数显智能三相电压/电流表 ………………………………………… 13

　　1.2.2　多功能电力仪表 …………………………………………………… 14

本章小结 ……………………………………………………………………… 27

第2章　常用低压电器 ………………………………………………………… 28

2.1　低压配电电器 …………………………………………………………… 28

　　2.1.1　断路器 ……………………………………………………………… 28

　　2.1.2　熔断器 ……………………………………………………………… 29

　　2.1.3　常用开关电器 ……………………………………………………… 33

2.2　控制电器 ………………………………………………………………… 35

　　2.2.1　主令电器 …………………………………………………………… 35

　　2.2.2　接触器 ……………………………………………………………… 36

　　2.2.3　中间继电器 ………………………………………………………… 41

　　2.2.4　热继电器 …………………………………………………………… 42

　　2.2.5　固态继电器 ………………………………………………………… 44

2.3　检测器件 ………………………………………………………………… 45

　　2.3.1　行程开关 …………………………………………………………… 45

　　2.3.2　接近开关 …………………………………………………………… 47

　　2.3.3　光电开关 …………………………………………………………… 48

　　2.3.4　霍尔传感器的使用 ………………………………………………… 49

2.4　三相异步电动机及机械特性 …………………………………………… 51

　　2.4.1　三相笼型异步电动机基本构造 …………………………………… 51

　　2.4.2　三相绕线异步电动机基本构造 …………………………………… 52

　　2.4.3　三相电动机工作原理及特性 ……………………………………… 53

本章小结 ⋯⋯⋯⋯⋯⋯⋯⋯⋯⋯⋯⋯⋯⋯⋯⋯⋯⋯⋯⋯⋯⋯⋯⋯⋯⋯⋯⋯⋯⋯⋯ 57

第3章　变频器技术 ⋯⋯⋯⋯⋯⋯⋯⋯⋯⋯⋯⋯⋯⋯⋯⋯⋯⋯⋯⋯⋯⋯⋯ 58

3.1　青亿系列变频器 ⋯⋯⋯⋯⋯⋯⋯⋯⋯⋯⋯⋯⋯⋯⋯⋯⋯⋯⋯⋯⋯⋯⋯ 58
　　3.1.1　QY8000 变频器结构与分类 ⋯⋯⋯⋯⋯⋯⋯⋯⋯⋯⋯⋯⋯⋯ 60
　　3.1.2　QY8000 变频器硬件系统 ⋯⋯⋯⋯⋯⋯⋯⋯⋯⋯⋯⋯⋯⋯ 64
　　3.1.3　QY8000 变频器操作面板介绍 ⋯⋯⋯⋯⋯⋯⋯⋯⋯⋯⋯⋯ 67
　　3.1.4　QY8000 变频器功能参数 ⋯⋯⋯⋯⋯⋯⋯⋯⋯⋯⋯⋯⋯⋯ 71
3.2　西门子 MICROMASTER430 变频器 ⋯⋯⋯⋯⋯⋯⋯⋯⋯⋯⋯⋯ 95
　　3.2.1　MICROMASTER430 变频器简介 ⋯⋯⋯⋯⋯⋯⋯⋯⋯⋯ 95
　　3.2.2　MICROMASTER430 变频器的硬件系统 ⋯⋯⋯⋯⋯⋯⋯ 95
　　3.2.3　MICROMASTER430 变频器的调试 ⋯⋯⋯⋯⋯⋯⋯⋯⋯ 98
　　3.2.4　MICROMASTER430 变频器的参数介绍 ⋯⋯⋯⋯⋯⋯⋯ 103
本章小结 ⋯⋯⋯⋯⋯⋯⋯⋯⋯⋯⋯⋯⋯⋯⋯⋯⋯⋯⋯⋯⋯⋯⋯⋯⋯⋯⋯⋯⋯⋯⋯ 104

第4章　可编程控制器技术 ⋯⋯⋯⋯⋯⋯⋯⋯⋯⋯⋯⋯⋯⋯⋯⋯⋯⋯ 105

4.1　三菱 PLC 简介 ⋯⋯⋯⋯⋯⋯⋯⋯⋯⋯⋯⋯⋯⋯⋯⋯⋯⋯⋯⋯⋯⋯⋯ 105
　　4.1.1　FX_{2N} 简介 ⋯⋯⋯⋯⋯⋯⋯⋯⋯⋯⋯⋯⋯⋯⋯⋯⋯⋯⋯⋯ 105
　　4.1.2　FX_{3U} 简介 ⋯⋯⋯⋯⋯⋯⋯⋯⋯⋯⋯⋯⋯⋯⋯⋯⋯⋯⋯⋯ 105
　　4.1.3　FX_{3U} 基本单元组成 ⋯⋯⋯⋯⋯⋯⋯⋯⋯⋯⋯⋯⋯⋯⋯ 106
　　4.1.4　开关量输入单元和输出单元 ⋯⋯⋯⋯⋯⋯⋯⋯⋯⋯⋯ 108
4.2　编程软件 GX Works2 ⋯⋯⋯⋯⋯⋯⋯⋯⋯⋯⋯⋯⋯⋯⋯⋯⋯⋯⋯ 110
　　4.2.1　GX Works2 概述 ⋯⋯⋯⋯⋯⋯⋯⋯⋯⋯⋯⋯⋯⋯⋯⋯⋯ 110
　　4.2.2　工程创建 ⋯⋯⋯⋯⋯⋯⋯⋯⋯⋯⋯⋯⋯⋯⋯⋯⋯⋯⋯⋯⋯ 110
　　4.2.3　梯形图程序的编写 ⋯⋯⋯⋯⋯⋯⋯⋯⋯⋯⋯⋯⋯⋯⋯⋯ 112
　　4.2.4　SFC 程序的编写 ⋯⋯⋯⋯⋯⋯⋯⋯⋯⋯⋯⋯⋯⋯⋯⋯⋯ 116
　　4.2.5　仿真和在线调试 ⋯⋯⋯⋯⋯⋯⋯⋯⋯⋯⋯⋯⋯⋯⋯⋯⋯ 120
4.3　FX_{3U} 系列 PLC 指令 ⋯⋯⋯⋯⋯⋯⋯⋯⋯⋯⋯⋯⋯⋯⋯⋯⋯⋯ 122
　　4.3.1　编程元件 ⋯⋯⋯⋯⋯⋯⋯⋯⋯⋯⋯⋯⋯⋯⋯⋯⋯⋯⋯⋯⋯ 122
　　4.3.2　基本指令 ⋯⋯⋯⋯⋯⋯⋯⋯⋯⋯⋯⋯⋯⋯⋯⋯⋯⋯⋯⋯⋯ 125
　　4.3.3　步进梯形图指令 ⋯⋯⋯⋯⋯⋯⋯⋯⋯⋯⋯⋯⋯⋯⋯⋯⋯ 134
　　4.3.4　定时器和计数器指令 ⋯⋯⋯⋯⋯⋯⋯⋯⋯⋯⋯⋯⋯⋯⋯ 138
　　4.3.5　应用指令 ⋯⋯⋯⋯⋯⋯⋯⋯⋯⋯⋯⋯⋯⋯⋯⋯⋯⋯⋯⋯⋯ 141
　　4.3.6　编程规则 ⋯⋯⋯⋯⋯⋯⋯⋯⋯⋯⋯⋯⋯⋯⋯⋯⋯⋯⋯⋯⋯ 152
4.4　PLC 程序的编写 ⋯⋯⋯⋯⋯⋯⋯⋯⋯⋯⋯⋯⋯⋯⋯⋯⋯⋯⋯⋯⋯ 153
　　4.4.1　移植法 ⋯⋯⋯⋯⋯⋯⋯⋯⋯⋯⋯⋯⋯⋯⋯⋯⋯⋯⋯⋯⋯⋯ 153
　　4.4.2　经验设计法 ⋯⋯⋯⋯⋯⋯⋯⋯⋯⋯⋯⋯⋯⋯⋯⋯⋯⋯⋯⋯ 156
　　4.4.3　时序图法 ⋯⋯⋯⋯⋯⋯⋯⋯⋯⋯⋯⋯⋯⋯⋯⋯⋯⋯⋯⋯⋯ 160
　　4.4.4　顺序功能图法 ⋯⋯⋯⋯⋯⋯⋯⋯⋯⋯⋯⋯⋯⋯⋯⋯⋯⋯ 163
本章小结 ⋯⋯⋯⋯⋯⋯⋯⋯⋯⋯⋯⋯⋯⋯⋯⋯⋯⋯⋯⋯⋯⋯⋯⋯⋯⋯⋯⋯⋯⋯⋯ 170

第5章　组态技术 ·· 171

5.1　软件概述 ··· 171

　　5.1.1　MCGS 介绍 ··· 171

　　5.1.2　MCGS 组态软件的系统构成 ·· 171

　　5.1.3　组建新工程的步骤 ··· 172

5.2　新建画面和数据库建立 ·· 173

　　5.2.1　基本画面的建立 ·· 173

　　5.2.2　数据库建立 ·· 175

　　5.2.3　静态连接 ··· 178

5.3　动画连接 ·· 181

　　5.3.1　利用对象控件模拟仿真 ·· 181

　　5.3.2　利用模拟设备模拟仿真 ·· 183

　　5.3.3　利用策略块模拟仿真 ·· 184

5.4　报警显示 ·· 186

　　5.4.1　报警数据显示 ··· 186

　　5.4.2　报警数据 ··· 187

　　5.4.3　报警限值的修改 ·· 188

5.5　MCGS 与 PLC 的连接 ·· 189

本章小结 ·· 190

第6章　电气自动化综合应用 ·· 191

6.1　艺术馆进入检测设计 ·· 191

　　6.1.1　系统方案设计 ··· 191

　　6.1.2　系统硬件选型 ··· 192

　　6.1.3　PLC 程序的设计 ·· 193

　　6.1.4　组态画面的设计 ·· 197

　　6.1.5　PLC 和触摸屏的通信设置 ·· 198

6.2　智能故障检测柜设计 ·· 200

　　6.2.1　控制柜设计的方案 ··· 200

　　6.2.2　控制柜硬件设计 ·· 201

　　6.2.3　系统软件设计 ··· 202

6.3　恒压供水变频控制系统 ··· 207

　　6.3.1　自来水厂供取水系统简介 ·· 208

　　6.3.2　二级泵房部分方案 ··· 209

　　6.3.3　设备选型 ··· 210

　　6.3.4　控制系统设计 ··· 212

6.4　风机调速系统应用实例 ··· 219

　　6.4.1　风机调速系统介绍 ··· 219

　　6.4.2　设计方案 ··· 220

　　6.4.3　系统硬件设计 ··· 221

6.4.4 PLC 控制程序设计与分析 ··· 226

6.4.5 人机界面设计 ·· 228

本章小结 ··· 232

附录　MM430 变频器参数表 （ 人工操作方式获取 ） ·················· 233

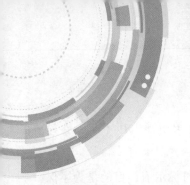

第 1 章

电 工 仪 表

1.1 常用电工检修仪表

电工检修仪表在电气工程中占有非常重要的地位。万用表为工业生产和家庭生活必备的仪表，是日常电气设备的检查工具；各类电气设备通电前，必须通过绝缘电阻表做绝缘程度检测；在电气设备运行中，进行电流检测使用钳形电流表；判断变压器、电动机线圈的好坏时需要使用电桥进行对比判断；示波器作为电力电子产品的检测仪器，在日常检修得到了广泛的应用。本章分别对仪表的使用进行介绍。

1.1.1 数字万用表

万用表在电路中用于校验电气接线、测量电压、电阻、电流数据，是一种不可替代的常规仪表。

万用表有指针式和数字式两种。与指针式仪表相比，数字式仪表灵敏度高、准确度高、显示清晰、过载能力强、便于携带、使用简单，有取代指针式仪表的趋势。下面以 DT 9202 型数字万用表为例（见图 1-1），介绍其使用方法和注意事项。

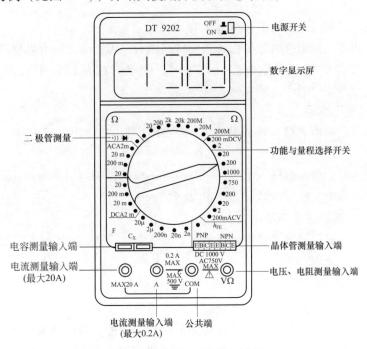

图 1-1 数字万用表面板示意图

1. 操作前注意事项

（1）将 ON/OFF 开关置于"ON"位置，检查 9V 电池电量。如果电池电压不足，在显示器上将显示 ⊞ 符号，这时则应更换电池。

（2）测试表笔插孔旁边的 △ 符号，表示输入电压或电流不应超过标示值，目的是为了保护内部线路免受损伤。

（3）测试前，功能开关应放置于所需量程上。

2. 电压测量注意事项

（1）如果不知道被测电压范围，应先将功能开关置于大量程并逐渐降低量程，且不能在测量中改变量程。

（2）如果显示屏显示"1"，则表示过量程，应将功能开关应置于更高的量程。

（3）△ 表示不要输入高于万用表要求的电压，这样有损坏内部线路的危险。

（4）当测量高压时，应特别注意，避免触电。

3. 电流测量注意事项

（1）如果使用前不知道被测电流范围，则应先将功能开关置于最大量程并逐渐降低量程，且不能在测量中改变量程。

（2）如果显示屏只显示"1"，则表示过量程，应将功能开关应置于更高量程。

（3）△ 上表示最大输入电流为 200mA 或 20A，取决于所使用的插孔，过大的电流将烧坏熔丝，20A 量程无熔丝保护。

4. 电阻测量注意事项

（1）如果被测电阻值超出所选择量程的最大值，将显示过量程"1"，此时应选择更高的量程，对于大于 1 MΩ 或更大的电阻，要几秒后读数才能稳定，对于高阻值读数来说这是正常的。

（2）当无输入，如开路情况时，则显示为"1"。

（3）当检查内部线路阻抗时，要保证被测线路所有电源断电，所有电容已放电。

（4）当挡位在 200MΩ，表笔短路有数字时，测量时应从读数中减去该数字，如测 100MΩ 电阻时，显示为 101.9，则应减去 0.9。

5. 电容测试注意事项

（1）仪器本身已对电容挡设置了保护，因此在电容测试过程中，不用考虑电容极性及电容充放电等情况。

（2）测量电容时，将电容插入电容测试座中（不要通过表笔插孔测量）。

（3）测量大电容时，稳定读数需要一定时间。

6. 数字万用表维护注意事项

数字万用表是一种精密电子仪表，注意不要随意更改线路，使用时要注意以下几点。

（1）不要超量程使用。

（2）不要在电阻挡或 ▷|— 挡时，测量电压信号。

（3）在电池没有装好或后盖没有上紧时，请不要使用数字万用表。

（4）只有在测试表笔从万用表移开并切断电源后，才能更换电池和熔丝。电池更换时，应注意 9V 电池的使用情况，如果需要更换电池，则打开后盖螺钉，应用同一型号电池更换；更换熔丝时，请使用相同型号的熔丝。

1.1.2　绝缘电阻表的使用

电气线路和设备通电前，必须通过绝缘检查，使用的仪表就是绝缘电阻表。

绝缘电阻表，是一种不带电测量电气设备及线路绝缘电阻的便携式的仪表，根据电路使用的电压不同，选用的绝缘电阻表电压等级也不同。

绝缘电阻表的读数以兆欧为单位（$1M\Omega = 10^6\Omega$）。绝缘电阻表的选用主要是选择绝缘电阻表的电压及其测量范围，常见的有 500V、1000V 和 2500V 等，如图 1-2 所示。

1. 选择的原则

（1）额定电压等级的选择。一般情况下，额定电压在 500V 以下的设备，应选用 500V 或 1000V 的绝缘电阻表；额定电压在 500V 以上的设备，应选用 1000～2500V 的绝缘电阻表。

（2）电阻量程范围的选择。绝缘电阻表的表盘刻度线上有两个小黑点，小黑点之间的区域为准确测量区域。所以在选表时应使被测设备的绝缘电阻值在准确测量区域内。

2. 测量前的准备

（1）测量前必须切断被测设备的电源，并接地短路放电。

图 1-2　绝缘电阻表

（2）有可能感应出高压的设备，在可能性没有消除以前，不能进行测量。

（3）被测物的表面应擦拭干净，消除外界电阻影响。

（4）绝缘电阻表应放置平稳，放置的地方应远离大电流的导体和有外磁场的场所，以免影响读数。

（5）验表。以 90～130r/min 的转速摇动手柄，若指针偏到"∞"，则停止转动手柄；将表笔短路，慢摇手柄，若指针偏到"0"，则说明该表良好，可以使用。需要特别指出的是：绝缘电阻表指针一旦到"0"，则应立即停止摇动手柄，否则将使绝缘电阻表损坏。此过程又称为校零和校无穷，简称校表。

3. 接线

一般绝缘电阻表上有三个接线柱。

（1）接线柱"L"："线"（或"相线"），在测量时与被测物和大地绝缘的导体部分相接。

（2）接线柱"E"："地"，在测量时与被测物的外壳或其他导体部分相接。

（3）接线柱"G"：保护环，在测量时与被测物上保护屏蔽环或其他不需测量的部分相接。

一般测量时只用"线"和"地"两个接线柱，"G"接线柱只在被测物表面漏电很严重的情况下才使用，检测接线如图 1-3 所示。

线路接好后，可按顺时针方向转动手柄，手柄的速度应由慢而快，当转速达到 120r/min

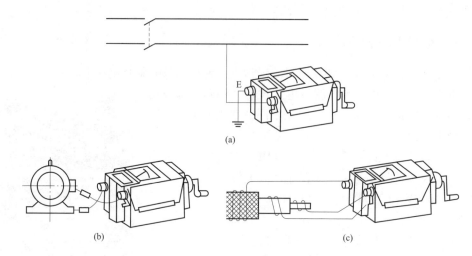

图 1-3　绝缘电阻表的接线方法

左右时（ZC-25 型），保持匀速转动，指针稳定后读数，并且要边摇边读数。

4. 拆线放电

读数完毕，停止摇动，拆除地线，然后将被测设备放电。放电方法是将测量时使用的地线从绝缘电阻表上取下来与被测设备短接一下即可（不是绝缘电阻表放电）。

5. 注意事项

（1）禁止在雷电时或高压设备附近测绝缘电阻，只能在设备不带电，也没有感应电的情况下进行测量。

（2）因绝缘电阻表是一个发电机，因此在摇测过程中，不可以触摸接线端，被测设备上更不能有人工作，以防电击事故发生。

（3）绝缘电阻表线不能绞在一起，要分开。

（4）测量结束时，要对大电容设备放电。

（5）要定期校验其准确度。

1.1.3　钳形电流表的使用

钳形电流表是用于测量正在运行电气线路电流大小的仪表，可以在不断电的情况下测量电流。

钳形电流表有指针式和数字式两种。指针式钳形电流表测量的准确度较低，通常为 2.5 级或 5 级。数字式钳形电流表测量的准确度较高，用外接表笔和挡位转换开关相配合，具有测量交/直流电压、电阻和工频电压频率的功能。数字式钳形电流表的外形如图 1-4 所示。

1. 结构及原理

钳形电流表实质上是由一只电流互感器、一个钳形扳手和一只整流式磁电系有反作用力仪表所组成。

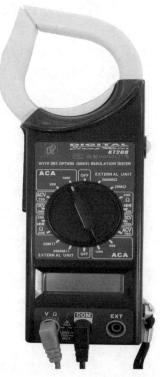

图 1-4　数字式钳形电流表

2．使用方法

（1）根据被测电流的种类和线路的电压，选择合适型号的钳形电流表，测量前首先必须调零（机械调零）。

（2）检查钳口表面应清洁无污物及锈蚀。当钳口闭合时应密合，无缝隙。

（3）选择合适的量程，先选大量程，后选小量程或看铭牌值估算。更换量程时，应先张开钳口，再转动测量开关，否则，可能会产生火花，烧坏仪表。

（4）当使用最小量程测量，其读数还不明显时，可将被测导线绕几匝，匝数要以钳口中央的匝数为准，读数＝指示值×量程÷满偏值÷匝数。

（5）测量时，应使被测导线处在钳口的中央，并使钳口闭合紧密，以减小误差。

（6）测量完毕后，要将转换开关放在最大量程处。

3．注意事项

（1）被测线路的电压要低于钳形电流表的额定电压，以防绝缘击穿、人身触电。

（2）测量前应估计被测电流的大小，选择适当的量程，不可用小量程去测量大电流。测高压线路的电流时，要戴绝缘手套，穿绝缘鞋，站在绝缘垫上。

（3）每次测量只能测量一根导线。测量时应将被测导线置于钳口中央部位，以提高测量准确度。测量结束后应将量程调节开关到最大位置，以便下次安全使用。

（4）钳口要闭合紧密，不能带电换量程。

1.1.4　电桥的使用

当三相电动机运行中出现电流不平衡的现象时，应在断电的情况下，使用电桥分别测量三相电动机的三相线圈电阻值，根据相对误差确认电动机绕组故障。

电桥内附晶体管放大检流计和工作电源，适合于工矿企业、实验室或车间现场以及野外工作场所作直流电阻测量之用。用来测量其范围内的直流电阻、金属导体的电阻率、导线电阻、直流分流器电阻、开关、电器的接触电阻及各类电动机、变压器的绕线电阻和温升实验等。图1-5所示为QJ23单双臂电桥外形图。

1．直流电桥原理及使用

直流单臂电桥又称惠斯登电桥，是一种测量1Ω以上大电阻的测量仪器，其原理电路图如图1-6所示。图中ac、cb、bd、da四条支路称为电桥的四个臂。其中一个臂连接被测电阻R_x，其余三个臂连接标准电阻，在电桥的对角线cd上连接指零仪表，另一条对角线ab上连接直流电源。在电桥工作时，调节电桥的一个臂或几个臂的电阻，使检流计的指针指示为零，这时，表示电桥达到平衡。在电桥平衡时，c、d两点的电位相等$U_{ac}=U_{ad}$，$U_{cb}=U_{db}$

即

$$I_1R_1=I_4R_4 , \quad I_2R_2=I_3R_3$$

将这两式相除，得

$$\frac{I_1R_1}{I_2R_2}=\frac{I_4R_4}{I_3R_3}$$

当电桥平衡时，$I_0=0$，所以

$$I_1=I_2 , \quad I_3=I_4$$

代入上式得

$$R_1R_3=R_2R_4$$

图 1-5 QJ23 单臂电桥

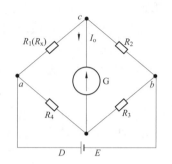

图 1-6 直流电桥原理电路

G—检流计；R_1—被测电阻 R_2、R_3、
R_4 标准电阻；E—直流电源

上式是电桥平衡的条件。它表明，在电桥平衡时，两相对桥臂上电阻的乘积等于另外两相对桥臂上电阻的乘积。根据这个关系，在已知三个桥臂电阻的情况下，就可以确定另外一个桥臂的被测电阻的阻值。

设被测电阻 R_x 是位于第一个桥臂中，则有

$$R_x = R_4 \frac{R_2}{R_3}$$

2. 使用步骤及注意事项

利用电桥测量电阻是一种比较精密的测量方法，若使用不当，不仅不可能达到应有的准确度，而且有使仪器设备受到损害的危险，为此我们介绍正确使用电桥的步骤及其注意事项。

（1）根据被测电阻的大致范围和对测量准确度的要求选择电桥。

（2）如果检流计需要外接，则在选用检流计时灵敏度也要选择合适，如果灵敏度太大，则电桥平衡困难、费时，灵敏度太小，又达不到应有的测量精度。一般检流计灵敏度的选择原则是：在调节电桥最低一挡时，检流计有明显变化即可，而不必要求过高。

（3）使用电桥时，应先将检流计锁扣打开，若指针或光点不在零位，则应调节到零位。

（4）连接线路，将被测电阻 R_x 接到标有 R_x 的两个接线柱上。若外接直流电源，则其正极接面板上的"+"端钮，负极接面板上的"−"端钮。

（5）根据估算电阻选择电桥倍率，倍率的选择应使 4 个"比较臂"充分利用，以提高读数的精度。

（6）电源的选择要依据当选倍率，一般电桥铭牌上有使用说明。电源选择完后，若检流计指针发生偏转，则还应调节调零旋钮，使指针调到零。

（7）将电源按钮"B"按下并锁住，然后根据估算被测电阻，调节最大一挡比较臂，设定对应数值，其余 3 个比较臂放在"零"位。

（8）试触检流计按钮"G"，若指针朝正向偏转，则说明比较臂设置小了，此时应增大比较臂，继续试触检流计按钮，若指针还朝正偏，则继续增大比较臂，直到检流计指针向负偏，然后将比较臂调回上一挡，再调节下一个比较臂。注意，当比较臂增大到最大一挡时，检流计还正偏，说明倍率小了，此时还应增大倍率，重新调节电源和比较臂。若已开始指针

朝负偏转，则说明比较臂大了，需要减小比较臂。依次调节 4 个比较臂，直到检流计指针指示在零位。

（9）读数并计算被测电阻的数值，R_x ＝倍率×比较臂的读数（Ω）。

（10）测量完毕，应先松开检流计按钮"G"，再松开电源按钮"B"。

（11）使用完毕后，应将检流计锁扣锁上。

3. 电桥的简单维护

（1）每次使用前，必须将转盘来回旋转几次，使电刷与电阻丝接触良好，并把插塞插紧，用后必须将插塞拔出放松。

（2）必须定期清洗开关、电刷的接触点，清洗周期可按使用的频率情况来确定，一般 1~3 个月一次，但每次检验前必须进行清洗。清洗时先用稠布擦洗接触点和电刷上污物，然后用无水酒精清洗，再涂上一层薄薄的凡士林或其他防锈油。

（3）电桥不应受阳光和发热物体的直接照射，用毕要用盖子盖好。

（4）注意不要让细小的金属物、特别是导线的断股铜丝掉入电桥内，以免造成短路或降低其绝缘水平。

（5）若电桥的准确度降低或因故障而不能工作，则其原因可能有以下几种。

1）内附检流计故障，或线圈烧坏，或悬丝、指针断裂。

2）各转盘的机械部分故障，或接触松弛，或插孔接触不严密。

3）桥臂电阻元件因受潮霉坏或过负荷而变质或烧损等。

4）若通过内附电池使用，则电池电压可能降低或失效，应更换电池。

4. 直流双臂电桥原理及使用

直流双臂电桥（又称凯尔文电桥）是一种测量 1Ω 以下小电阻的常用测量仪器，测量精度较高。在电气工程中，例如，测量金属的电导率、分流器的电阻、电机和变压器绕组的电阻以及各类低阻值线圈的电阻等时，都属于小电阻的范围。测量这种小电阻时，连接线的电阻、接头的接触电阻（这种电阻一般为 $10^{-4} \sim 10^{-3}\ \Omega$ 的数量级），将给测量结果带来不允许的误差。因此，接线电阻和接触电阻的存在是测量小电阻的主要矛盾。在测量小电阻时，就必须想办法消除或减小接线电阻和接触电阻对测量结果的影响。单电桥虽然准确度高，但在测量小电阻时，被测小电阻接入单电桥作为一个臂以后，该桥臂中的接线电阻和接触电阻的数值可能与被测小电阻在同一数量级，甚至还大些，因此得到的测量的结果是极不可信的。可见，在采用单电桥测量小电阻时，连接线的电阻和接线柱的接触电阻将给测量结果带来很大的误差。直流双电桥就可以解决上述问题。

直流双电桥原理电路图如图 1-7 所示。

图 1-7 中，R_n 为标准电阻，作为电桥的比较臂；R_x 为被测电阻。标准电阻 R_n 和被测电阻 R_x 备有一对"电流接头"，若 R_n 上的 Cn1 和 Cn2，R_x 上的 Cx1 和 Cx2，还备有一对"电位触头"，如 R_n 上的 Pn1 和 Pn2，R_x 上的 Px1 和 Px2，则接线时要特别注意，一定要使电位的引出线之间只包

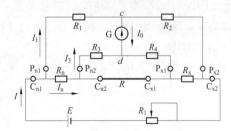

图 1-7 直流双电桥原理电路

G—检流计；E—直流电源；R_1、R_2、R_3、R_4—桥臂电阻；

R_n—标准电阻；R_x—被测电阻；R_1—调节电阻

C—电流接头；P—电位接头

含被测电阻 R_x，否则就达不到排除和减小连线电阻与接触电阻对测量结果的影响的目的。因此一般电流接头要接在电位接头的外侧。电阻 R_n 和 R_x 用一根粗导线 R 连接起来，并和电源组成一闭合回路。在它们的"电位接头"上，则分别与桥臂电阻 R_1、R_2、R_3、R_4 相连接，桥臂电阻 R_1、R_2、R_3、R_4 的电阻值应不低于10Ω。当电桥达到平衡时，通过检流计中电流 $I_0 = 0$，c、d 两点电位相等，连接 R_n 和 R_x 的粗导线的电阻为 R，根据克希霍夫第二定律，可以得出方程组

$$\begin{cases} I_1 R_1 = I_n R_n + I_3 R_3 \\ I_1 R_2 = I_n R_x + I_3 R_4 \end{cases}$$

解方程组，可得出
$$(I_n - I_3) R = I_3 (R_3 + R_4)$$

$$R_x = \frac{R_2}{R_1} R_n + \frac{RR_2}{R + R_1 + R_4} \left(\frac{R_3}{R_1} - \frac{R_4}{R_2} \right)$$

在制造电桥时，需使得电桥在调节平衡过程中总是保持上式右边包含有电阻 R 的部分总是等于零。

同时选择 R_1、R_2、R_3 和 R_4 都大于10Ω，而且 R_n 和 R_x 按电流接头和电位接头正确连接，那么就可以排除或大大减小接线电阻和接触电阻对测量结果的影响。

使用双电桥注意事项如下。

（1）在使用双电桥时，连接被测电阻应有四根导线，电流接头与电位接头应连接正确。被测电阻电位接头更靠近被测电阻。

（2）选用标准电阻时，尽量使其与被测电阻在同一数量级，最好满足 $0.1R_x < R_n < 10R_x$。

（3）双电桥的电源最好采用容量大的蓄电池，电压为 2~4V。为了使电源回路的电流不致过大而损坏标准电阻和被测电阻，在电流回路中应接有一个可调电阻和直流电流表。在进行精密测量时，要求对应不同被测电阻，调整电源电压，以提高其灵敏度，但是电源电压必须与桥路电阻的允许功率相适应，不能盲目升高电源电压。

1.1.5 示波器的使用

当检测电力电子产品波形时，验证变频器状态时，使用示波器进行检查。示波器是一种用途很广的电子测量仪器。利用它可以测出电信号的一系列参数，如信号电压（或电流）的幅度、周期（或频率）、相位、形状及动态变化等。CA8020 型示波器是一种双通道示波器，其频带宽度为 20 MHz，面板如图1-8所示。

1. 基本构造

示波器主由电子枪、偏转系统、荧光屏三部分组成。各部分功能如下：

（1）电子枪。产生电子束。

（2）偏转系统。控制电子束上下左右移动，实现扫描。若无偏转系统，则屏幕上显示一个亮点；没有输

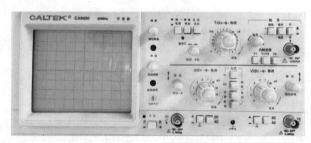

图1-8　CA8020 型示波器面板结构

入信号，则显示水平线；没有锯齿波扫描电压，则显示一条垂直线，如图 1-9 所示。

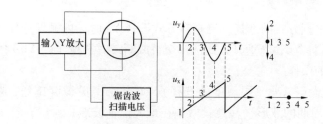

图 1-9　示波器波形显示原理图

（3）荧光屏。显示电子束移动踪迹。

屏幕上标有坐标系，其基本单位是格。横坐标共有 10 格，纵坐标共有 8 格。其中每一大格又分为 5 小格，读数准确到 0.2 格。

控制纵坐标刻度的旋钮称之为垂直灵敏度，基本单位是 V/DIV（表示每格多少伏），其功能是控制信号在屏幕显示的幅度大小，挡位越大，显示幅度越低；反之越高。控制横坐标刻度的旋钮称之为水平灵敏度，基本单位是 T/DIV（表示每格多少时间），其功能是控制信号在屏幕显示周期宽度大小，挡位越大，周期宽度越窄（显示波形越密）；反之越宽（显示波形越疏）。

控制垂直灵敏度的选择，是使信号在屏幕上显示的幅度占屏幕的 1/3~2/3，3~6 格；控制水平灵敏度选择，是使信号在屏幕上显示 2~3 个周期，显示幅度如图 1-10 所示。

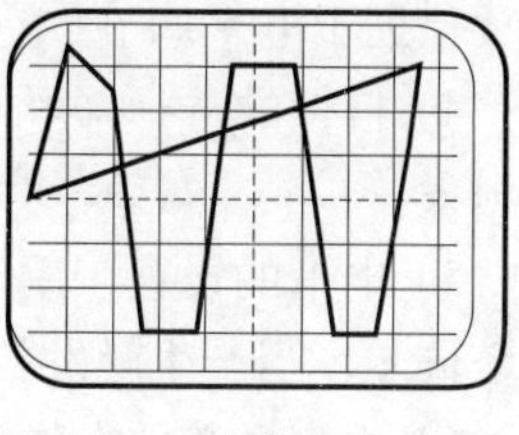

2. 面板操作说明

（1）示波器开机预热（稍待片刻），触发方式（内），触发极性（+），极性（-）亦可，两者相位相差 180°，峰值自动状态，调节时基线（亮度、聚焦、辅助聚焦、上下移位、水平移位）。

图 1-10　波形电压及周期显示幅度

（2）据被测量信号的性质选择输入耦合方式。

直流信号：输入耦合方式 DC，单通道 Ya、Yb 均可。

交流信号：输入偶合方式 AC，单通道 Ya、Yb 均可。

脉冲信号：输入耦合方式 DC、AC。

注意：AC、DC 的区别。

（3）选择垂直方式（Ya、Yb、交替、断续）。

1）Ya 表示选择 Ya 通道。

2）Yb 表示选择 Yb 通道。

3）交替表示两个通道都选择。断续和交替功能相同，不过显示波形有区别，另外断续的选择只适用在交替显示时波形出现闪烁才引用。

4）都不选择，四个按钮全弹出，表示 Ya+Yb，实现两个通道内信号的叠加，另外若把 Yb 反相按钮按下，可以实现 Ya-Yb。

（4）触发源的选择。

1）触发源的选择有两种，一种是"外"，需要外加触发输入信号，通过面板上外触发输入插座输入触发信号；另一种是"内"，由内触发源开关控制。

9

2）内触发源选择（Ya、Yb、交替）。Ya 触发触发源取自通道 A；Yb 触发触发源取自通道 B。

内触发受控于垂直方式的选择，当垂直方式选择 Ya 时，内触发选择 Ya；当垂直方式选择 Yb 时，内触发选择 Yb；当垂直方式选择交替或断续时选择 Ya、Yb 均可。

（5）水平系统的操作。

1）扫描速度的设定（水平灵敏度的选择），调节水平灵敏度旋钮，观察屏幕波形使荧光屏显示出 2~3 个周期的波形（注意：微调在最大位置校准）。

2）扫描扩展。被测信号波形扩展 10 倍的周期，此时按下扫描扩展按钮，可以观察扩展和未被扩展的波形，调节扫线分离旋钮，可以改变两扫线间的距离，以便适合观察。

3）触发方式的选择（自动、常态、电视场、峰值自动）。

常态：无信号输入时，屏幕上无光迹；有信号输入时，触发电平调节在合适位置，电路触发扫描，适于测量 20Hz 以下信号。

自动：无信号输入时，屏幕上有光迹；有信号输入时，触发电平调节在合适位置，电路触发扫描，适于测量 20Hz 以上信号。

电视场：对电视中的场信号进行同步，在这种方式下被测信号是同步信号为负极性的电视场信号，如果是正极性，则可以由 Yb 输入，借助 Yb 倒相。

峰值自动：这种方式同自动方式，无须调节电平即能同步，但对频率较高的信号，有时也要借助于电平调节，它的触发灵敏度要比"常态"和"自动"稍低一些。

4）极性的选择（+、-）。"+"表示被测信号的上升沿触发；"-"表示被测信号的下降沿触发。

5）电平的设置。用于调节被测信号在某一合适的电平上启动扫描，使测量信号和扫描系统同步，当产生触发扫描后触发指示灯亮。

6）垂直系统的操作。调节垂直灵敏度旋钮使荧光屏上显示出波形垂直幅度 3~6 个格的波形（占据屏幕高度的 1/3~2/3）。微调在最大位置。

3. 功能介绍（测量）

为了得到较高的测量精度，减少测量误差，在测量前应对以下项目进行检查和调整。

（1）平衡。在正常情况下，屏幕上显示的水平光迹与水平刻度平行，但由于地球磁场与其他因素的影响，会使水平迹线产生倾斜，给测量造成误差，因此使用前可按以下步骤调整。

1）预置示波器面板上的控制件，使屏幕上获得一根水平扫描线，触发方式（内），触发极性（+）、（-）亦可，两者相位相差 180°，峰值自动状态，调节时基线（亮度、聚焦、辅助聚焦）。

2）调节上下移位，水平移位，使时基线处于垂直中心的刻度线上。

3）检查时基线与水平刻度线是否平行，如不平行，则用螺钉旋具调整前面板"平衡"控制器。

（2）探极补偿。用探极接入输入插座，并与本机校准信号连接（方波：频率 1000Hz，电压 0.5Vp-p）测量方波信号，屏幕上应显示方波，若失真，调节探极上补偿元件。

补偿效果如图 1-11 所示。

（3）电压测量（垂直系统） 如图 1-12 所示。

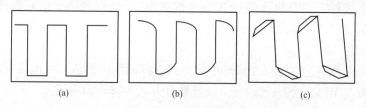

图 1-11　探极补偿效果

(a) 补偿适中；(b) 过补偿；(c) 欠补偿

1）交流峰值测量（峰—峰电压测量）。

a. 信号接入 Ya 或 Yb 插座，将垂直方式置于被选用的通道。

b. 调节垂直灵敏度旋钮，观察屏幕波形，使显示波形占据屏幕的 1/3～2/3，微调顺时针拧足（校正位置）并记下此时垂直灵敏度所在挡位。

c. 调整电平使波形稳定（如果是峰值自动，无须调节电平）。

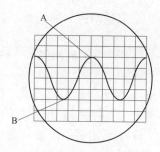

图 1-12　峰—峰电压测量

d. 调节水平扫速开关（水平灵敏度），使屏幕显示 2～3 个周期的信号波形，微调顺时针拧足（校正位置）并记下此时扫速开关所在挡位。

e. 调整水平位移，使波形顶部在屏幕中央的垂直坐标上。

f. 调整垂直移位，使波形底部冲准某一水平坐标上。

g. 读出底部到顶部之间的格数。

h. 按下面公式计算被测信号的峰到峰电压。

$$V\text{p-p}=\text{垂直方向的格数（格）}\times\text{垂直偏转因数（垂直灵敏度）（V/格）}$$

2）直流电压测量。

a. 设置面板控制器，使屏幕上显示一扫描基线。

b. 设置被选用通道的耦合方式为 "⊥"。

c. 调节垂直移位，使扫描基线与水平中心刻度线重合，定义此为参考地电平。

d. 将被测信号馈入被选用通道插座。

e. 将耦合方式置于 "DC"，调节垂直灵敏度旋钮，使波形显示在屏幕中一个合适的位置上，微调顺时针拧足（校准位置）。

f. 读出被测量电平偏移参考地线的格数。

g. 按下列公式计算被测量直流电压值。

$$V=\text{垂直方向格数（格）}\times\text{垂直偏转因数（垂直灵敏度）（V/格）}\times\text{偏转方向（+或-）}。$$

（4）代数叠加。（当需要测量两个信号的代数和或差）

1）设置垂直方式为 "交替" 或 "断续"（根据信号频率），Yb 倒相常态，即 Yb 为正极性。

2）将两个信号分别输 Ya 和 Yb 输入插座。

3）调节垂直灵敏度旋钮使两个信号的显示幅度适中，调节垂直移位使两个信号波形处于屏幕的中央。

4）将垂直方式置于"叠加"（4个按钮全部弹出），即得到两个信号的代数和显示；若需观察两个信号的代数差，则将 Yb 倒相键按下。

（5）时间测量。

1）时间间隔的测量。对于一个波形中两点间时间间隔的测量，可按以下步骤进行。

a. 将信号馈入 Ya 或 Yb 输入插座，设置垂直方式为被选通通道。

b. 调整电平使波形稳定显示（如峰值自动，则无须调节电平）。

c. 调整扫速开关（水平灵敏度），使屏幕上显示 1~2 个信号周期。

d. 分别调节垂直移位和水平位移，使波形中需测量的两点位于屏幕中央水平刻度线上。

e. 测量两点之间的水平刻度，按下列公式计算出时间间隔，即

$$时间间隔 = \frac{两点之间水平距离（格）\times 扫描时间因数（时间/格）}{水平扩展倍数}$$

2）周期和频率的测量。在时间间隔测量中，若两点间隔为一个周期距离，则所测时间间隔为一个周期 T，该信号的频率 $f = 1/T$。

3）上升沿或下降沿的测量。测量方法和时间的测量方法一样，只不过是测量被测波形幅度的 10%~90% 的距离。

4）相位差的测量，如图 1-13 所示。

a. 将两个信号分别接入 Ya 和 Yb 输入插座，垂直方式为"交替"或"断续"（据频率不同而定）。

b. 设置触发源至参考信号的通道。

c. 调整垂直灵敏度旋钮和微调控制器（最大），使显示波形幅度一致。

d. 调整电平使波形稳定。

e. 调整扫速开关（水平灵敏度）使两个波形各显示 1~2 个信号周期。

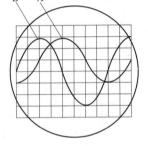

图 1-13　相位差测量

f. 测量出信号一个周期所占据的格数 M，则每格度数 $N = 360/M$。

g. 测量出两个波形相对应位置上水平距离（格）。

h. 按下列公式计算出两个信号的相位差，即

$$相位差 = 水平距离（格）\times N$$

（6）电视场信号的测量（显示电视同步脉冲信号）。

1）将垂直方式置于"Ya"或"Yb"，（最好选择"Yb"）将电视信号馈送至被选中的通道输入插座。

2）将触发方式置于"TV"，并将扫速开关置于 2ms/DIV。

3）观察屏幕上显示是否负极性同步脉冲信号，如果不是，可将信号该送至"Yb"通道，并将 Yb 倒相键按下，使正极性同步脉冲的电视信号倒相为负极性的同步脉冲信号。

4）调整垂直灵敏度旋钮，使屏幕显示合适波形。

5）如需仔细观察电视场信号，则可将水平扩展×10。

（7）X-Y 方式。当按下 X-Y 操作键 Ya-X 时，本机可作为示波器使用，此时 Ya 作 X

轴，Yb 作 Y 轴。

4. 电子测量仪器的维护

电子测量仪器如示波器、信号发生器等，都是由晶体管、集成电路或电子管电路组成的。因此，必须注意日常的维护，才能保证机器有良好的工作状态，延长使用寿命。

（1）应有专人负责保管维护。

（2）仪器要安全放在干燥通风的地方。

（3）使用中避免剧烈震动，周围不应置有强电磁设备。

（4）长期不用的仪器应定期通电，一般至少 3 个月通电一次，每次 4~8h。若存放环境差，则应增加通电次数。

（5）经常清扫仪器内部的积尘，尤其是风扇滤网等；清扫时必须拔下电源插头，然后打开机壳，使用吸尘器或皮老虎清扫。

（6）按规定要求定期对仪器进行校正工作。

1.2　电　工　测　量　仪　表

1.2.1　数显智能三相电压/电流表

数显智能三相电压/电流表适用于电网、自动化系统中对电流、电压的电参数进行测量和显示，通过面板设置倍率，直观显示系统一次侧运行点参数，具有精度高、稳定性好、抗震动等优点，可以直接替代原有指针式仪表。可选择的仪表测量功能有：①三相电压表；②三相电流表。智能三相电压/电流表技术参数见表 1-1。

表 1-1　　　　　　　　　　　智能三相电压/电流表技术参数

性能		参　数	性能		参　数
输入测	电压		电流	精度	RMS 测量，精度等级 0.5 级
	电压	额定值　AC 25~500V	电源	工作范围	AC/DC 85~270V
	电压	过负荷　持续：1.2 倍 瞬时：10 倍/10s	电源	功耗	≤5VA
	电压	功耗　<1VA（每相）	环境	工作环境	-10~55℃
	电压	阻抗　>500kΩ	环境	储存环境	-20~75℃
	电压	精度　RMS 测量，精度等级 0.5 级	安全	耐压	输入/电源>2kV，输入/输出>2kV， 电源/输出>1kV
量显示	电流	额定值　AC 0~5A			
	电流	过负荷　持续：1.2 倍 瞬时：10 倍/10s			
	电流	功耗　<0.4VA（每相）	安全	绝缘	输入、输出、电源对机壳>50MΩ
	电流	阻抗　<2MΩ			

（1）回车键 ⏎：密码进入确认及数字参数修改确认。

（2）菜单键 Menu：用于选择菜单界面、退出功能和返回上级菜单功能。

（3）向右键 ▶：测量显示时作转换功能，修改数据时此键为数字加键。

（4）向左键 ◀：测量显示时作转换功能，修改数据时此键为数字减键。

1.2.2　多功能电力仪表

多功能电力仪表是一种具有可编程测量、显示、数字通信和电能脉冲变送输出等功能的多功能电力仪表，能够完成电量测量、电能计量、数据显示、采集及传输，可广泛应用于变电站自动化，配电自动化、智能建筑、企业内部的电能测量、管理、考核。测量精度为 0.5级、实现 LED 现场显示和远程 RS-485 数字通信接口，采用 MODBUS-RTU 通信协议。多功能电力仪表测量参数见表 1-2。

表 1-2　　　　　　　　　　　多功能电力仪表测量参数

外形代号	名称	测量	显示	标配功能
42 方形	多功能电力仪表	三相：U、I、P、Q、EP+、EP-、EQ+、EQ-、SP、F、PF 或部分参数	LED 分页显示	RS-485 通信、电能脉冲输出
96 方形				

多功能电力仪表技术参数见表 1-3。

表 1-3　　　　　　　　　　　多功能电力仪表技术参数

性能			参数
输入测量显示	网络		三相三线、三相四线
	电压	额定值	AC 25~500V
		过负荷	持续：1.2 倍　瞬时：10 倍/10s
		功耗	<1VA（每相）
		阻抗	>500kΩ
		精度	RMS 测量，精度等级 0.5
	电流	额定值	AC 0~5A
		过负荷	持续：1.2 倍　瞬时：10 倍/10s
		功耗	<0.4VA（每相）
		阻抗	<2MΩ
		精度	RMS 测量，精度等级 0.5
	频率		45~65Hz
	功率		视在功率，有功精度 0.5 级，无功精度 1.0 级
	电能		四象限计量，有功精度 1.0 级，无功精度 1.5 级
	谐波		总谐波含量 2~31 次
电源	工作范围		AC/DC 85~270V
	功耗		≤5VA
输出	数字接口		RS-485、MODBUS-RTU 协议
	脉冲输出		两路电能脉冲输出，脉冲常数：5000imp/h
环境	工作环境		-10~55℃
	储存环境		-20~75℃

性能		参数
安全	耐 压	输入/电源>2kV，输入/输出>2kV，电源/输出>1kV
	绝 缘	输入、输出、电源对机壳>50MΩ
电能测量范围		有功无功电度测量范围0~99999999MWh，超过此数值电度从0开始计数

1. 辅助电源

多功能电力仪表具备通用的（AC/DC）电源输入接口，提供的是 AC/DC 85~270V 电源接口的标准产品。

采用交流供电时，建议在相线一侧安装 1A 熔丝。

电力品质较差时，建议在电源回路安装浪涌抑制器防止雷击，以及安装快速脉冲群抑制器。

2. 输入信号

多功能电力仪表采用了每个测量通道单独采集的计算方式，保证了使用时完全一致对称，其具有多种接线方式，适用于不同的负载形式。

（1）电压输入。输入电压应不高于产品的额定输入电压（100V 或 400V），否则应考虑使用 TV，在电压输入端须安装 1A 熔丝。

（2）电流输入。标准额定输入电流为 5A，大于 5A 的情况下应使用外部 TA。如果使用的 TA 上连有其他仪表，则接线应采用串接方式，去除产品的电流输入连线之前，一定要先断开 TA 一次回路或者短接二次回路。建议使用接线排，不要直接接 TA，以便拆装。

（3）要确保输入电压、电流相对应，顺序一致，方向一致；否则会出现数值和符号错误的现象（功率和电能）。

（4）仪表输入网络的配置根据系统的 TA 个数决定，在两个 TA 的情况下，选择三相三线两元件方式；在 3 个 TA 的情况下，选择三相四线三元件方式。仪表接线、仪表编程中设置的输入网络 NET 应该同所测量负载的接线方式一致，不然会导致仪表测量的电压或功率不正确。其中在三相三线中，电压测量和显示的为线电压；而在三相四线中，电压测量和显示为电网的相电压。

3. 编程和使用。

（1）按键定义。

1）回车键 ：密码进入确认及数字参数修改确认。

2）菜单键 ：用于选择菜单界面、退出功能和返回上级菜单功能。

3）向右键 ：测量显示时作转换功能，修改数据时此键为数字加键。

4）向左键 ：测量显示时作转换功能，修改数据时此键做数字减键。

（2）测量显示。可测量电网中的电力参数有：U_a、U_b、U_c（相电压）；U_{ab}、U_{bc}、U_{ca}（线电压）I_a、I_b、I_c（电流）；P_s（总有功功率）；Q_s（总无功功率）；P_F（总功率因素）；S_s（总视在功率）；F（频率）以及 E_P（有功电能）、E_q（无功电能）所有的测量电量参数全部保存在仪表内部的电量信息表中，通过仪表的数字通信接口可访问采集这些数据。电量参数的计算方法见表 1-4。

表 1-4 计 算 公 式

公式	备注	公式	备注
$U = \sqrt{\dfrac{1}{N}\sum\limits_{n=1}^{N} u_n^2}$	电压有效值	$P_s = UI$	单相视在功率周期平均值
$I = \sqrt{\dfrac{1}{N}\sum\limits_{n=1}^{N} I_n^2}$	电流有效值	$\cos\theta = P_p / P_s$	功率因数
$P_p = \dfrac{1}{N}\sum\limits_{n=1}^{N} I_n u_n$	单相有功功率周期平均值	$P_q = \sqrt{P_a^2 - P_p^2}$	无功功率
$P = \dfrac{1}{N}\sum\limits_{n=1}^{N} (I_{an}u_{an} + I_{bn}u_{bn} + I_{cn}u_{cn})$	总有功功率周期平均值	$W = \int p\,dt$	电能

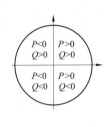

其中 $P>0$，累计的有功电能量是有功电能吸收；$P<0$，累计的有功电能是有功电能释放；$Q>0$，累计的无功电能是无功电能感性；$Q<0$，累计的无功电能是无功电能容性。面板图如图 1-14 所示。

负号指示灯，此行数据为负，灯亮

通信指示灯当仪表向主机发送数据时灯会亮，空连接不会亮

4 个按键用于显示切换或编程设置，"◀""▶"为切换键，"Menu"为上退键，"↵"为选择确认键

k(千)、M(兆)为测量数据的数量级。例如，在电压测量模式下，LED显示10.23同时k灯亮，表示10.23kV，k暗则表示电压数值为10.23V

对应的测量项目：分别为三相电压；三相电流；有功功率、无功功率、功率因数；开关量输入、开关量输出、频率信息

图 1-14 面板图

多功能电力仪表共有 16 个电力参数显示页面，用户可设置为自动切换显示，也可以设置为手动切换。通过"◀""▶"键来完成页面切换。多功能电力仪表显示参数见表 1-5。

表 1-5 多功能电力仪表显示参数

页面	内容	说明
第一页面	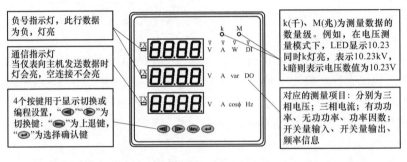	分别显示电压 U_a、U_b、U_c（三相四线）和 U_{ab}、U_{bc}、U_{ca}（三相三线）。左图中 $U_a = 326.7V$，$U_b = 326.8V$，$U_c = 326.6V$。 k 灯亮时表示 kV，M 灯亮时表示 MV。三相三线接线仪表显示线电压，三相四线接线仪表显示相电压

续表

页面	内容	说明
第二页面	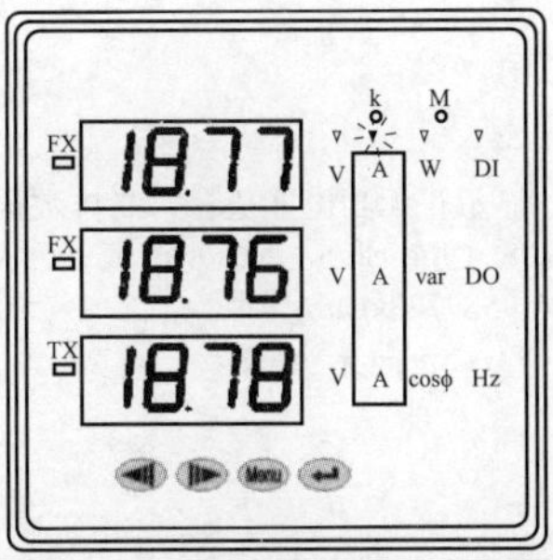	显示三相电流 I_a，I_b，I_c，单位为 A。 左图中 $I_a = 18.77A$，$I_b = 18.76A$，$I_c = 18.78A$ k 灯亮时表示 kA，M 灯亮时表示 MA
第三页面	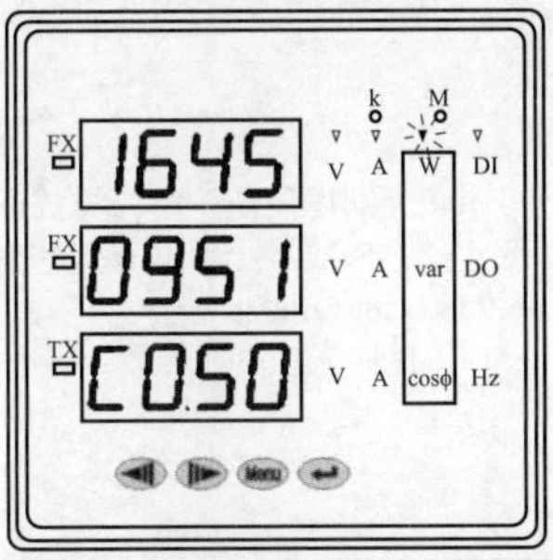	显示有功功率（W）、无功功率（var） 功率因素 PF。左图中 $P = 16.45W$，$Q = 951var$，$PF = C0.5$（容性） k 灯亮时表示 kW 或 k var，M 灯亮时表示 MW 或 Mvar
第四页面	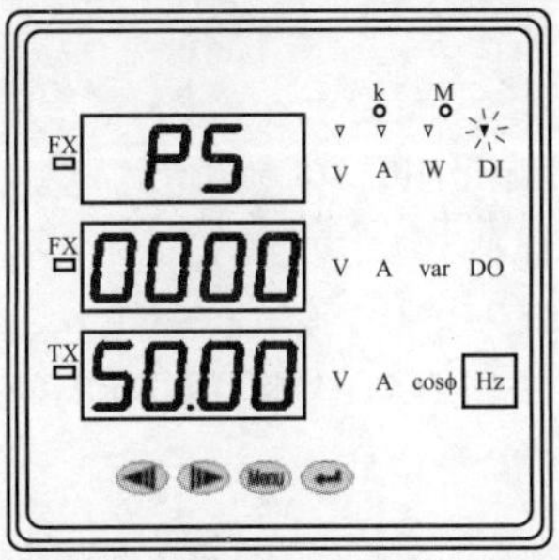	显示视在功率/频率（Hz） 左图中： 第 1\2 排："PS" 表示视在功率。 第 3 排：频率为 50.00Hz
第五页面	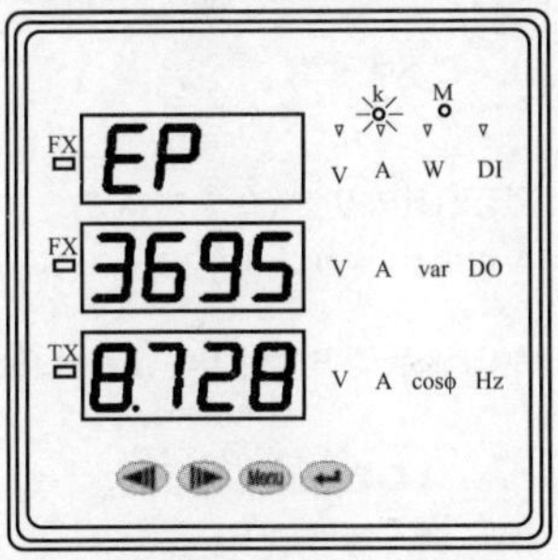	显示正有功电能值，第二排数码管是高 4 位，第三排是低 4 位，形成一个 8 位值。左图表示有功电能值为： 36 958.728kWh。 EP：正向有功电能
第六页面	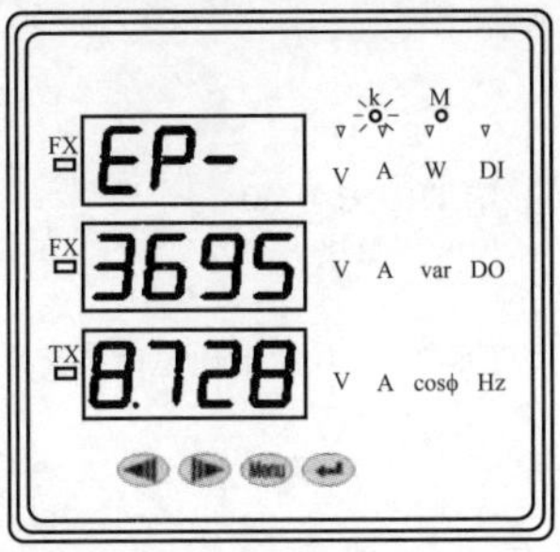	显示负有功电能值，第二排数码管是高 4 位，第三排是低 4 位，形成一个 8 位值。左图表示有功电能值为： -36 958.728kWh。 EP-：反向有功电能

续表

页面	内容	说明
第七页面	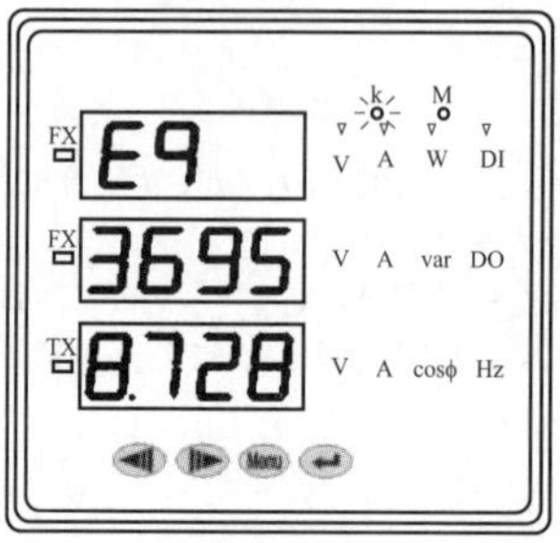	显示正无功电能值，第二排数码管是高 4 位，第三排是低 4 位，形成一个 8 位值。左图表示无功电能值为：36 958.728kvarh。 EQ：正向无功电能
第八页面	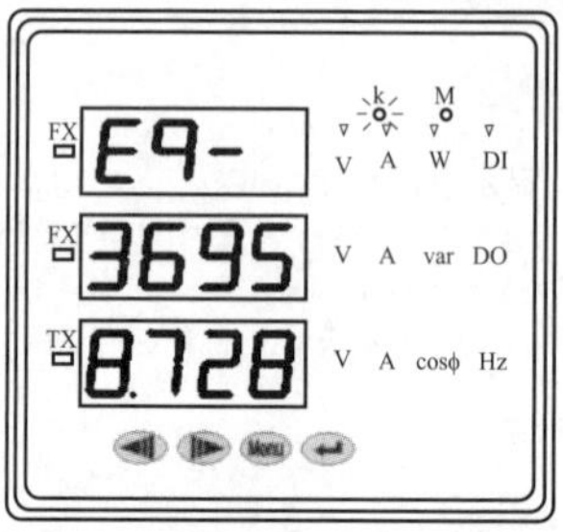	显示负无功电能值，第二排数码管是高 4 位，第三排是低 4 位，形成一个 8 位值。左图表示无功电能值为：−36 958.728kvarh。 EQ−：反向无功电能
第九页面	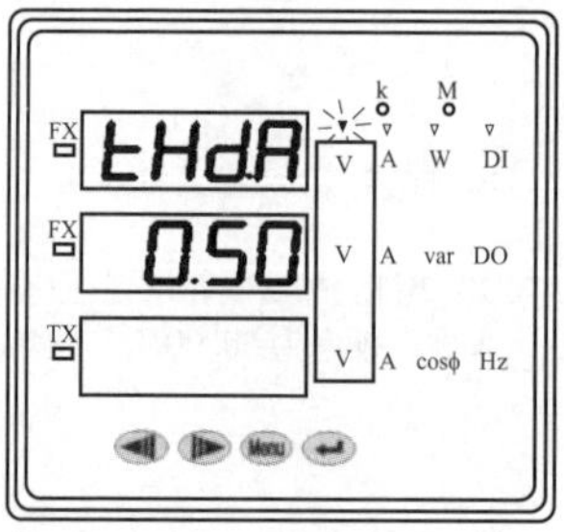	显示 THD. A／0. 50 A 相电压总谐波含量。 左图显示的 A 相电压总谐波含量为：0.50%
第十页面	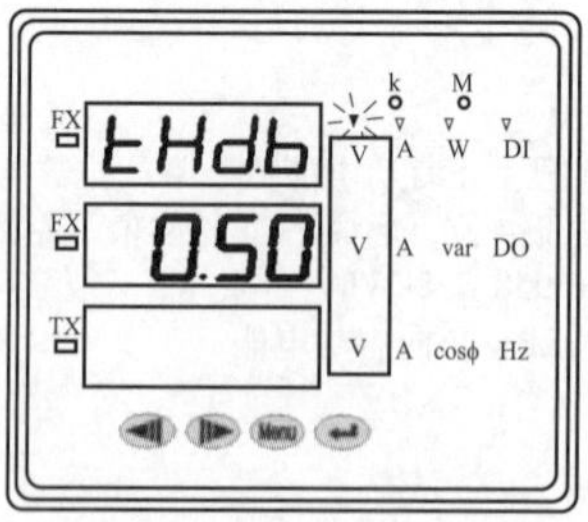	显示 THD. B／0. 50 B 相电压总谐波含量。 左图显示的 B 相电压总谐波含量为：0.50%
第十一页面	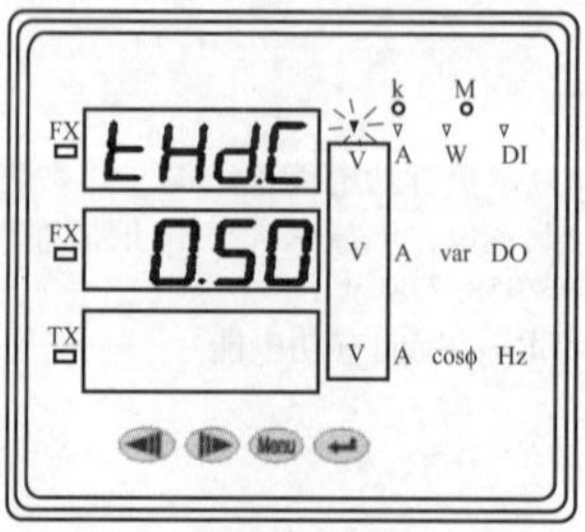	显示 THD.C／0. 50 C 相电压总谐波含量。 左图显示的 C 相电压总谐波含量为：0.50%

页面	内容	说明
第十二页面	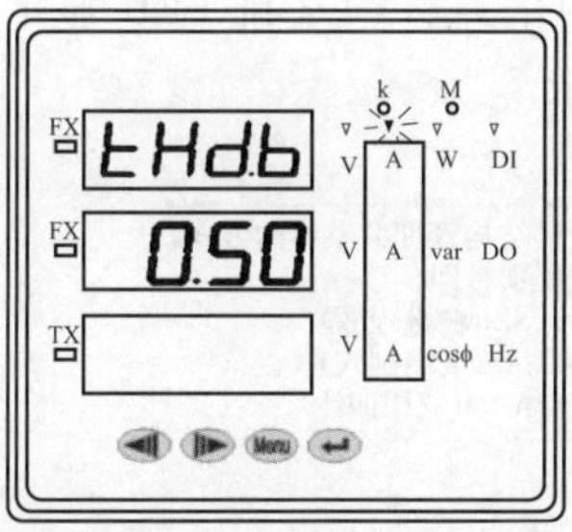 tHdb 0.50	显示 THD. A/0. 50 电压总谐波含量。 左图显示的 A 相电压总谐波含量为：0. 50%
第十三页面	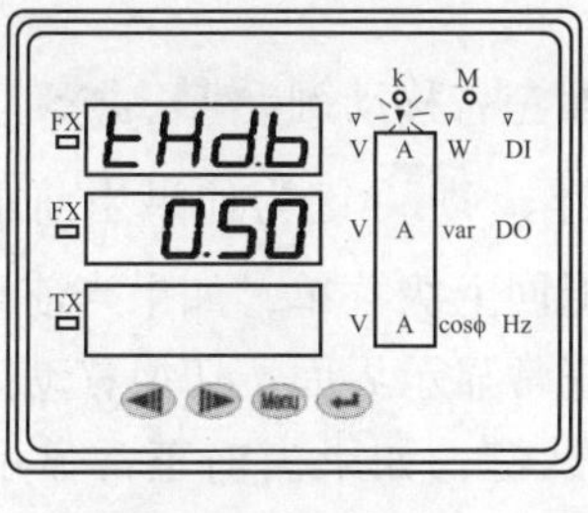 tHdb 0.50	显示 THD. B/0. 50 电压总谐波含量。 左图显示的 B 相电压总谐波含量为：0. 50%
第十四页面	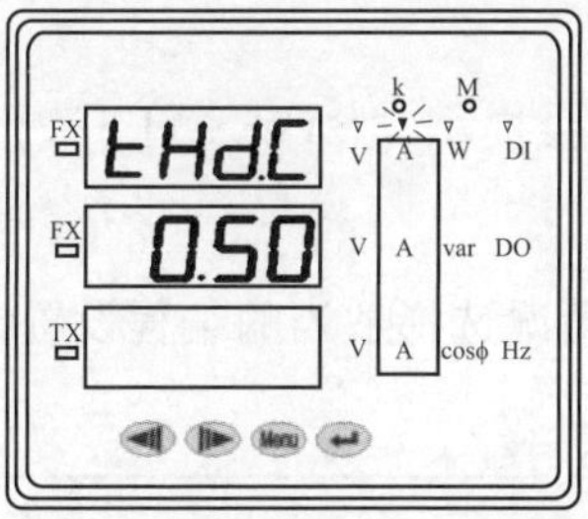 tHdC 0.50	显示 THD. C/0. 50 C 相电流总谐波含量。 左图显示的 C 相电流总谐波含量为：0. 50%
第十五页面	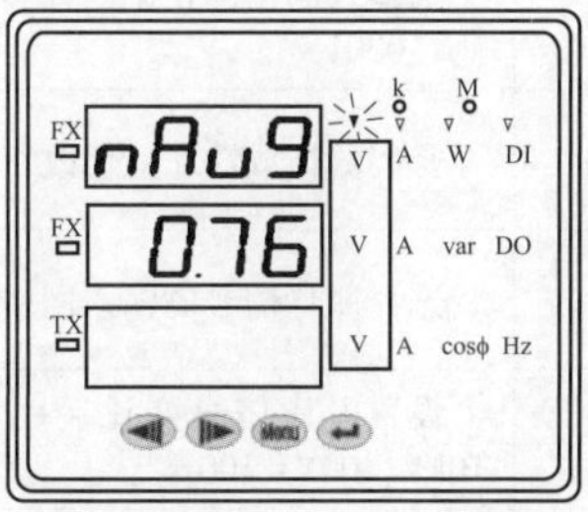 nAu9 0.76	显示 NAUG/0. 76 三相电压总不平衡度。 左图显示的电压不平衡为：0. 76%
第十六页面	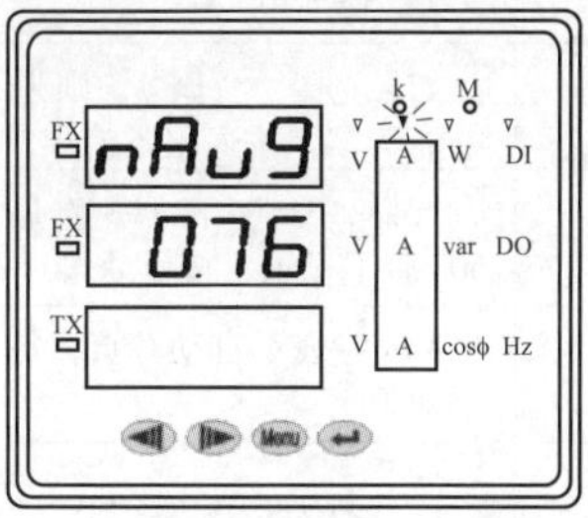 nAu9 0.76	显示 NAUG/0. 76 三相电流总不平衡度。 左图显示的电流不平衡为：0. 76%

（3）编程操作。在编程操作下，仪表提供了：密码验证和修改（CODE）、系统设置（SET）、显示设置（DIS）、通信设置（CONN）四个基本菜单项目，使用 LED 显示的分层菜单结构管理方式：第 1 排 LED 显示第 1 层菜单信息；第 2 排 LED 显示第 2 层菜单信息，第 3 排 LED 提供第三层菜单信息，如图 1-15 所示。

图 1-15　LED 显示项目

键盘的编程操作采用四个按键的操作方式，即左右移动键 ◀ ▶，菜单回退键 Menu，菜单进入/确定键 ↵ 来完成上述功能的所有操作。Menu 键为如果当前正常显示是电压界面，按该键进入编程模式；在编程模式，按该键退回上级菜单，如果当前是第 1 级菜单，按该键进入参数保存界面，再按则取消保存，退回正常显示界面；切换移动键，实现菜单项目的切换或者数字量的增加或减少。↵ 为选择/确认键：如果当前正常显示是电压界面，按该键可以切换相电压/线电压；在编程模式，按该键进入下一级菜单，设置时控制光标移到下一字符或者菜单中下一层选项。

在编程方式退回到测量模式的情况下，仪表会提示"SAVE-YES"，选择 Menu 表示不保存退出，选择 ↵ 则保存退出。

（4）菜单的组织结构如下。用户可根据实际情况选择适当的编程设置参数，见表 1-6。

表 1-6　　　　　　　　　　　　　编　程　参　数

第一层	第二层	第三层	描述
密码 CODE	验证密码 Put	密码数据（0~9999）	当输入的密码正确时才可以进入编程。默认密码：0001
	修改密码 Set	密码数据（0~9999）	密码验证成功才能修改密码
设置系统 Set	网络 NET	N.3.4 和 N.3.3	选择测量信号的输入网络
	电压变比 TV. U	1~5000	设置电压信号变比＝1 次刻度/2 次刻度，如 10kV/100V＝100
	电流变比 TA. I	1~5000	设置电流信号变比＝1 次刻度/2 次刻度，如 200A/5A＝40
	清电能 E. CLE	YES/no	如果选择"YES"，则退出编程菜单，按确认电能清零，按退出不清零；选择"no"，不清零
显示设置 DIS	显示 DISP. E	On/60	选择"On"表示一直显示，选择"60"表示 60s 后不显示，按键后再过 60s 不显示
	显示翻页 DIS. P	Auto/HAnd	Auto：表示自动翻页，每 2s 翻页；Hand：表示手动翻页
	亮度 B. LED	0~6	调整数码管亮度，"0"为最暗，"6"为最亮

续表

第一层	第二层	第三层	描述
通信参数 CONN	地址 Add	1~247	仪表地址范围 1~247
	通信校验位 dAtA	N. 8. 1/o. 8. 1/E. 8. 1	N. 8. 1：无校验位。o. 8. 1：奇校验。E. 8. 1：偶校验
	通信速率 bud	1200~9600	波特率 1200、2400、4800、9600bit/s

（5）数字通信。多功能仪表提供串行异步半工 RS-485 通信接口，采用 MOD-BUS-RTU 协议，各种数据信息均可在通信线路上传送。在一条 RS-485 总线上可以同时连接多达 32 个仪表，每个仪表均可以设定其通信地址（Address NO.），不同系列仪表的通信接线端子号码可能不同，通信连接应使用带有铜网的屏蔽双绞线，线径不小于 0.5mm^2。布线时应使用通信线远离强电电缆或其他强电场环境，推荐采用 T 型网络的连接方式，如图 1-16 所示，不建议采用星形或其他的连接方式。

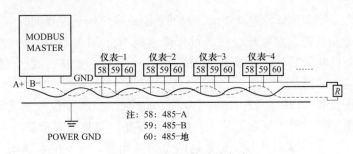

图 1-16　T 型网络连接方式

MODBUS/RTU 通信协议：MODBUS 协议在一根通信线上采用主从应答方式的通信连接方式。首先，主计算机的信号寻址到一台唯一地址的终端设备（从机），然后，终端设备发出的应答信号以相反的方向传输给主机，即在一根单独的通信线上信号沿着相反的两个方向传输所有的通信数据流（半双工的工作模式）。

MODBUS 协议只允许在主机（PC、PLC 等）和终端设备之间通信，而不允许独立的终端设备之间的数据交换，这样各终端设备不会在它们初始化时占据通信线路，而仅限于响应到达本机的查询信号。

主机查询：查询消息帧包括设备地址码、功能码、数据信息码、校验码。地址码表明要选中的从机设备功能代码告知被选中的从设备要执行何种功能，例如，功能代码 03 或 04 是要求从设备读寄存器并返回它们的内容；数据段包含了从设备要执行功能的其他附加信息，如在读命令中，数据段的附加信息有从何寄存器开始读的寄存器数量；校验码用来检验一帧信息的正确性，为从设备提供了一种验证消息内容是否正确的方法，它采用 CRC16 的校准规则进行校验。

从机响应：如果从设备产生一正常的回应，在回应消息中有从机地址码、功能代码、数据信息码和 CRC16 校验码。数据信息码包括了从设备收集的数据，如寄存器值或状态。如果有错误发生，按照约定从机不进行响应。

传输方式是指一个数据帧内一系列独立的数据结构以及用于传输数据的有限规则，下面定义了与 MODBUS 协议 RTU 方式相兼容的传输方式。每个字节的位包含一个起始位、8 个数据位、（奇偶校验位）、一个停止位（有奇偶校验位时）或两个停止位（无奇偶校验位时）。

数据帧的结构：即报文格式，见表 1-7。

表 1-7 数 据 帧 的 结 构

地址码	功能码	数据码	校验码
1 个字节	1 个字节	N 个字节	2 个字节

地址码：是帧开始的部分，由一个字节（8 位二进制码）组成，十进制为 0~255，在我们的系统只使用 1~247，其他地址保留。这些位标明了用户指定的终端设备的地址，该设备将接受来自与之相连的主机数据。每个终端设备的地址必须是唯一的，仅仅被寻址到的终端会响应包含了该地址的查询，当终端发送回一个响应后，响应中的从机地址数据告诉主机哪台终端与之进行通信。

数据码：包含了终端执行特定功能所需要的数据或者终端响应查询时采集到的数据。这些数据的内容可能是数值、参考地址或者设置值。例如，功能域码告诉终端读取一个寄存器，数据域则需要反映从哪个寄存器开始及读取多少个数据，而从机数据码回送内容则包含了数据长度和相应的数据。

校验码：错误校验（CRC）域占用两个字节，包含了一个 16 位的二进制值。CRC 值由传输设备计算出来，然后附加到数据帧上，接收设备在接受数据时重新计算 CRC 值，然后与接收到的 CRC 域中的值进行比较。如果这两个值不相等，就发生了错误，生成一个 CRC 的流程如下。

1）预置一个 16 位寄存器为 FFFFH（十六进制，全 1），称之为 CRC 寄存器。

2）把数据帧中的第一个字节的 8 位与 CRC 寄存器中的低字节进行异或运算，结果存回 CRC 寄存器。

3）将 CRC 寄存器向右移一位，最高位填以 0，最低位移出并检测。

4）上一步中被移出的那一位如果为 0 则重复第三步（下一次移位）；为 1 则将 CRC 寄存器与一个预设的固定值（0A001H）进行异或运算。

5）重复第三步和第四步直到 8 次移位。这样处理完了一个完整的八位。

6）重复第 2）步到第 5）步处理下一个 8 位，直到所有的字节处理结束。

7）最终 CRC 寄存器的值就是 CRC 的值。

功能码：告诉了被寻址到的终端执行何种功能，表 1-8 列出了本表支持的功能码以及它们的意义和功能。

表 1-8 功 能 码

代码意义	意义
0x03/x04	读数据寄存器值
0x10	写设置寄存器指令

（6）报文格式指令。

1）读数据寄存器值（功能码 0x03/0x04），见表 1-9。

表 1-9　　　　　　　　　　　　　　数 据 寄 存 器 值

	帧结构	地址码	功能码	数据码		校验码
				起始寄存器地址	寄存器个数	
主机请求	占用字节	1 字节	1 字节	2 字节	2 字节	2 字节
	数据范围	1~247	0x03/0x04		最大 25	CRC
	报文举例	0x01	0x03	0x00　0x3D	0x00　0x03	0x79 0xC9
	帧结构	地址码	功能码	数据码		校验码
从机响应				寄存器字节数	寄存器值	
	占用字节	1 字节	1 字节	1 字节	N 字节	2 字节
	报文举例	0x01	0x03	0x06	（6 字节数据）	（CRC）

注　主机请求的寄存器地址为查询的一次电网或者二次电网的数据首地址，寄存器个数为查询数据的长度，如上例起始寄存器地址"0x00 0x3D"表示三相相电压整型数据的首地址，寄存器个"0x00 0x03"表示数据长度 3 个 Word 数据。具体请参照 MODBUS-RTU 通信地址信息表。

2）写设置寄存器指令（功能码 0x10），见表 1-10。

表 1-10　　　　　　　　　　　　　　寄 存 器 指 令

	帧结构	地址码	功能码	数据码				校验码
				起始寄存器地址	寄存器个数	数据字节数	写入数据	
主机请求	占用字节	1 字节	1 字节	2 字节	2 字节	1 字节	N 字节	2 字节
	数据范围	1~247	0x10		最大 25	最大 2×25		CRC
	报文举例	0x01	0x10	0x00 0x07	0x00 0x02	0x04	0x00 0x64 0x00 0x0A	0x73 0x91
	帧结构	地址码	功能码	数据码				校验码
从机响应				起始寄存器地址		寄存器个数		
	占用字节	1 字节	1 字节	2 字节		2 字节		2 字节
	报文举例	0x01	0x03	0x06		（6 字节数据）		（CRC）

注　为保证正常通信，每执行一个主机请求，寄存器个数限制为 25 个。上例起始寄存器地址"0x00 0x07"表示电压变比设置的首地址，寄存器个数"0x00 0x02"表示设置电压变比和电流变比共两个 Word 数据，写入数"0x00 0x64 0x000x0A"表示设置电压变比为 100、电流变比为 10。具体请参照的 MODBUS-RTU 通信地址信息表。

（7）电能脉冲。多功能电力仪表提供双向有功、无功电能计量，两路电能脉冲输出功能和 RS-485 的数字接口来完成电能数据的显示和远传。仪表实现有功电能、无功电能一次测数据；集电极开路的光耦继电器的电能脉冲实现了有功电能和无功电能的远传，可采用远程的计算机终端、PLC、DI 开关采集模块采集仪表的脉冲总数来实现电能累积计量。所采用输出方式是电能的精度检验的方式（国家计量规程：标准表的脉冲误差比较方法），如

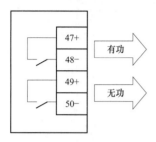

图 1-17 电能脉冲输出图

图 1-17 所示。

1）电气特性：脉冲采集接口的电路示意图中 $V_{CC} \leqslant 48V$，$I_Z \leqslant 50mA$。

2）脉冲常数：5000imp/kWh（所有量程）。其意义为：当仪表累计电能 1kWh 时脉冲输出个数为 5000 个，需要强调的是 1kWh 为电能的二次电能数据，在 PT、CT 的情况下，5000 个脉冲对应一次电能数据为 1kWh×电压变比 PT×电流变比 CT。

3）应用举例：PLC 终端使用脉冲计数装置，假定在长度为 t 的一段时间内采集脉冲个数为 N 个，仪表输入为 10kV/100V、400A/5A，则该时间段内仪表电能累积为 N/5000×100×80kWh 电能。

（8）智能表接线如图 1-18 所示。

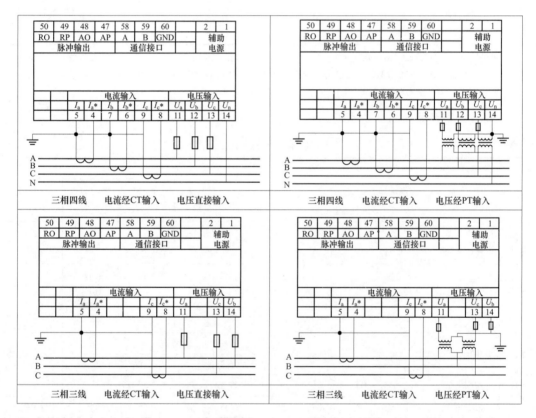

图 1-18 42 方型接线

（9）使用注意事项。

1）首先确保仪表的通信设置信息，如从机地址、波特率、校验方式等与上位机要求一致。如果现场多块仪表通信都没有数据回送，则检测现场通信总线的连接是否准确可靠，RS-485 转换器是否正常。如果只有单块或者少数仪表通信异常，也要检查相应的通信线，可以修改变换异常和正常仪表从机的地址来测试，排除或确认上位机软件问题，或者通过变换异常和正常仪表的安装位置来测试，排除或确认仪表故障。

2）多功能电力仪表的通信开放给客户的数据有一次电网 float 型数据和二次电网 int/long 型数据。使用时需仔细阅读通信地址表中关于数据存放地址和存放格式的说明，并确保按照相应的数据格式转换。推荐客户去经销商索要下载 MODBUS-RTU 通信协议测试软件 MODS-CAN，该软件遵循标准的 MODBUS-RTU 通信协议，并且数据可以按照整型、浮点型、十六进制等格式显示，能够直接与仪表显示数据对比。

3）首先需要确保正确的电压和电流信号已经连接到仪表上，可以使用万用表来测量电压信号，必要的时候使用钳形表来测量电流信号；其次确保信号线的连接是正确的，如电流信号的同名端（也就是进线端）以及各相的相序是否出错。多功能电力仪表可以观察功率界面显示，只有在反向送电情况下有功功率数据有不对的现象，一般使用情况下有功数据是正确的。如果有功电能符号为负，则有可能是电流进出线接错，当然相序接错也会导致功率显示异常。另外需要注意的是仪表显示的电量为一次电网值，如果表内设置的电压电流互感器的倍率与实际使用互感器倍率不一致，也会导致仪表电量显示不准确。表内电压电流的量程出厂后不允许修改。接线网络可以按照现场实际接法修改，但编程菜单中接线方式的设置应与实际接线方式一致，否则也将导致错误的显示信息。

4）仪表的电能累加是基于对功率的测量，先观测仪表的功率值与实际负荷是否相符。多功能电力仪表支持双向电能计量，在接线错误的情况下，总有功功率为负的情况下，电能会累加到反向有功电能，正向有功电能不累加。在现场使用最多出现的问题是电流互感器进线和出线接反。多功能电力仪表均可以看到分相的带符号的有功功率，若功率为负则有可能是接线错误。另外，相序接错也会引起仪表电能走字异常。

应用举例如下。

负载设备排水泵的电量测量。铭牌技术数据：功率 70kW、电流 137A、电压 380V。仪表接线图如图 1-19 所示。

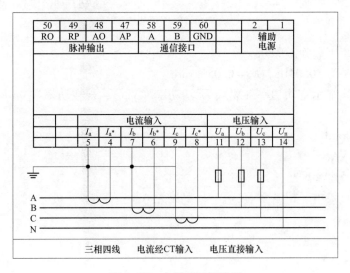

图 1-19　水泵测量接线图

多功能仪表部分显示界面如图 1-20（a）～图 1-20（g）所示。

图 1-20（a）显示的内容为：显示功率因素（PF）、频率（Hz）。

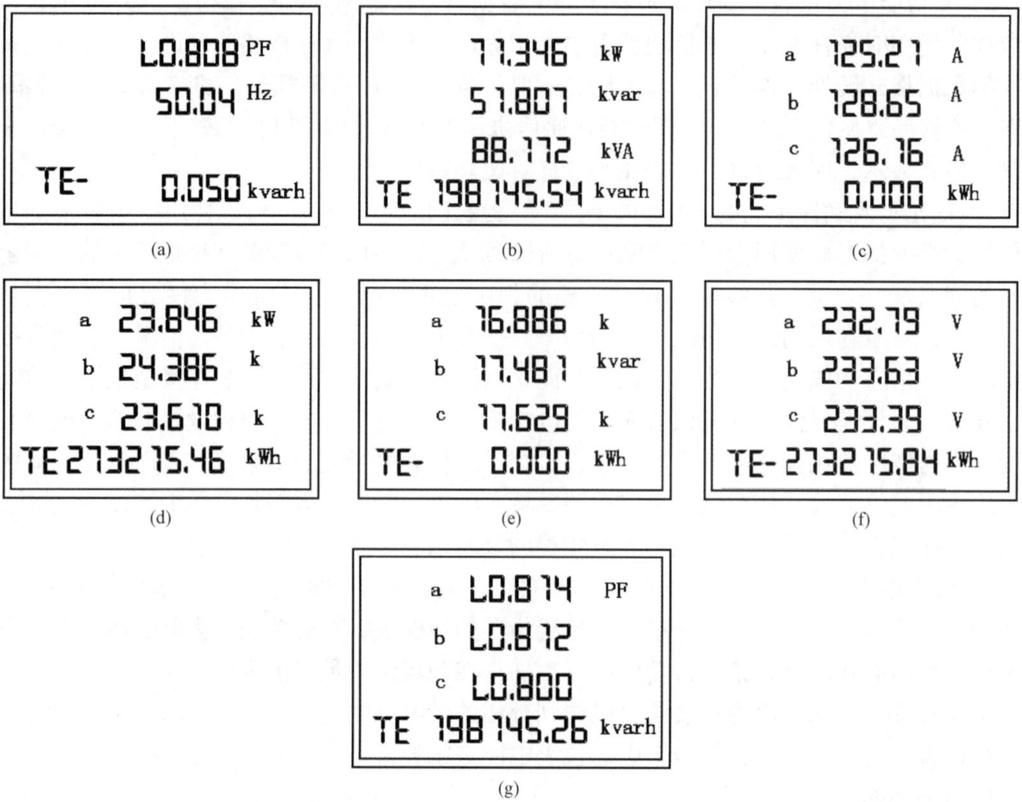

图 1-20 水泵测量数据部分界面

（a）功率因素和频率的显示；（b）功功率、无功功率、视在功率的显示；（c）三相电流的显示；

（d）A，B，C 三相有功功率的显示；（e）A，B，C 三相无功功率的显示；（f）相电压 U_a，U_b，U_c 的显示；

（g）显示电 A，B，C 三相功率因数

第一排：功率因数为 L0.808。

第二排：频率为 50.04Hz，$E_Q = 0.050$kvarh。

图 1-20（b）显示有功功率（W）、无功功率（Var）、视在功率（VA）。

$P_S = 71.346$kW。

$Q_S = 51.807$kvard

$E_S = 88.172$kVA。

$E_Q = 198145.54$kvarh。

图 1-20（c）显示三相电流 I_a、I_b、I_c 单位为 A。

$I_a = 125.21$A。

$I_b = 128.65$A。

$I_c = 126.16$A。

$E_P = 0.00$kWh。

图 1-20（d）显示 A、B、C 三相有功功率。

$P_a = 23.846$kW。

$P_b = 24.386$kW。

$P_c = 23.610\text{kW}$。

$E_P = 273215.46\text{kWh}$。

图 1-20（e）显示 A、B、C 三相无功功率。

$Q_a = 16.886\text{kvar}$。

$Q_b = 17.481\text{kvar}$。

$Q_c = 17.629\text{kvar}$。

$E_Q = 0.000\text{kvarh}$。

图 1-20（f）显示相电压 U_a、U_b、U_c。

$U_a = 232.79\text{V}$。

$U_b = 233.63\text{V}$。

$U_c = 233.39\text{V}$。

$E_P = 273215.84\text{kWh}$。

三相四线接线仪表显示相电压。

图 1-20（g）显示电 A、B、C 三相功率因数。

$P_{Fa} = \text{L}0.814$。

$P_{Fb} = \text{L}0.812$。

$P_{Fc} = \text{L}0.800$。

本 章 小 结

本章主要介绍了常用的电工仪表，包括常用的电工检测仪表和电工测量仪表。常用电工监测仪表详细介绍了数字万用表、绝缘电阻表、钳形电流表、电桥和示波器的使用及使用注意事项；电工测量仪表介绍了数显智能三相电压/电流表和多功能电力仪表的技术参数和使用说明。

第 2 章

常 用 低 压 电 器

2.1 低 压 配 电 电 器

2.1.1 断路器

断路器品种很多，有我国自行开发的 DZ 系列、引进技术生产的西门子 3VE 系列、日本三菱 M 系列、ABB 公司 DZ106 系列、法国施耐德 DZ47 系列等。

图 2-1 低压断路器的图形符号

低压断路器俗称低压自动开关，它用于不频繁地接通和断开电路。当电路发生过载、短路或失压等故障时，它能自动断开电路。低压断路器的文字符号为 QF，其图形符号如图 2-1 所示。

1. 低压断路器的结构和工作原理

低压断路器的结构主要包括三部分：带有灭弧装置的主触点、脱扣器和操作机构。其结构如图 2-2 所示。

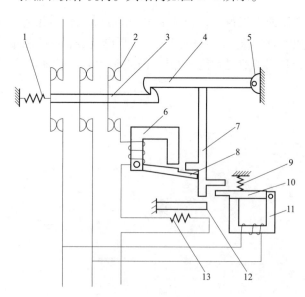

图 2-2 低压断路器的结构

1—弹簧；2—主触点；3—传动杆；4—锁扣；5—轴；6—电磁脱扣器；7—杠杆；

8、10—衔铁；9—弹簧；11—欠压脱扣器；12—双金属片；13—发热元件

图 2-2 中，主触点由操作机构手动或电动合闸，当操作机构处于闭合位置时，可由自由脱扣器进行脱扣，将主触点断开。当线路上出现短路故障时，其过流脱扣器动作，使开关

跳闸，进行短路保护。出现过负荷时，串联在主电路的加热电阻丝加热，双金属片弯曲带动自由脱扣器动作，使开关跳闸，进行过载保护。当主电路电压消失或降低到一定的数值时，欠压脱扣器的衔铁释放，衔铁的顶板推动自由脱扣器，使断路器跳闸，进行欠压和失压保护。

　　有的低压断路器还有分励脱扣器，主要用于远距离操作。按下按钮，分励脱扣器的衔铁吸合，推动自由脱扣器动作，低压断路器跳闸。主电路断开后，分励脱扣器的线圈断电。分励脱扣器的线圈不允许长期通电。

　　2. 低压断路器的类型

　　塑壳式低压断路器具有模压绝缘材料制成的封闭型外壳，将所有构件组装在一起。作为配电、电动机和照明电路的过载及短路保护，也可以作为电动机不频繁的启动使用。DZ20 型塑壳式低压断路器外形如图 2-3 所示。

　　例如，施耐德 DZ47 断路器是塑料外壳式断路器的一种。DZ47 断路器适用于照明配电系统或电动机的配电系统，主要用于交 50/60Hz，单极 220V，二、三、四极 400V，电流至 60A 的线路中起过载、短路保护，同时也可以在正常情况下不频繁地通断电器装置和照明线路，其外形结构如图 2-4 所示。

图 2-3　DZ20 型低压断路器外形结构

图 2-4　DZ47 型低压断路器外形结构

2.1.2　熔断器

　　熔断器常用有 RL 系列、RM 系列、RT 系列等。

　　熔断器是一种结构简单，使用方便，价格低廉的保护电器，广泛用于供电线路和电气设备的短路保护。熔断器串入电路中，当电路发生短路或过载，通过熔断器的电流超过限定的数值时，由于电流的热效应，使熔体的温度急剧上升，超过熔体的熔点，熔断器中的熔体熔断而分断电路，从而保护了电路和设备。熔断器的文字符号为 FU，其图形符号如图 2-5 所示。

图 2-5　熔断器的图形符号

　　1. 熔断器的组成及分类

　　熔断器由熔体和安装熔体的熔管两部分组成。

　　熔体是熔断器的核心，熔体的材料有两类：一类为低熔点材料，如铅锡合金、锌等；另一类为高熔点材料，银丝或铜丝等。熔管一般由硬制纤维或瓷制绝缘材料制成，既便于安装熔体，又有利于熔体熔断时电弧的熄灭。

熔断器按其结构形式分类，有插入式、螺旋式、有填料密封管式、无填料密封管式、自复式熔断器等。国产低压熔断器型号含义如下。

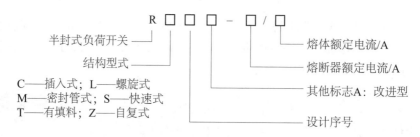

半封式负荷开关 —— 结构型式 ——

C——插入式；L——螺旋式
M——密封管式；S——快速式
T——有填料；Z——自复式

熔体额定电流/A
熔断器额定电流/A
其他标志A：改进型
设计序号

下面主要介绍工厂电气控制中应用较多的几种熔断器。

（1）RT 式熔断器。有填料密闭管式熔断器，熔管内装有石英砂作填料，用来冷却和熄灭电弧，因此有较强的分断电流能力。常用的 RT 式熔断器有 RT12、RT14、RT15、RT17、RT18 等系列。RT18 系列熔断器的结构如图 2-6 所示。RT12、RT15 系列带有熔断指示器，RT14 系列熔断器带有撞击器，熔断时撞击器弹出，既可以作熔断信号指示，也可以触动微动开关以切断接触器线圈电路，使接触器断电，实现三相电动机的断相保护。有填料密闭管式熔断器常用于大容量的电力网络和配电设备中。

（2）螺旋式熔断器。螺旋式熔断器的熔管内装有石英砂或惰性气体，有利于电弧的熄灭，因此螺旋式熔断器具有较高的分断能力。熔体的上端盖有一熔断指示器，熔断时红色指示器弹出，可以通过瓷帽上的玻璃孔观察到。常用的螺旋式熔断器有 RL6、RL7 系列，多用于电动机主电路中。螺旋式熔断器有明显的分断指示和不用任何工具就可取下或更换熔体等优点。螺旋式熔断器的结构如图 2-7 所示。

图 2-6　RT18 系列熔断器的结构

（3）无填料密闭管式熔断器。无填料密闭管式熔断器常用的有 RM10 系列，结构如图 2-8 所示。这种熔断器结构简单，更换熔片方便，它常用于低压配电网或成套配电设备中。

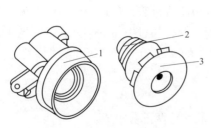

图 2-7　螺旋式熔断器的结构
1—底座；2—熔体；3—瓷帽

图 2-8　RM10 系列熔断器

（4）快速熔断器。快速熔断器主要用于半导体器件或整流装置的短路保护。半导体器件的过载能力很低，因此要求短路保护具有快速熔断的能力。快速熔断器的熔体采用银片冲成的变截面的 V 形熔片，熔管采用有填料的密闭管。常用的快速熔断器有 RLS2、RS3 等系列，NGT 是我国引进德国技术生产的一种分断能力高、限流特性好、功耗低、性能稳定的熔断器。

（5）自复式熔断器。自复式熔断器的最大特点是既能切断短路电流，又能在故障消除后自动恢复，无须更换熔体。我国设计生产的 RZ1 型自复式熔断器如图 2-9 所示。自复式熔断器的优点是能重复使用，不必更换熔体，但在线路中只能限制短路电流，不能切除故障电路。所以自复式熔断器通常与低压断路器配合使用，甚至组合为一种电器。我国生产 DZ10-100R 型低压断路器就是 DZ10-100 型低压断路器和 RZ1-100 型自复式熔断器的组合。利用自复式熔断器来切断短路电流，而利用低压断路器来通断电路和实现过负荷保护。

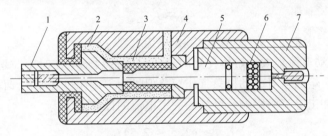

图 2-9　自复式熔断器

1—接线端子；2—云母玻璃；3—氧化铍瓷管；4—不锈钢外壳；5—钠熔体；6—氩气；7—接线端子

2. 熔断器的安秒特性

熔断器熔体的熔化电流值与熔断时间的关系称为熔断器的保护特性曲线，也称为熔断器的安秒特性，如图 2-10 所示。I_q 为最小熔化电流，当通过熔断器的电流小于此电流时熔断器不会熔断。所以熔断器的 I_N 应小于最小熔断电流。通常 $K_q = I_q / I_N = 1.5 \sim 2.0$，称为熔化系数。若要熔断器保护小的过载电流，熔化系数应选得低些；为躲过电动机启动时的启动电流，熔化系数应选得高些。熔化系数主要取决于熔体的材料及结构。低熔点的金属材料熔化系数小，高熔点的材料熔化系数大。

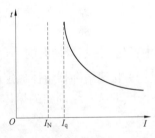

图 2-10　熔断器的安秒特性

3. 熔断器的技术参数

（1）额定电压。熔断器的额定电压是指熔断器长期工作时和分断后，能正常工作的电压，其值一般应等于或大于熔断器所接电路的工作电压。否则熔断器在长期工作中可能出现绝缘击穿，或熔体熔断后电弧不能熄灭的现象。

（2）额定电流。熔断器的额定电流是指熔断器长期工作且温升不超过规定值时所允许通过的电流。为了减少熔断器的规格，熔管的额定电流的规格比较少，而熔体的额定电流的等级比较多，一个额定电流等级的熔管，可以配合选用不同的额定电流等级的熔体。但熔体的额定电流必须小于或等于熔断器的额定电流。

（3）极限分断能力。熔断器极限分断能力是指在规定的额定电压下能分断的最大的短路电流值，它取决于熔断器的灭弧能力。

4. 熔断器的选择

（1）熔断器类型的选择。主要根据负载的过载特性和短路电流的大小来选择。例如，对于容量较小的照明电路或电动机的保护，可以采用 RCA1 系列或 RM10 系列无填料密闭管式熔断器；对于容量较大的照明电路或电动机的保护，在短路电流较大的电路或有易燃气体的地方，则应采用螺旋式或有填料密闭管式熔断器；用于半导体元件保护时，则应采用快速熔断器。

（2）熔断器额定电压的选择。熔断器的额定电压应大于或等于实际电路的工作电压。

（3）熔断器额定电流的选择。熔断器的额定电流应大于或等于所装熔体的额定电流，因此确定熔体电流是选择熔断器的主要任务，具体来说有以下几条原则。

1）对于照明线路或电阻炉等没有冲击性电流的负载，熔断器作过载和短路保护用，熔体的额定电流应大于或等于负载的额定电流，即

$$I_{RN} \geq I_N$$

式中：I_{RN} 为熔体的额定电流；I_N 为负载的额定电流。

2）电动机的启动电流很大，熔体在短时通过较大的启动电流时不应熔断，因此熔体的额定电流选得较大，熔断器对电动机只宜作短路保护而不用作过载保护。保护一台异步电动机时，考虑电动机冲击电流的影响，熔体的额定电流的计算方法为

$$I_{RN} \geq (1.5 \sim 2.5)I_N$$

式中：I_N 为电动机的额定电流。

保护多台异步电动机，出现尖峰电流时，熔断器不应熔断，计算公式为

$$I_{RN} \geq (1.5 \sim 2.5)I_{Nmax} + \sum I_N$$

式中：I_{Nmax} 为容量最大的一台电动机的额定电流；$\sum I_N$ 为其余各台电动机额定电流的总和。

3）快速熔断器熔体额定电流的选择。在小容量变流装置中（晶闸管整流元件的额定电流小于 200A）熔断器的熔体额定电流计算公式为

$$I_{RN} = 1.57 I_{SCR}$$

式中：I_{SCR} 为晶闸管整流元件的额定电流。

（4）校验熔断器的保护特性。熔断器的保护特性与被保护对象的过载特性要有良好的配合，同时熔断器的极限分断能力应大于被保护线路的最大电流值。

（5）熔断器的上、下级的配合。为使两级保护相互配合良好，两级熔体额定电流的比值不小于 1.6∶1，或对于同一个过载或短路电流，上一级熔断器的熔断时间至少是下一级的 3 倍。

5. 熔断器的运行与维修

熔断器在使用中应注意以下几点。

（1）检查熔管有无破损变形现象，有无放电的痕迹，有熔断信号指示器的熔断器，其指示是否保持正常状态。

（2）熔体熔断后，应首先查明原因，排除故障。一般过载保护动作，熔断器的响声不大，熔丝熔断部位较短，熔管内壁没有烧焦的痕迹，也没有大量的熔体蒸发物附在管壁上。

变截面熔体在小截面倾斜处熔断，是因为过负荷引起的。反之，熔丝爆熔或熔断部位很长，变截面熔体大截面部位被熔化，则一般为短路引起。

（3）更换熔体时，必须将电源断开，防止触电。更换熔体的规格应和原来的相同，安装熔丝时，不要将其碰伤，也不要拧得太紧，把熔丝轧伤。

2.1.3 常用开关电器

开关电器广泛用作配电系统，起隔离电源、保护电气设备和控制的作用。

1. 组合开关

组合开关又称转换开关，实质上为刀开关。组合开关是一种多触点、多位置式开关，可以控制多个回路的电器。组合开关主要用作电源引入开关，或作为控制 5kW 以下小容量电动机的直接启动、停止、换向，每小时通断的换接次数不宜超过 20 次。组合开关的选用应根据电源的种类、电压等级、所需触点数及电动机的容量选用，组合开关的额定电流应取电动机额定电流的 1.5~2 倍。组合开关手柄能沿任意方向转动 90°，并带动三个动触片分别和三个静触片接通或断开。图 2-11 所示为 HZ10 系列组合开关的外形与结构图。

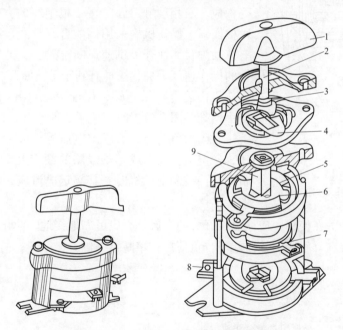

图 2-11　HZ10 系列组合开关的外形与结构图

1—手柄；2—转轴；3—弹簧；4—凸轮；5—绝缘垫板；6—动触片；

7—静触片；8—接线柱；9—绝缘杆

组合开关的文字符号为 QS，其图形符号如图 2-12 所示。组合开关在电路图中的触点用状态图及状态表表示，如图 2-13 所示。图 2-13 中虚线表示操作位置，不同操作位置的各对触点的通断表示于触点右侧，与虚线相交的位置上涂黑点表示接通，没有涂黑点表示断开。触点的通断状态还可以列表表示，表中"＋"表示闭合，"－"或无记号表示断开。

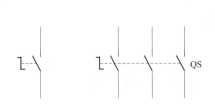

图 2-12　组合开关的图形符号

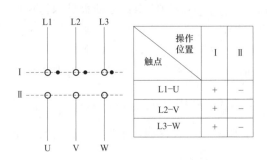

图 2-13　触点状态图及状态表

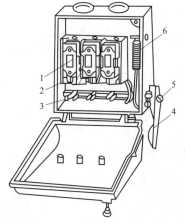

图 2-14　HH 系列封闭式负荷开关
1—熔断器；2—夹座；3—闸刀；
4—手柄；5—转轴；6—速动弹簧

2. 封闭式负荷开关

封闭式负荷开关又叫铁壳开关，文字符号为 QL，常用的 HH 系列封闭式负荷开关如图 2-14 所示。封闭式负荷开关主要由刀开关、熔断器、灭弧装置、操作机构和金属外壳构成。三相动触刀固定在一根绝缘的方轴上，通过操作手柄操纵。操作机构采用储能合闸方式，在操作机构中装有速动弹簧，使开关迅速通断电路，其通断速度与操作手柄的操作速度无关，这样有利于迅速断开电路，熄灭电弧。操作机构装有机械连锁，保证盖子打开时手柄不能合闸，当手柄处于闭合位置时，盖子不能打开，以保证操作安全。

封闭式负荷开关的额定电压等于或大于电路的额定电压，额定电流大于或等于线路的额定电流，当用半封闭式负荷开关控制电动机时，其额定电流应是电动机额定电流的 2 倍。

封闭式负荷开关在使用中应注意：开关的金属外壳应可靠地接地，防止外壳漏电；接线时应将电源进线接在静触座的接线端子，负荷接在熔断器一侧。

型号含义如下：

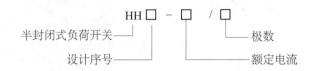

3. 倒顺开关

倒顺开关用于控制电动机的正反转及停止。它由带静触点的基座、带动触点的鼓轮和定位机构组成。开关有三个位置：向左 45°（正转）、中间（停止）和向右 45°（反转）。倒顺开关触点的状态图及状态表如图 2-15 所示。图中虚线表示操作位置，不同操作位置的各对触点的通断表示于触点右侧，与虚线相交的位置上涂黑点表示接通，没有黑点则表示断开。触点的通断状态还可以列表表示，表中 "＋" 表示闭合，"－" 表示断开。

操作位置 触点	Ⅰ 正转	Ⅱ 停止	Ⅲ 反转
L1–U	+	–	+
L2–V	+	–	–
L3–W	+	–	–
L2–W	–	–	+
L3–V	–	–	+

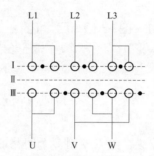

图 2-15　倒顺开关触点的状态图及状态表

2.2　控 制 电 器

2.2.1　主令电器

主令电器是用来发布命令,以接通和分断控制电路的电器。主令电器只能用于控制电路,不能用于通断主电路。

1. 控制按钮

控制按钮是发出短时操作信号的主令电器。一般由按钮帽、复位弹簧、桥式动触点和静触点及外壳等组成。图 2-16 所示为复合按钮的结构图。控制按钮的文字符号为 SB,图形符号如图 2-17 所示。

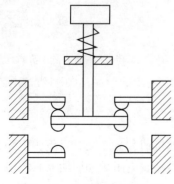

图 2-16　复合按钮的结构图

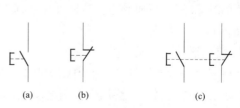

(a)　　　　(b)　　　　　　　(c)

图 2-17　控制按钮的图形符号
(a) 动合按钮;(b) 动断按钮;(c) 复合按钮

按下按钮时，其动断触点先断开，动合触点后闭合，当松开按钮时在复位弹簧的作用下，其动合触点先断开，动断触点后闭合。常用按钮的规格一般为交流额定电压 380V，额定电流 5A。控制按钮可以做成单式（一个动合触点或一个动断触点）和复合式按钮（一个动合触点和一个动断触点）。为了便于操作，根据按钮的作用不同，按钮帽常做成不同的颜色和形状，通常红色表示停止按钮，绿色表示启动按钮，黄色表示应急或干预，如需抑制不正常的工作情况，则红色蘑菇型表示急停按钮等。控制按钮在结构上有按钮式、紧急式、自锁式、钥匙式、旋钮式、保护式等。其型号含义如下：

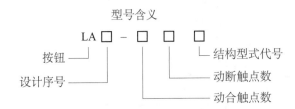

2. 万能转换开关

万能转换开关是一种多操作位置，可以控制多个回路的主令电器，文字符号为 SA。在控制电路中主要用于电路的转换。万能转换开关的结构和组合开关的结构相似，由多组相同结构的触点组件叠装而成，它依靠凸轮转动及定位，用变换半径操作触点的通断，当万能转

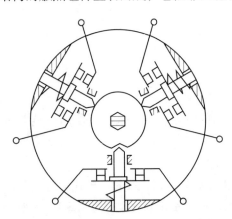

图 2-18　万能转换开关一层结构示意图

换开关的手柄在不同的位置时，触点的通断状态是不同的。万能转换开关的手柄操作位置是用手柄转换的角度表示的，有 90°、60°、45°、30° 四种。常用的万能转换开关有 LW5、LW6、LW8、LW12、LW16 系列等。LW6 系列万能转换开关由操作机构、面板、手柄和 N 层触点座等部件组成，用螺栓组成整体。触点座可有 1~10 层，每层均可装三对触点，这样万能转换开关的触点数量可达 3×10=30 对。由于每层凸轮可做成不同的形状，因此当手柄转到不同位置时，可使各对触点按一定的规律接通和分断。万能转换开关一层结构示意图如图 2-18 所示。

2.2.2　接触器

在电气控制中，接触器的使用非常广泛且接触器种类很多。我国开发的产品有 CJ20、CJ40、CJ21 和 3TB 系列产品；3TF 和 B 系列是引进德国技术生产的产品；CJX4 是法国生产的产品。

1. 接触器的用途及分类

接触器是一种通用性很强的电磁式电器，它可以频繁地接通和分断交、直流主电路，并可以实现远距离控制，主要用来控制电动机，也可控制电容器、电阻炉和照明器具等电力负载。接触器的文字符号是 KM，图形符号如图 2-19 所示。

接触器按主触点通过电流的种类可分为交流接触器和直流接触器。交流接触器常用于远

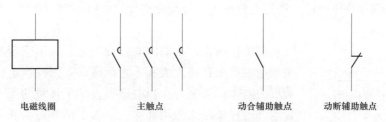

电磁线圈　　　　主触点　　　　动合辅助触点　　　动断辅助触点

图 2-19 接触器的图形符号

距离接通和分断电压至 660V、电流至 600A 的交流电路，以及频繁启动和控制交流电动机的场合。直流接触器常用于远距离接通和分断直流电压至 440V、直流电流至 600A 的直流电路，并用于直流电动机的控制。接触器按其主触点的极数（主触点的对数）还可分为单极、双极、三极、四极和五极等多种。交流接触器的主触点通常是三极，直流接触器为双极。接触器的主触点一般置于灭弧罩内，有一种真空接触器则是将主触点置于密闭的真空泡中，它具有分断能力高、寿命长、操作频率高、体积小及质量轻等优点。

2. 接触器的工作原理及结构

（1）交流接触器。交流接触器主要由电磁机构、触点系统、弹簧和灭弧装置等组成。其工作原理：当线圈中有工作电流通过时，在铁芯中产生磁通，由此产生对衔铁的电磁力。当电磁吸力克服弹簧力，使得衔铁与铁芯闭合，同时通过传动机构由衔铁带动相应的触点动作。当线圈断电或电压显著降低时，电磁吸力消失或降低，衔铁弹簧力的作用下返回，并带动触点恢复到原来的状态。

1）电磁机构。电磁机构的主要作用是将电磁能量转换成机械能量，带动触点动作，完成通断电路的控制作用。电磁机构由铁芯（静铁芯）、衔铁（动铁芯）和线圈等几部分组成。根据衔铁的运动方式不同，可以分为转动式和直动式，如图 2-20 所示。交流接触器的铁芯一般都是 E 型直动式电磁机构，如 CJ0、CJ10 系列；也有的采用衔铁绕轴转动的拍合式，如 CJ12、CJ12B 系列接触器。为了减少剩磁，保证断电后衔铁可靠地释放，E 型铁芯中柱较短，铁芯闭合后上下中柱间形成 0.1~0.2mm 的气隙。

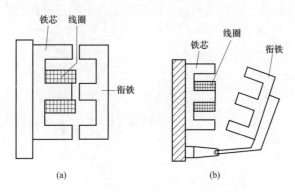

图 2-20 交流接触器电磁系统结构图
（a）衔铁转动式；（b）衔铁直动式

交流接触器的线圈中通过交流电，产生交变的磁通，并在铁芯中产生磁滞损耗和涡流损耗，使铁芯发热。为了减少交变的磁场在铁芯中产生的磁滞损耗和涡流损耗，交流接触器的铁芯一般用硅钢片叠压而成；线圈由绝缘的铜线绕成有骨架的短而粗的形状，将线圈与铁芯隔开，便于散热。

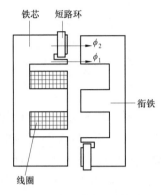

图 2-21　短路环的结构

交流接触器的线圈中通过交流电，产生交变的磁通，其产生的电磁吸力在最大值和零之间脉动。因此当电磁吸力大于弹簧反力时衔铁被吸合，当电磁吸力小于弹簧的反力时衔铁开始释放，这样便产生振动和噪声。为了消除振动和噪声，在交流接触器的铁芯端面上装入一个铜制的短路环，如图 2-21 所示。

2）触点系统。触点分为主触点和辅助触点。主触点用于通断电流较大的主电路，由接触面积较大的动合触点组成，一般有三对。辅助触点用以通断电流较小的控制电路，由动合和动断触点组成。动合触点（又叫常开触点）是指电器设备在未通电或未受外力的作用时的常态下，触点处于断开状态；动断触点（又叫常闭触点）是指电器设备在未通电或未受外力的作用时的常态下，触点处于闭合状态。触点的结构有桥式和指式两类。交流接触器一般采用双断口桥式触点，如图 2-22 所示。触点一般采用导电性能良好的纯铜材料构成，因铜的表面容易氧化生成一层不易导电的氧化铜，所以在触点表面嵌有银片，氧化后的银片仍有良好的导电性能。

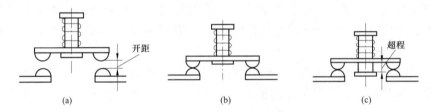

图 2-22　双断口桥式触点
（a）完全分开位置；（b）刚接触位置；（c）完全闭合位置

指形触点如图 2-23 所示。因指形触点在接通与分断时动触点沿静触点产生滚动摩擦，可以去掉氧化膜，故其触点可以用纯铜制造，特别适合于触点分合次数多、电流大的场合。

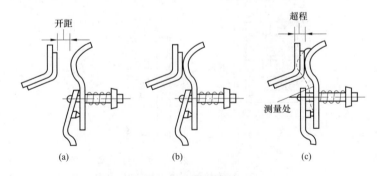

图 2-23　指形触点
（a）完全分开位置；（b）刚接触位置；（c）完全闭合位置

3）灭弧系统。触点在分断电流瞬间，在触点间的气隙中会产生电弧，电弧的高温能将触点烧损，并且电路不易断开，这样可能造成其他事故，因此，应采取适当措施迅速熄灭电弧。电弧有直流电弧和交流电弧两类，交流电流有自然过零点，故其电弧较易熄灭。

熄灭电弧的主要措施有：①迅速增加电弧长度（拉长电弧），使得单位长度内维持电弧燃烧的电场强度不够而使电弧熄灭；②使电弧与流体介质或固体介质相接触，加强冷却和去游离作用，使电弧加快熄灭。

4）交流接触器的其他部件。其他部件包括底座、反作用弹簧、缓冲弹簧、触点压力弹簧、传动机构和接线柱。反作用弹簧的作用是当吸引线圈断电时，迅速使主触点、动合触点分断；缓冲弹簧的作用是缓冲衔铁吸合时对铁芯和外壳的冲击力；触点压力弹簧的作用是增加动静触点之间的压力，增大接触面积，降低接触电阻，避免触点由于接触不良而过热。

（2）直流接触器。直流接触器常用型号有 CZ0、CZ20、CZ21，CZ0 系列直流接触器主要适用于额定电压至 440V、额定电流至 600A 的直流线路中，用于远距离地接通与分断直流电路，并适用于直流电动机的频繁启动，停止换向及反接制动。CZ0 系列直流接触器的外形如图 2-24 所示。

1）电磁机构。电磁机构由铁芯、线圈和衔铁组成。线圈中通过的是直流电，产生的是恒定的磁通，不会在铁芯中产生磁滞损耗和涡流损耗，所以铁芯不发热，铁芯可以用整块铸钢或铸铁制成。并且由于磁通恒定，其产生的吸力在衔铁和铁芯闭合后是恒定不变的，因此在运行时没有振动和噪声，所以在铁芯上不需要安装短路环。在直流接触器运行时，电磁机构中只有线圈产生热量，为了使线圈散热良好，通常将线圈绕制成长而薄的圆筒形，没有骨架，与铁芯直接接触，便于散热。

图 2-24　CZ0 系列直流接触器外形示意图

2）触点系统。直流接触器的主触点接通或断开较大的电流，常采用指形触点，一般有单极或双极两种。辅助触点开断电流较小，常做成双断口桥式触点。

3）灭弧装置。直流接触器的主触点在分断大的直流电时会产生直流电弧，直流电弧较难熄灭，一般采用灭弧能力较强的磁吹式灭弧方法。

3. 接触器的主要技术参数及型号

（1）接触器的主要技术参数。

1）额定电压指主触点正常工作的额定电压。交流接触器常用的额定电压等级有 127V、220V、380V、660V 等；直流接触器常用的电压等级有 110V、220V、440V、660V 等。

2）额定电流指主触点的额定电流。交、直流接触器常用的额定电流的等级有 10A、20A、40A、60A、100A、150A、250A、400A、600A 等。

3）线圈的额定电压指接触器吸引线圈的正常工作电压值。交流线圈常用的电压等级有 36V、110V、127V、220V、380V 等；直流线圈常用的电压等级有 24V、48V、110V、220V、440V 等。选用时交流负载选用交流接触器，直流负载选用直流接触器，但交流负载频繁动作时可采用直流线圈的交流接触器。

4）主触点的接通和分断能力是指主触点在规定的条件下能可靠接通和分断的电流值。在此电流值下，接通时主触点不发生熔焊，分断时不应产生长时间的燃弧。接触器的使用类别不同，对主触点的接通和分断能力的要求也不同。常见接触器的使用类别、典型用途及主触点要求达到的接通和分断能力见表 2-1。

表 2-1　　　　常见接触器的使用类别、典型用途及主触点要求达到的接通和分断能力

电流种类	使用类别	主触点接通和分断能力	典型用途
交流（AC）	AC1	允许接通和分断额定电流	无感或微感负载、电阻炉
	AC2	允许接通和分断 4 倍额定电流	绕线转子电动机的启动和制动
	AC3	允许接通 6 倍额定电流和分断额定电流	笼型感应电动机的启动和分断
	AC4	允许接通和分断 6 倍额定电流	笼型感应电动机的启动、反转、反接制动
直流（DC）	DC1	允许接通和分断额定电流	无感或微感负载、电阻炉
	DC3	允许接通和分断 4 倍额定电流	并励电动机的启动、反转、反接制动
	DC5	允许接通和分断 4 倍额定电流	串励电动机的启动、反转、反接制动

5）额定操作频率指接触器在每小时内的最高操作次数。交、直流接触器的额定操作频率为 1200 次/h 或 600 次/h。

6）机械寿命指接触器所能承受的无载操作的次数。

7）电寿命指在规定的正常工作条件下，接触器带负载操作的次数。

（2）常用交流接触器。

1）CJ20 系列交流接触。CJ20 系列交流接触器如图 2-25 所示。CJ20 系列交流接触器适用于交流 50Hz、电压至 660V、电流至 630A 的电力线路，作远距离接通与分断线路之用，适于频繁地启动和控制交流电动机，并可以与适当的热继电器或电子式保护装置组合成电磁启动器，以保护可能发生过载的电路。CJ20 系列交流接触器为直动式、双断点、立体布置，结构简单紧凑，外形安装尺寸较 CJ10、CJ8 等系列接触器老产品而言大大缩小。

2）CJX1 系列交流接触器。CJX1 系列交流接触器如图 2-26 所示。CJX1 系列交流接触器主要用于交流 50Hz 或 60Hz、额定绝缘电压为 660~1000V，在 AC-3 使用类别下额定工作电压为 380V 时额定工作电流为 9~475A 的电力线路中，作为供远距离接通和分断电路之用，并适用于控制交流电动机的启动、停止及反转。

图 2-25　CJ20 系列交流接触器　　图 2-26　CJX1 系列交流接触器

接触器为双断点触头的直动式运动机构，具有三对动合主触头，辅助触头组合方式。接触器触头支持件与衔铁采用弹性锁和联结，消除了薄弱环节。动作机构灵活，手动检查方

便，结构设计紧凑，可防止外界杂物及灰尘落入活动部位，接线端都有防盖，人手不能直接接触带电部位。接触器外形尺寸小巧，安装面积小。其安装方式可用导轨安装，也可用螺钉紧固，与其他同类产品相比，操作频率和控制容量更高。产品安全、可靠性好，为国际先进的接触器品种。

4. 接触器的选择

接触器的选用只要依据以下几个方面。

（1）选择接触器的类型。根据负载电流的种类来选择接触器的类型，交流负载选择交流接触器，直流负载选用直流接触器。

（2）选择主触点的额定电压。主触点的额定电压应大于或等于负载的额定电压。

（3）选择主触点的额定电流。主触点的额定电流应不小于负载电路的额定电流，如果用来控制电动机的频繁启动、正反转或反接制动，应将接触器的主触点的额定电流降低一个等级使用。在低压电气控制系统中，380V 的三相异步电动机是主要的控制对象，如果知道了电动机的额定功率，则控制该电动机的接触器的额定电流的数值大约是电动机功率值的 2 倍。

（4）选择接触器吸引线圈的电压。交流接触器线圈额定电压一般直接选用 380/220V，直流接触器可选线圈的额定电压和直流控制回路的电压一致。直流接触器的线圈加直流电压，交流接触器的线圈一般加交流电压。如果把加直流电压的线圈加上交流电压，因线圈阻抗太大，电流太小，则接触器往往不吸合；如果将加交流电压的线圈加上直流电压，则因电阻太小，电流太大，往往会烧坏线圈。

（5）根据使用类别选用相应产品系列。例如，生产中大量使用小容量笼型感应电动机，负载为一般任务，则选用 AC-3 类；控制机床电动机启动、反转、反接制动的接触器负载任务较重，则选用 AC-4 类。

5. 接触器的运行维护

（1）安装注意事项。接触器在安装使用前应将铁芯端面的防锈油擦净。接触器一般应垂直安装于垂直的平面上，倾斜度不超过 5°；安装孔的螺钉应装有垫圈，并拧紧螺钉防止松脱或振动；避免异物落入接触器内。

（2）日常维护。

1）定期检查接触器的零部件，要求可动部分灵活，紧固件无松动。已损坏的零件应及时修理或更换。

2）保持触点表面的清洁，不允许占有油污，当触点表面因电弧烧蚀而附有金属小颗粒时，应及时去掉。银和银合金触点表面因电弧作用而生成黑色氧化膜时，不必锉去，因为这种氧化膜的导电性很好，锉去反而缩短了触点的使用寿命。当触点的厚度减小到原厚度的 1/4 时，应更换触点。

3）接触器不允许在去掉灭弧罩的情况下使用，因为这样在触点分断时很可能造成相间短路事故。陶土制成的灭弧罩易碎，要及时清除灭弧室内的炭化物。

2.2.3　中间继电器

中间继电器用于继电保护与自动控制系统中，以增加触点的数量及容量。它用于在控制电路中传递中间信号。中间继电器的结构和原理与交流接触器基本相同，它与接触器的主要区别在于：接触器的主触头可以通过大电流，而中间继电器的触头只能通过小电流。所以，它只能用于控制电路中。中间继电器一般是没有主触点的，因为过载能力比较小。所以它用的全部都是辅助触点，数量比较多。新国家标准对中间继电器的定义是 K，老国家标准是 KA。一般是直流电源供电，少数使用交流供电，其图形符号如图 2-27 所示。

常用的中间继电器有 JZ7、JZ8、JZ11、JZ14、JZ15 系列，主要依据被控电路的电压等级，触点的数量、种类来选用。新型中间继电器触点闭合过程中动、静触点间有一段滑擦、滚压过程，可以有效地清除触点表面的各种生成膜及尘埃，减小了接触电阻，提高了接触可靠性，有的还装了防尘罩。欧姆龙 MK2P 系列中间继电器的外形如图 2-28 所示。

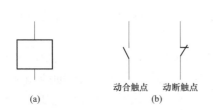

动合触点　动断触点
　　(a)　　　　　　　　(b)

图 2-27　中间继电器的图形符号
(a) 线圈；(b) 图形符号

图 2-28　MK2P 系列中间继电器的外形

2.2.4　热继电器

1. 热继电器的作用和保护特性

热继电器是专门用来对连续运行的电动机进行过载及断相保护，以防止电动机过热而烧

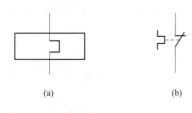

(a)　　　　　　　　(b)

图 2-29　热继电器的图形
(a) 热元件；(b) 动断触点

毁的保护电器。三相交流电动机在长期欠电压带负荷运行、长期过载运行及缺相运行等情况下都会导致电动机绕组过热而烧毁。但是电动机又有一定的过载能力，为了既发挥电动机的过载能力，又避免电动机长时间过载运行，就要用热继电器作为电动机的过载保护。热继电器的文字符号为 FR，图形符号如图 2-29 所示。

热继电器中通过的过载电流和热继电器触点动作的时间关系就是热继电器的保护特性。电动机允许过载电流和电动机允许过载时间的关系称为电动机的过载特性。为了适应电动机的过载特性又要起到过载保护的作用，要求热继电器的保护特性和电动机的过载特性相配合，且都为反时限特性曲线，如图 2-30 所示。由图 2-30 可知，热继电器的保护特性应在电动机过载特性的下方，并靠近电动机的过载特性。热继电器的主要技术参数有：额定电压、额定电流、相数、整定电流等。热继电器的整定电流是指热继电器的热元件允许长期通过又不致引起继电器动作的最大电流值，超过此值热继电器就会动作。

2. 热继电器的工作原理

热继电器主要由热元件、双金属片、触点系统、动作机构等元件组成，结构图如图2-31所示。双金属片是热继电器的测量元件。它由两种不同膨胀系数的金属片采用热和压力结合或机械碾压而成，高膨胀系数的铁镍铬合金作为主动层，膨胀系数小的铁镍合金作为被动层。热继电器是利用测量元件被加热到一定程度，双金属片将向被动层方向弯曲，通过传动机构带动触点动作的保护继电器。

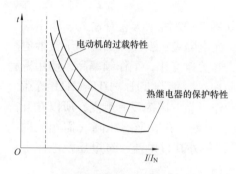

图2-30　电动机的过载特性和热
继电器的保护特性及其配合

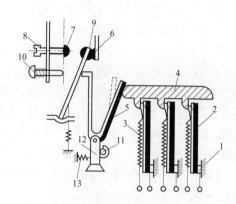

图2-31　热继电器的结构图
1—推杆；2—主双金属片；3—加热元件；4—导板；
5—补偿双金属片；6—动断静触点；7—动合静触点；
8—复位螺钉；9—动触点；10—按钮；11—调节旋钮；
12—支撑件；13—压簧

主双金属片2与加热元件3串接在电动机主电路的进线端，热继电器的动断触点串接于电动机的控制电路。热继电器的动合触点可以接入信号回路，调节旋钮11为偏心轮，转动偏心轮，可以改变补偿双金属片5与导板4的接触距离，从而调节热继电器动作电流的整定值。调节复位螺钉8来改变动合触点7的位置，使热继电器工作在手动复位或自动复位两种工作状态。热继电器动作后，应在5min内自动复位，或在2min内，可靠地手动复位。若调成手动复位时，在故障排除后要按下按钮10恢复动断触点闭合的状态。

3. 热继电器的分类

按相数来分，热继电器有单相、两相和三相式三种类型。每种类型按发热元件的额定电流又有不同的规格和型号。三相式热继电器常用于三相交流电动机，作过载保护。按职能来分，三相式热继电器又有不带断相保护和带断相保护两种类型。

常用的热继电器由JR20、JR36、JRS1系列。这些系列的热继电器具有断相保护功能。T系列是引进德国ABB的技术生产的；3UA系列是引进德国西门子公司技术生产的；LR1-D是引进法国TE公司的技术生产的。JR36系列热继电器如图2-32所示。JR36系列热继电器适用于交流50Hz或60Hz，

图2-32　JR36系列热继电器

主电路额定电压至 660V、电流至 160A 的电力系统中作为三相交流电动机的过载和断相保护，有温度补偿以及自动与手动复位功能。

2.2.5 固态继电器

固态继电器是一种由固态电子组件组成的新型无触点开关，利用电子组件（如开关晶体管、双向晶闸管等半导体组件）的开关特性，达到无触点、无火花而能接通和断开电路的目的，因此又被称为"无触点开关"。

1. 固态继电器的结构及特点

单相的固态继电器是一个四端有源器件，其外形图如图 2-32 所示。它有输入、输出端口，中间采用隔离器件，输入、输出之间的隔离形式有：光电隔离、变压器隔离和干簧继电器隔离等。固态继电器是电子元件，所以其输入功率小，开关速度快，工作频率高，使用寿命长，抗干扰能力强，耐冲击，耐振荡，防爆，防潮，防腐蚀，能与 TTL、DTL、HTL 等逻辑电路兼容，以微小的控制信号直接驱动大电流负载，动作可靠。因为没有触点，所以在开断电路时也没有电火花。固态继电器的不足主要是过载能力差，存在通态压降（需相应散热措施），有断态漏电流，交直流不能通用，触点组数少；另外其过电流、过电压及电压上升率、电流上升率等指标较差，使用温度范围窄，价格较高。

2. 单相交流固态继电器

单相交流固态继电器为四端有源器件，如图 2-33 所示。中间采用光电隔离，在输入端上加上直流信号，输出就能从关断状态转成导通状态，从而可实现对较大负载的控制，整个产品无可动部件及触点，尺寸标准，易更换，是交流接触器和直流继电器理想的更新换代产品。

单相交流固态继电器原理如图 2-34 所示。其中两个输入控制端，两个输出端，输入输出间为光隔离，输入端加上直流或脉冲信号到一定电流值后，输出端就能从断开变成接通。

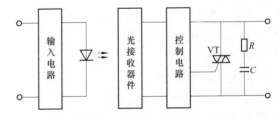

图 2-33　单向交流固态继电器　　　　图 2-34　单向交流固态继电器内部结构原理图

一般情况下，万用表不能判别固态继电器的好坏，正确的方法采用下面的测试电路：当输入电流为零时，电压表测出的为电网电压，电灯不亮（灯泡功率须 25W 以上）；当输入电流达到一定值以后，电灯亮，电压表测出的单相交流固态继电器的导通压降（在 3V 以下）。注意：因单相交流固态继电器内部有 RC 回路带来漏电流，因此不能等同于普通触点式的继电器、接触器。

3. 三相交流固态继电器

三相交流固态继电器集三只单相交流固态继电器为一体，并以单一输入端对三相负载进

行直接开关切换，可以方便地控制三相交流电动机、加热器等
三相负载。三相固态继电器如图 2-35 所示。

三相普通型交流固态继电器是以三只双向晶闸管作为 A、
B、C 三相的输出开关触点，电流等级有 10A、25A、40A 等，
电压等级只有 380V 一个系列，型号为 SSR-3-380D；三相增
强型交流固态继电器是以三组反并联单向晶闸管作为 A、B、C
三相的输出开关触点，电流等级有 15A、35A、55A、75A、
120A 等，电压等级分 380V、480V 两大系列，型号为 SSR-
3H380D 和 SSR-3H480D。

图 2-35　三相固态继电器

4. 固态继电器应用

固态继电器目前已广泛应用于计算机外围接口装置，电炉
加热恒温系统，数控机械，遥控系统，工业自动化装置；信号灯、闪烁器、照明舞台灯光控
制系统；仪器仪表、医疗器械、复印机、自动洗衣机；自动消防，保安系统，以及作为电网
功率因素补偿的电力电容的切换开关等，另外在化工、煤矿等需防爆、防潮、防腐蚀场合中
固态继电器都有大量使用。

2.3　检　测　器　件

2.3.1　行程开关

行程开关又叫限位开关或位置开关，其原理和按钮相同，只是靠机械运动部件的挡铁碰
压行程开关而使其动合触点闭合，动断触点断开，从
而对控制电路发出接通、断开的转换命令。行程开关
主要用于控制生产机械的运动方向、行程的长短和限
位保护。行程开关可以分为直动式，滚轮式和微动行
程开关。行程开关的文字符号为 SQ，图形符号如
图 2-36所示。

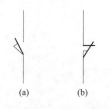

图 2-36　行程开关的图形符号
(a) 动合触点；(b) 动断触点

1. 直动式行程开关

直动式行程开关的结构如图 2-37 所示。它是靠运
动部件的挡铁撞击行程开关的推杆发出控制命令的。当挡铁离开行程开关的推杆时，直动
式行程开关可以自动复位。直动式行程开关的缺点是其触点的通断速度取决于生产机械
的运动速度，当运动速度低于 0.4m/min 时，触点通断太慢，电弧存在的时间长，触点的
烧蚀严重。

2. 滚轮式行程开关

滚轮式行程开关可以分为单轮式和双轮式，其外形如图 2-38 所示。滚轮式行程开关适
用于低速运动的机械，单轮式可以自动复位，双轮式的行程开关不能自动复位。

单滚轮式行程开关的结构如图 2-39 所示。当运动机械的挡铁碰到行程开关的滚轮时，
杠杆连同转轴一起转动，使凸轮推动撞块，当撞块被压到一定位置时，推动微动开关迅速动
作，使其动合触点闭合，动断触点断开。当挡铁离开滚轮后，复位弹簧使行程开关复位。双

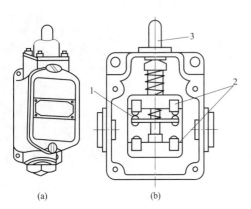

图 2-37　直动式行程开关

（a）外形图；（b）结构图

1—动触点；2—静触点；3—推杆

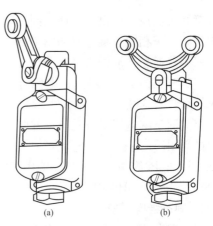

图 2-38　滚轮式行程开关外形图

（a）单轮旋转式；（b）双轮旋转式

轮式的行程开关不能自动复位，挡铁压其中一个轮时，摆杆转动一定的角度，使其触点瞬时切换，挡铁离开滚轮后，摆杆不会自动复位，触点也不复位。当部件返回，挡铁碰动另一只轮时，摆杆才回到原来的位置，触点再次切换。

3. 微动行程开关

微动行程开关是具有瞬时动作和微小行程的灵敏开关。微动行程开关采用弓簧片的瞬动机构，是靠弓簧片发生变形时存储的能量完成快速动作的。微动行程开关的结构如图 2-40 所示。

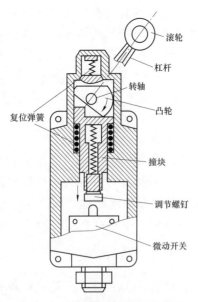

图 2-39　单滚轮式行程开关的结构

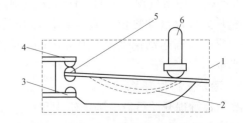

图 2-40　微动行程开关的结构

1—壳体；2—弓簧片；3—动合触点；4—动断触点；

5—动触点；6—推杆

当推杆被压下时，弓簧片变形存储能量，当推杆被压下一定距离时，弓簧片瞬时动作，使其触点快速切换。当外力消失后，推杆在弓簧片的作用下迅速复位，触点也复位。

2.3.2　接近开关

接近开关是一种无触点的行程开关，当物体与之接近到一定距离时就发出动作信号。接近开关也可以作为检测装置使用，用于高速计数、测速、检测金属等。接近开关的文字为 SQ，图形符号如图 2-41 所示。

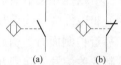

图 2-41　接近开关的图形符号

（a）动合触点；（b）动断触点

检出距离：当有物体移向接近开关并接近到一定距离时，开关才会动作，通常把这个距离叫"检出距离"。不同接近开关的检出距离也不同。

响应频率：有时被检测物体是按一定的时间间隔一个接一个地移向接近开关，又一个一个地离开，这样不断地重复。不同的接近开关，对检测对象的响应能力是不同的，这种响应特性被称为"响应频率"。

接近开关按工作原理可分为高频振荡型接近开关、电容型接近开关、磁感应式接近开关和非磁性金属接近开关几种。

（1）高频振荡型的接近开关（又叫涡流式接近开关或电感式接近开关）主要由高频振荡器组成的感应头、放大电路和输出电路组成。其原理是：高频振荡器在接近开关的感应头产生高频交变的磁场，当金属物体进入高频振荡器的线圈磁场时，即金属物体接近感应头时，在金属物体内部感应产生涡流损耗，吸收振荡器的能量，破坏了振荡器起振的条件，使振荡停止。振荡器起振和停振两个信号经放大电路放大，转换成开关信号输出。这种接近开关所检测对象必须是导电体。

（2）电容型接近开关主要由电容式振荡器和电子电路组成，电容接近开关的感应面由两同轴金属电极构成，电极 A 和电极 B 连接在高频振荡器的反馈回路中，该高频振荡器没有物体经过时不感应，当测试物体（不论它是否为导体）接近传感器表面时，它就进入由这两个电极构成的电场，引起 A、B 之间的耦合电容增加，电路开始振荡，振荡的振幅均由数据分析电路测得，并形成开关信号。这种接近开关所检测的对象不限于导体、可以绝缘的液体或粉状物等。电容型接近开关如图 2-42 所示。LED 为工作指示灯，电位器是用来调节电容式接近开关灵敏度的。

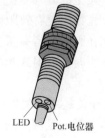

图 2-42　电容型接近开关

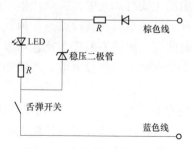

图 2-43　磁感应式接近开关

（3）磁感应式接近开关适用于气动、液动、气缸和活塞泵的位置测定，亦可作限位开关使用。磁感应式接近开关内部电路如图 2-43 所示。当磁性目标接近时，舌簧闭合经放大输出开关信号。磁性开关上设有 LED 显示，用于显示磁性开关的信号状态，供调试使用。磁性开关动作时，输出信号"1"，LED 灯亮；磁性开关不动作时，输出信号"0"，LED 灯不亮。磁性开关有蓝色和棕色两根引出线，棕色线接"+"，蓝色线接"-"。为了防止错误接线时损坏磁性开关，可以在磁性开关的棕色引出线上串入电阻和二极管，使用时若引出线极性接反，则磁性开关不能正常工作。

（4）非磁性金属接近开关由振荡器、放大器组成。当非磁性金属（如铜、铝、锡、金、银等）靠近检测面时，引起振荡频率的变化，经差频后产生一个信号，该信号经放大转换成二进制开关信号，起到开关作用，而对磁性金属（如铁、钢等）则不起作用，可以在铁金属中埋入式安装。

2.3.3 光电开关

光电开关能够处理光的强度变化，利用光学元件，在传播媒介中间使光束发生变化，利用光束来反射物体，使光束发射经过长距离后瞬间返回。光电开关是由发射器、接收器和检测电路三部分组成的。发射器对准目标发射光束，发射的光束一般来源于发光二极管（LED）和激光二极管。接收器由光敏二极管或光敏三极管组成的。在接收器的前面，装有光学元件如透镜和光圈等。在其后面的是检测电路，它能滤出有效信号并应用该信号。

1. 光电开关的分类

（1）按检测方式分。根据光电开关在检测物体时，发射器所发出的光线被折回到接收器途径的不同，即检测方式不同，光电开关可分为漫反射式，镜反射式，对射式等。

（2）按输出状态分。按输出状态可以分为动合和动断。当无检测物体时，动合型的光电开关所接通的负载，由于光电开关内部的输出晶体管的截止而不工作；当检测到物体时，晶体管导通，负载得电工作。

（3）按输出形式分。按输出形式分为 NPN 二线、NPN 三线、NPN 四线、PNP 二线、PNP 三线、PNP 四线、AC 二线、AC 五线（自带继电器）及直流 NPN/PNP/动合/动断多功能等几种。

2. 光电开关的分类

（1）对射型光电开关。如图 2-44 所示，对射式光电开关包含在结构上相互分离且光轴相对放置的发射器和接收器，发射器发出的光线直接进入接收器。当被检测物体经过发射器和接收器之间且阻断光线时，光电开关就产生了开关信号。典型的方式是位于同一轴线上的光电开关可以相互分开达 50m。其特点是：辨别不透明的反光物体；有效距离大，因为光束跨越感应距离的时间仅一次；不易受干扰，可以可靠地使用在野外或者有灰尘的环境中；装置的消耗高，两个单元都必须敷设电缆。当检测物体为不透明时，对射式光电开关是最可靠的检测模式。

（2）漫反射型光电开关。如图 2-45 所示，漫反射光电开关是一种集发射器和接收器于一体的传感器，当有被检测物体经过时，将光电开关发射器发射的足够量的光线反射到接收器，于是光电开关就产生了开关信号。作用距离的典型值一直到 3m。其特点是：有效作用距离是由目标的反射能力决定，由目标表面性质和颜色决定的；当被检测物体的表面光亮或其反光率极高时，漫反射式的光电开关是首选的检测模式。

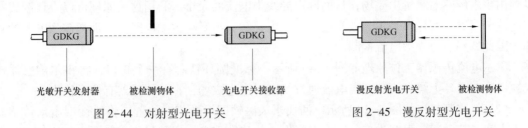

图 2-44　对射型光电开关　　　　　图 2-45　漫反射型光电开关

（3）镜面反射式光电开关。如图 2-46 所示，镜面反射型光电开关集发射器与接收器于一体，光电开关发射器发出的光线经过反射镜，反射回接收器，当被检测物体经过且完全阻断光线时，光电开关就产生了检测开关信号。光的通过时间是两倍的信号持续时间，有效作用距离为 0.1~20m。其特点是：辨别不透明的物体；借助反射镜部件，形成高的有效距离范围；不易受干扰，可以可靠地使用在野外或者有灰尘的环境中。

（4）槽式光电开关。如图 2-47 所示，槽式光电开关通常是标准的 U 形结构，其发射器和接收器分别位于 U 形槽的两边，并形成一光轴，当被检测物体经过 U 形槽且阻断光轴时，光电开关就产生了检测到的开关量信号。槽式光电开关比较安全可靠，适合检测高速变化的物体，分辨透明与半透明物体。

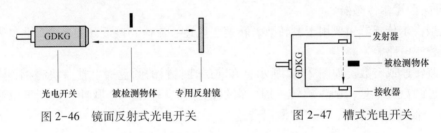

图 2-46　镜面反射式光电开关　　　　图 2-47　槽式光电开关

（5）光纤式光电开关。如图 2-48 所示，光纤式光电开关采用塑料或玻璃光纤传感器来引导光线，以实现被检测物体不在相近区域的检测。光纤式光电开关由光纤检测头和光纤放大器两部分组成，光纤检测头安装在检测位置，光纤放大器可以安装在安全合适的区域。通常光纤式光电开关分为对射式和漫反射式。

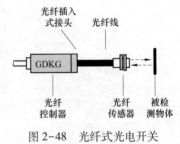

图 2-48　光纤式光电开关

2.3.4　霍尔传感器的使用

霍尔传感器可以检测磁场及其变化，可以在各种与磁场有关的场合中使用。霍尔传感器以霍尔效应为其工作基础，由霍尔元件和它的附属电路组成的集成传感器。霍尔传感器在工业生产、交通运输和日常生活中有着非常广泛的应用。通过霍尔传感器可以将许多非电、非磁的物理量，如速度、加速度、角度、角速度、转数、转速以及工作状态发生变化的时间等转变成电学量来进行检测和控制。

1．线性型霍尔传感器

线性型霍尔传感器主要用于一些物理量的测量。

（1）电流传感器：由于通电螺线管内部存在磁场，其大小与导线中的电流成正比，故可以利用霍尔传感器测量出磁场,从而确定导线中电流的大小。利用这一原理可以设计制成霍尔电流传感器。其优点是不与被测电路发生电接触,不影响被测电路,不消耗被测电源的功率,因此特别适合于大电流检测。

霍尔电流传感器工作原理如图 2-49 所示。标准圆环铁芯有一个缺口,将霍尔传感器插入缺口中,圆环上绕有线圈,当电流通过线圈时产生磁场,霍尔传感器有信号输出。

(2)位移测量:如图 2-50 所示,两块永久磁铁同极性相对放置,将线性型霍尔传感器置于中间,其磁感应强度为零,这个点可作为位移的零点,当霍尔传感器在 Z 轴上作 ΔZ 位移时,传感器有一个电压输出,电压大小与位移距离大小成正比。

图 2-49 霍尔电流传感器 　　图 2-50 霍尔位移传感器

(3)如果把拉力、压力等参数变成位移距离,便可以测出拉力及压力的大小。图 2-51 所示是按这一原理制成的力矩传感器。

2. 开关型霍尔传感器

开关型霍尔传感器主要用于测转数、转速、风速、流速、接近开关、关门告知器、报警器、自动控制电路等。

(1)测转速或转数。如图 2-52 所示,在非磁性材料的圆盘边上粘一块磁钢,霍尔传感器放在靠近圆盘边缘处,圆盘旋转一周,霍尔传感器就输出一个脉冲,从而可以测出转数(计数器),若接入频率计,便可以测出转速。

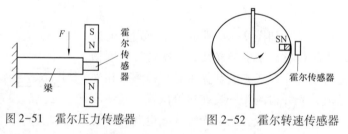

图 2-51 霍尔压力传感器 　　图 2-52 霍尔转速传感器

(2)如果把开关型霍尔传感器按预定位置有规律地布置在轨道上,当装在运动车辆上的永磁体经过它时,可以从测量电路上测得脉冲信号。根据脉冲信号的分布可以测出车辆的运动速度。

3. 各种实用电路

开关型霍尔传感器尺寸小,工作电压范围宽,工作可靠,价格便宜,因此获得了极为广泛的应用。下面列举两个实用电路加以说明。

(1)防盗报警器。如图 2-53 所示,将小磁铁固定在门的边缘上,将霍尔传感器固定在门框的边缘上,让两者靠近,即门处于关闭状态时,磁铁靠近霍尔传感器,输出端 3 为低电平,当门被非法撬开时,霍尔传感器输出端 3 为高电平,非门输出端 Y 为低电平,继电器 J 吸合,Ja 闭合,蜂鸣器得电后发出报警声音。

（2）公共汽车门状态显示器。使用霍尔传感器，只要再配置一块小永久磁铁就很容易做成车门是否关好的指示器，如公共汽车的三个门必须关闭，驾驶员才可开车。电路如图2-54所示，三片开关型霍尔传感器分别装在汽车的三个门框上，在车门适当位置各固定一块磁钢，当车门开着时，磁钢远离霍尔开关，输出端为高电平。若三个门中有一个未关好，则或非门输出为低电平，红灯亮，表示还有门未关好，若三个门都关好，则或非门输出为高电平，绿灯亮，表示车门关好，此时驾驶员可放心开车。

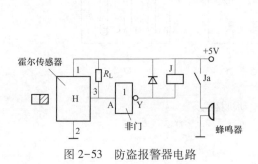

图2-53　防盗报警器电路

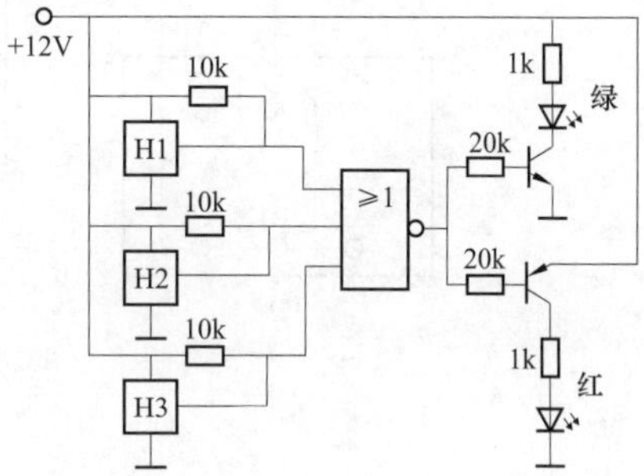

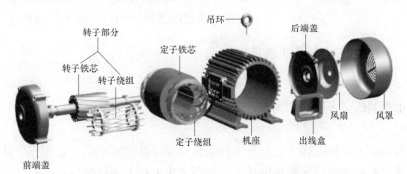

图2-54　公共汽车门状态显示器电路

2.4　三相异步电动机及机械特性

2.4.1　三相笼型异步电动机基本构造

三相笼型异步电动机的结构如图2-55所示。它由两个基本部分组成：定子和转子。

图2-55　三相笼型异步电动机的组成部件

1. 定子

三相异步电动机的定子主要由机座、定子铁芯和定子绕组组成，如图2-56所示。

机座：机座一般由铸铁或铸钢制成，用来固定电动机。机座两端的端盖，其中央部分装有轴承，供支撑转子转轴和防护外物的侵入。

定子铁芯：定子铁芯是由多片环状硅钢片叠压而成，固定在机座内，铁芯内表面冲有均匀分布且与轴平行的凹槽。

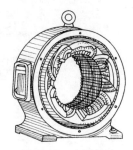

图2-56　定子构造

定子绕组：匝数、形状和尺寸相同的三相绕组 AX、BY、CZ 按一定的规律嵌放在铁芯内表面的槽中。三相绕组的六个出线端都引到机座外侧接线盒内的接线柱上，接线柱的布置如图 2-57 所示。三相定子绕组根据电源电压和电动机额定电压可以接成星形（丫）或三角形（△）。

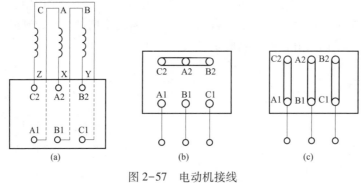

图 2-57　电动机接线

（a）内部接线；（b）丫联结；（c）△联结

2. 转子

三相异步电动机的转子由转轴、转子铁芯和转子绕组组成。转子铁芯由转子铁芯由多片

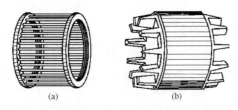

图 2-58　笼形转子

（a）铜条转子；（b）铸铝转子

硅钢片叠压成圆筒形状，固定在转轴上。铁芯外表面冲有许多均匀分布的槽，槽内嵌放着转子绕组。

转子铁芯槽内嵌放的是铜条，两端分别用铜环焊接起来，自成闭合回路。中小功率的笼型异步电动机的转子导体，一般采用铸铝与冷却用的风扇叶片一次浇铸成形，如图 2-58 所示。如果去掉铁芯，整个绕组的外形就像一个圆笼，故称为笼形转子。

2.4.2　三相绕线异步电动机基本构造

1. 定子

绕线异步电动机定子线圈结构和笼型一样。

2. 转子

转子绕组与定子绕组一样，也是三相绕组，只是将其连成星形。它的三个首端分别固定在转子上的三个彼此绝缘的铜制集电环上，在每个集电环上用弹簧压着炭质电刷，以利于外部三相变阻器连接，如图 2-59 所示。

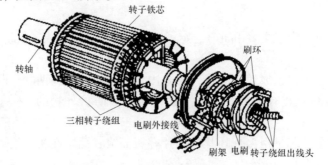

图 2-59　绕线转子

转子的转轴是用圆钢制成，用于传送机械功率。为了保证转子能可靠地自由旋转，定子铁芯与转子铁芯之间应留有尽可能小的空气隙，中小型电动机的空气隙为 0.2~1mm。

2.4.3　三相电动机工作原理及特性

英国科学家法拉第发现了电磁感应定律，在此理论基础上，人类发明了各类电动机，三相异步电动机是其中一种，都是建立在下列理论基础上：一是导体被磁场切割，会在导体中产生感应电动势；二是载流导体与磁场相互作用，使载流导体受力而运动。

1. 旋转磁场

（1）旋转磁场的产生。三相异步电动机的旋转磁场是三相电流通入三相定子绕组产生的。为了便于说明问题，定子三相绕组 AX、BY、CZ 放置在铁芯槽中位置如图 2-60（a）所示。每相绕组两端相差 180°，三相绕组在空间上彼此互差 120°。设三相绕组联结成星形，如图 2-60（b）所示。在三相绕组中通入图 2-61 所示的三相交流电，构成一对称三相交流电路。

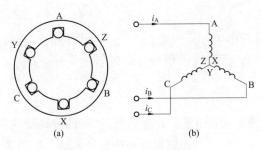

图 2-60　定子三相绕组

（a）放置图；（b）接线图

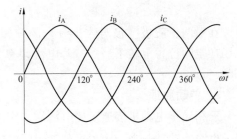

图 2-61　三相电流

在图 2-61 所示的参考方向下，三相绕组中通入的三相对称电流

$$i_A = I_m \sin\omega t, \qquad i_B = I_m \sin(\omega t - 120°), \qquad i_C = I_m \sin(\omega t - 240°)$$

图 2-62 中，在 $\omega t = 0$ 时，$i_A = 0$ 时，AX 线组中没有电流；$i_B < 0$ 时，其实际方向与参考方向相反，即 i_B 从 Y 端流入（用 $\otimes$ 表示），从 B 端流出（用 $\odot$ 表示）；$i_C > 0$ 时，其实际方向与参考方向相同，即 i_C 从 C 端流入，从 Z 端流出。根据右手螺旋定则，它们产生的合成磁场如图 2-62（a）中虚线所示，它具有一对（两个）磁极，上面是 N 极，下面是 S 极。

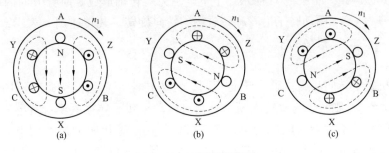

图 2-62　两极旋转磁场

（a）$\omega t = 0$；（b）$\omega t = 120°$；（c）$\omega t = 240°$

在 $\omega t = 120°$ 时，$i_A > 0$，电流从 A 端流入，从 X 端流出；$i_B = 0$，BY 绕组中没有电流；$i_C < 0$，电流从 Z 端流入，从 C 端流出。根据右手螺旋定则，它们产生的合成磁场如图 2-62（b）所示。它仍是一对（两极）磁场，但在空间上已沿顺时针方向旋转了 120°。

同理，可以继续分析其他瞬时的合成磁场。例如，$\omega t = 240°$ 时的合成磁场如图 2-62（c）所示。由此可见，定子三相绕组通入三相对称电流，就会产生旋转磁场。

（2）旋转磁场的转向。定子三相绕组在定子铁芯排列位置是固定不变的。三相电流通入定子绕组的相序是 A→B→C，其产生的旋转磁场的转向是按顺时针方向旋转。当通入定子绕组的三相电流的相序是 C→B→A，再用上面的方法分析，可以看到旋转磁场也反方向旋转了。因此得到结论：旋转磁场的转向与三相电流的相序一致。若要改变旋转磁场的转向，只要任意对调三根电源线中的两根线即可。

（3）旋转磁场的转速。旋转磁场的转速称为同步转速，用 n_1 表示。当磁极对数为 p 时，旋转磁场的转速为

$$n_1 = \frac{60 f_1}{p}$$

在对两个磁极（极对数 $p = 1$）的旋转磁场分析中可知，当电流变化一个周期时，旋转磁场在空间位置上转了一圈，若电流频率为 $f_1 = 50$，其旋转磁场每分钟的转速为 $n_1 = 60 f_1 = 3000 \text{r/min}$。

2. 转动原理

三相异步电动机接通三相电源后，定子绕组通入三相电流，产生转速为 n_1 的旋转磁场，转子也跟着转动起来。为了形象地说明其转动原理，用一对旋转磁极替代旋转磁场，笼形转子只画出上、下两根导体，如图 2-63 所示。设磁极按顺时针方向以 n_1 速度旋转，转子导体与旋转磁极有相对运动而产生感应电动势 e_2，因转子导体闭合，所以转子导体中有电流 i_2 通过。转子导体中的感应电动势由右手定则确定。在这里应用右手定则时，可以假设旋转磁极不动，而转子导体逆时针方向切割磁场，在 N 极下的转子导体感应电动势和电流是穿出纸面的（用⊙表示）；在 S 极下的转子导体感应电动势和电流是进入纸面的（用⊗表示）。转子导体电流与旋转磁场相互作用产生电磁力 F，其方向可用左手定则确定，如图 2-63 所示。上下电磁力对转轴形成顺时针方向的电磁转矩 T，驱动转子沿着旋转磁场的转向旋转，其转速用 n 表示，在轴上输出机械功率。

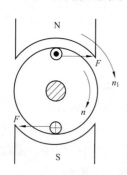

图 2-63　异步电动机
转动原理

3. 转差率

异步电动机转子转向与旋转磁场转向相同，转子转速 n 总是低于旋转磁场转速 n_1。这是因为，如果 $n = n_1$，则转子与旋转磁场没有相对运动，转子导体就不会有感应电动势和电流，也就没有驱动转子旋转的电磁转矩，在转轴的风阻、摩擦阻力矩作用下，转子转速下降，若转轴连接机械负载增大，转子转速将进一步下降。所以转子转速总是低于旋转磁场的转速。由于 $n \neq n_1$，因此这种电动机称为异步电动机，又称感应电动机。

异步电动机转子与旋转磁场的转速差 $\Delta n = n_1 - n$ 与同步转速 n_1 的比值称为转差率，用 s

表示，即有

$$s = \frac{\Delta n}{n_1} = \frac{n_1 - n}{n_1}$$

转差率是分析异步电动机运行的重要参数。当异步电动机接通电源、转子尚未转动的启动瞬间，$n=0$，$s=1$；随着转子转速 n 升高，转差率 s 下降；正常运行中的异步电动机的转差率 $0 \leq s \leq 1$；异步电动机在额定负载下的转差率 s_N 一般为 $0.01 \sim 0.07$。

4. 电磁转矩

异步电动机的电磁转矩是由旋转磁场与转子电流相互作用产生的，即

$$T = K\Phi I_2 \cos\varphi_2$$

式中：K 为由电动机本身结构决定的常数；Φ 为旋转磁场每极主磁通。由于转子电流滞后于转子感应电动势，因此只有转子电流的有功分量 $I_2\cos\varphi_2$ 做功，将输入电能转换为轴上输出的机械功率。

三相异步电动机定子绕组所加电源频率 f_1 不变时，旋转磁场的主磁通 Φ 正比于电源电压 U_1。转子电流是转子导体切割旋转磁场产生的，也是正比于电源电压 U_1 的；转子电路是由转子电阻和漏电抗组成的，转子导体与旋转磁场相对速度不同，使得转子感应电动势、转子漏电抗、转子电流大小和相位不同，与转差率 s 有关。归结起来，电磁转矩的大小一是正比于电源电压 U_1 的平方，二是与转差率 s 有关。通过对定子电路和转子电路的理论分析后，上式可表示为

$$T = K_T \frac{sR_2}{R_2^2 + (sX_{20})^2} U_1^2$$

式中：K_T 为一常数；R_2 为转子每相绕组的电阻；X_{20} 为转子不动（$n=0$）时的转子每相漏电抗；s 为转差率；U_1 为定子每相电压。

5. 机械特性

定子电压 U_1 和频率 f_1 保持不变时，三相异步电动机的 T 与 s 之间的关系 $T=f(s)$ 称为转矩特性，其转矩特性曲线如图 2-64 所示。n 与 T 之间的关系 $n=f(T)$ 称为机械特性，其机械特性曲线可将 $T=f(s)$ 曲线顺时针旋转 $90°$，表示 T 的横坐标轴下移，纵坐标用 n 表示得到，如图 2-65 所示。

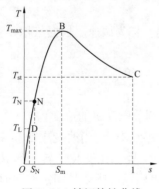

图 2-64 转矩特性曲线

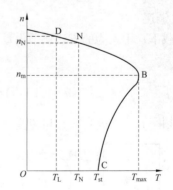

图 2-65 机械特性曲线

当电动机拖动机械负载稳定运行时，它输出的电磁转矩 T 与轴上阻转矩相等，阻转矩包

括负载转矩 T_L 和电动机空载损耗转矩 T_0（由风阻和轴承摩擦等形成的转矩），由于 T_0 很小，可以忽略不计，即

$$T = T_L + T_0 \approx T_L$$

从转矩和机械特性曲线看到，在 $s=1$，$n=0$ 启动瞬间，若 $T_{st}>T_L$，则电动机的电磁转矩 T 延着曲线 CB 段上升，s 在减小，n 在升高，电动机一直加速。到达 B 点，电动机的电磁转矩达到最大值 $T=T_{max}$，此时 $s=s_m$ 称为临界转差率，$n=n_m$ 称为临界转速。越过 B 点后，随着转差率 s 继续减小，转速 n 继续升高，电磁转矩 T 却是下降的，直到 $T=T_L$，工作在转矩和机械特性曲线的 D 点，电动进入稳定运行。AB 段为稳定运行区，而 BC 段为不稳定运行区。

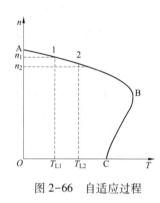

图 2-66　自适应过程

电动机运行在 AB 段上，能够适应负载的变化而自动调节，达到稳定运行。例如，电动机工作在 AB 段上的 1 点，如图 2-66 所示，此时 $T=T_{L1}$，$n=n_1$。由于某种原因，负载转矩增大到 T_{L2}，因机械惯性，电动机的转速不能跳变，此时 $T<T_{L2}$，使电动机的转速下降，引起电磁转矩增大，直到 $T=T_{L2}$，$n=n_2$，电动机就会在 AB 段上的 2 点又恢复稳定运行。

电动机运行时，只要机械负载 T_L 在低于电动机最大转矩 T_{max} 范围内变化，都能自动适应负载变化而稳定运行。在 AB 段稳定运行区，电磁转矩虽然变动很大，但是转速变动很小，这样的机械特性称为硬特性，是三相异步电动机获得广泛应用的原因之一。

6. 三相电动机铭牌数据

国产 Y132S-4 型三相异步电动机的铭牌技术数据如下：

三相异步电动机		
型号 Y132S-4	功率 5.5kW	防护等级 IP44
电压 380V	电流 11.6A	功率因数 0.84
接法 △	转速 1440r/min	绝缘等级 B
频率 50Hz	质量 68kg	工作方式 S_1
		×××电机厂

7. 电动机调速

在同一负载下，用人为的方法调节电动机的转速，称为调速。根据三相异步电动机的转速表达式

$$n = (1 - s)n_1 = (1 - s)\frac{60f_1}{p}$$

可见改变电源频率 f_1、磁极对数 p 和转差率 s 都可以调节电动机的速度。

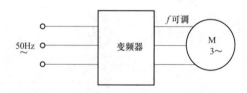

图 2-67　交流电源向电动机供电

（1）变频调速。当改变电源频率 f_1 时，同步转速 n_1 与 f_1 呈正比变化，转子转速 n 也随之改变。我国电网供电频率是固定的 50Hz，因此要改变频率，就需要专用的频率可变的交流电源向电动机供电，电路如图 2-67 所示。当频率 $f_1'<$

50Hz，可以实现恒转矩调速；当 $f_1'>50Hz$，可以实现恒功率调速。变频调速以其调速范围宽、平滑的无级调速、机械特性硬和能适应不同负载要求。国内外变频器种类很多，适用于不同的负载。使用变频器调速是目前三相异步电动机最好的调速方法。

（2）变极调速。通过定子三相绕组的布置和改变接线能够改变磁极对数 p。图 2-68 所示为变极调速原理图。为了便于说明，图 2-68 中只画出三相绕组中的 A 相绕组，是由两个线图 A1X1 和 A2X2 组成。图 2-68（a）中两个线圈正向串联，得到磁极对数 $p=2$；图 2-68（b）中两个线圈反向并联，得到磁极对数 $p=1$。

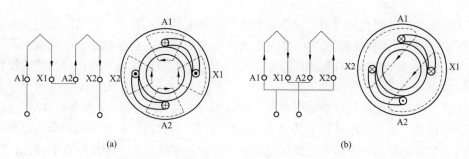

图 2-68　变级调速
（a）$p=2$；（b）$p=1$

改变定子绕组的接线方法只能使磁极对数 p 成对改变，这种调速方法是有级的。其缺点是外围控制设备结构复杂，当转速发生变化时，功率也发生变化。应用范围会受到限制。

（3）变转差率调速。这种方法只适用于绕线式异步电动机。在绕线式异步电动机的转子回路中串可调电阻，恒负载转矩下通过调节电阻的阻值大小，从而使转差率得到调整和改变，这种调速方法是有级的。其缺点是能耗较大，效率较低，并且随着调速电阻的增大，机械特性将变软，运行稳定性将变差。因此，这种调速一般适用于短时工作制，且对效率要求不高的起重设备中。

本　章　小　结

本章主要对低压电器和三相异步电动机进行阐述，介绍了低压配电电器和控制电器的用途、图形符号等一些基本知识，以及技术参数的选择依据；介绍了三相笼型和绕线式异步电动机的基本结构；并说明了三相异步电动机的工作原理、机械特性和调速方法。

第 3 章

变 频 器 技 术

变频技术是一种把直流电逆变成不同频率的交流电的转换技术。它可以把交流电变成直流电后再逆变成不同频率的交流电，或是把直流电变成交流电后再把交流电变成直流电。总之，这一切变换过程中都只有频率的变化，而没有电能的变化。而实现这种功能的设备称为变频器。

变频器就是改变电源频率的电气设备。随着科学的发展，变频器的使用也越来越广泛，不管是工业设备上还是家用电器上都会使用到变频器。可以说，只要有三相异步电动机的地方，就有变频器的存在。要熟练地使用变频器，还必须掌握三相异步电动机的特性，因为变频器与三相异步电动机有着密切的联系。

在过去，变频器一般被包含在电动发电机、旋转转换器等电气设备中。随着半导体电子设备的出现，人们已经可以生产出完全独立的变频器。

目前，市面上流行的变频器种类繁多，本章主要介绍青亿系列 QY8000 变频器和西门子MICROMASTER430 变频器。

3.1 青亿系列变频器

青亿系列变频器 QY8000 的通用技术规格见表 3-1。

表 3-1　　　　　　　　　　　　　QY8000 通用技术规格

输入	额定电压、频率		S2/T2 单相/三相 220V　50/60Hz　　　T4 三相 380V
	电压允许变动范围		±15% 电压失衡率<3%；频率±5%
输出	最大输出		S2/T2/三相 220V　　　　　T4 三相 380V T6 三相 660V　　　　　　T11 三相 1140V
	频率		0~500Hz
	过载能力		G 型机：额定电流×150% 1min，额定电流×180%　　2s； P 型机：额定电流×120% 1min，额定电流×150%　　2s
控制特性	控制方式		V/F 控制
	输出频率精度	模拟设定	最大输出频率的±0.2%
		数字设定	±0.01Hz
		外部脉冲设定	最大输出频率的±0.1%
		RS-485 设定	±0.01Hz
	V/F 曲线 （电压频率特性）		基准频率在 5~500Hz 任意设定，可选择恒转矩、递减转矩 1. 递减转矩 2. 三类曲线以及自定义曲线

控制特性		转矩提升	可根据实际需要设定提升转矩，额定输出的 0~20%
		自动节能运行	根据负载情况，自动优化 V/F 曲线，实现节能运行
		加、减速时间设定	0.1~6000s 连续可设，S 型、直线型模式可选
	制动	能耗制动	电机输出额定转矩×75%
		直流制动	启动、停止时分别可选，动作频率 0~15Hz，电动机额定电流×（0~100%），动作时间 0~20.0s 或持续动作
		自动限流功能	快速电流自动抑制能力，防止加速过程中及冲击性负载下频繁过流故障
		电压失速防止	保证减速过程中不发生过电压
		载波调整	载波频率 1.5~15.0kHz 连续可调，最大限度降低电动机噪声
	频率设定通道	模拟输入	面板电位器，直流电压 0~10V，直流电流 0~20mA（上、下限可选）
		数字设定	使用操作面板
		脉冲输入	0~50.000kHz（上、下限可选）
		RS-485	上位机设定
		启动信号	正转、反转、启动信号自保持（三线控制）可选
		定时器、计数器	内置定时器、计数器各一个，方便系统集成
		多段速/PLC 控制功能	当用外部端子选择多段速控制时，可达 15 段速；可编程控制器（PLC）多段速控制最多达 7 段速，每段速度的运行方向、运行时间可分别进行设置
		摆频功能	适用于纺织场合
		内置 PID 控制	可以方便地构成简易闭环控制系统而不需附加 PID 控制器
	输出信号	开关信号（Y1，Y2 和继电器 T）	变频器运转中，频率到达，频率水平检测，过载报警，外部故障停机，频率上限到达，频率下限到达，欠压停止，零速运转，可编程多段速状态，内部计数器到达，内部定时器到达，故障
		模拟输出	输出频率、输出电流、输出电压等可外接电压表、频率计
显示	操作面板显示	运行状态	输出频率，输出电流，输出电压，电动机转速，设定频率，PID 设定，PID 反馈，模块温度，运行时间累计，模拟输入/输出、端子输入状态等
		报警内容	最近六次故障记录，最近一次故障跳闸时的输出频率、设定频率、输出电流、输出电压、直流电压、模块温度、端子状态、累计运行时间 8 项运行参数记录
		保护/报警功能	过电流，过电压，欠压，缺相，电子热继电器保护，过热，短路，过载
环境		周围温度	-10~+50℃（不冻结）
		周围湿度	90%以下（不结霜）
		周围环境	室内（无阳光直晒、无腐蚀、无易燃气体，无油雾、尘埃，无水蒸气、水滴等）
		海拔	低于 1000m
结构		防护等级	IP30
		冷却方式	强制风冷
		安装方式	壁挂式/柜式

3.1.1 QY8000 变频器结构与分类

1. QY8000 变频器分类

QY8000 变频器的铭牌说明如下，QY8000 表示产品系列，0037G/0055P 表示功率代号为 G3.7kW/P5.5kW，最后一项为变频器电源类型，根据电源类型分类。

（1）S2/T2：单相/三相 220V。

（2）T4：三相 380V。

（3）T6：三相 660V。

（4）T11：三相 1140V。

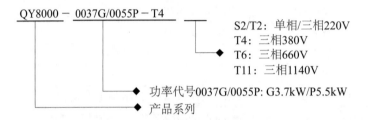

变频器的额定值包括额定容量、额定输出电流和适配电动机功率。S2/T2 型变频器的额定值见表 3-2。T4 型变频器的额定值见表 3-3。T6 型变频器的额定值见表 3-4。T11 型变频器的额定值见表 3-5。

表 3-2   S2/T2 220V 变频器的额定值

QY8000 系列	额定容量（kVA）	额定输出电流（A）	适配电动机功率（kW）
QY8000-0004G-S2/T2	0.87	2.3	0.4
QY8000-0007G-S2/T2	1.7	4	0.75
QY8000-0015G-S2/T2	2.67	7	1.5
QY8000-0022G-S2/T2	3.8	10	2.2
QY8000-0037G-T2	6	16	3.7
QY8000-0055G-T2	7.6	20	5.5
QY8000-0075G-T2	11.4	30	7.5
QY8000-0110G-T2	16	42	11
QY8000-0150G-T2	21	55	15
QY8000-0185G-T2	26.6	70	18.5
QY8000-0220G-T2	30.4	80	22
QY8000-0300G-T2	42	110	30
QY8000-0370G-T2	49	130	37
QY8000-0450G-T2	61	160	45
QY8000-0550G-T2	80	210	55
QY8000-0750G-T2	114	300	75

表 3-3   **T43AC380V 变频器的额定值**

QY8000 系列	额定容量（kVA）	额定输出电流（A）	适配电动机功率（kW）
QY8000-0007G-T4	2.4	2.3	0.75
QY8000-0015G-T4	2.63	4	1.5
QY8000-0022G-T4	3.3	5	2.2
QY8000-0037G/0055P-T4	5.6/8.5	8.5/13	3.7/5.5
QY8000-0055G/0075P-T4	8.5/11.2	13/17	5.5/7.5
QY8000-0075G/0110P-T4	11.2/16.5	17/25	7.5/11
QY8000-0110G/0150P-T4	16.5/21.7	25/33	11/15
QY8000-0150G/0185P-T4	21.7/25.7	33/39	15/18.5
QY8000-0185G/0220P-T4	25.7/29.6	39/45	18.5/22
QY8000-0220G/0300P-T4	29.6/39.5	45/60	22/30
QY8000-0300G/0370P-T4	39.5/39.5	60/75	30/37
QY8000-0370G/0450P-T4	39.5/60	75/91	37/45
QY8000-0450G/0550P-T4	60/73.7	91/112	45/55
QY8000-0550G/0750P-T4	73.7/98.7	112/150	55/75
QY8000-0750G/0900P-T4	98.7/116	150/180	75/90
QY8000-0900G/1100P-T4	116/138	180/210	90/110
QY8000-1100G/1320P-T4	138/167	210/250	110/132
QY8000-1320G/1600P-T4	167/200	250/300	132/160
QY8000-1600G/1850P-T4	200/237	300/340	160/185
QY8000-1850G/2000P-T4	237/248	340/380	185/200
QY8000-2000G/2200P-T4	248/273	380/415	200/220
QY8000-2200G/2500P-T4	273/309	415/470	220/250
QY8000-2500G/2800P-T4	309/336	470/510	250/280
QY8000-2800G/3150P-T4	336/390	510/600	280/315
QY8000-3150G/3500P-T4	390/435	600/660	315/350

表 3-4   **T63AC660V 变频器的额定值**

QY8000 系列	额定容量（kVA）	额定输出电流（A）	适配电动机功率（kW）
QY8000-0220G-T6	32	28	22
QY8000-0300G-T6	40	35	30
QY8000-0370G-T6	51	45	37
QY8000-0450G-T6	59.5	52	45
QY8000-0550G-T6	72	63	55
QY8000-0750G-T6	98	86	75
QY8000-0900G-T6	116	98	90

QY8000 系列	额定容量（kVA）	额定输出电流（A）	适配电动机功率（kW）
QY8000-1100G-T6	138	121	110
QY8000-1320G-T6	167	150	132
QY8000-1600G-T6	200	175	160
QY8000-1850G-T6	237	198	185
QY8000-2000G-T6	248	218	200
QY8000-2200G-T6	273	240	220
QY8000-2500G-T6	309	250	250
QY8000-2800G-T6	336	300	280
QY8000-3150G-T6	390	350	315
QY8000-3500G-T6	435	380	350

表 3-5　　　　　　　　　　　　　　**T113AC1140V 变频器的额定值**

QY8000 系列	额定容量（kVA）	额定输出电流（A）	适配电动机功率（kW）
QY8000-0370G-T11	49	25	37
QY8000-0450G-T11	61	31	45
QY8000-0550G-T11	75	38	55
QY8000-0750G-T11	102	52	75
QY8000-0900G-T11	114	58	90
QY8000-1100G-T11	144	73	110
QY8000-1320G-T11	170	86	132
QY8000-1600G-T11	205	104	160
QY8000-1850G-T11	227	115	185
QY8000-2000G-T11	248	132	200
QY8000-2200G-T11	284	144	220
QY8000-2500G-T11	320	162	250
QY8000-2800G-T11	355	180	280
QY8000-3150G-T11	410	208	315
QY8000-3500G-T11	426	216	350
QY8000-4000G-T11	426	260	400
QY8000-5000G-T11	642	325	500
QY8000-5600G-T11	720	365	560

2. QY8000 变频器结构

QY8000 变频器的外观如图 3-1 所示。

QY8000 变频器的外形尺寸如图 3-2 所示。

图 3-1　QY8000 变频器外观图

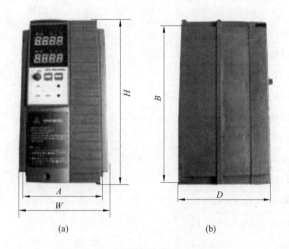

(a)　　　　　　　　(b)

图 3-2　变频器外形尺寸示意图

根据图 3-2 所标尺寸，QY8000 各个型号的变频器尺寸参数见表 3-6。

表 3-6　　　　　　　　　　QY8000 各型号的变频器尺寸参数

变频器型号	安装尺寸		外形尺寸			安装孔	质量（kg）≈
	A（mm）	B（mm）	W（mm）	H（mm）	D（mm）		
QY8000-0004G-S2	115	160	125	170	118	φ4	1.2
QY8000-0007G-S2							
QY8000-0015G-S2	110	160	125	170	145	φ4	1.5
QY8000-0022G-S2							
QY8000-0007G-T4	110	160	125	170	145	φ4	1.5
QY8000-0015G-T4							
QY8000-0022G-T4							
QY8000-0037G/0055P-T4	135	247	150	253	150	φ5	3
QY8000-0055G/0075P-T4							
QY8000-0075G/0110P-T4							
QY8000-0110G/0150P-T4	225	375	250	400	195	φ8	7.8
QY8000-0150G/0185P-T4							
QY8000-0185G/0220P-T4							
QY8000-0220G/0300P-T4							
QY8000-0300G/0370P-T4	295	495	320	515	255	φ8	22.5
QY8000-0370G/0450P-T4							
QY8000-0450G/0550P-T4							

续表

变频器型号	安装尺寸		外形尺寸			安装孔	质量（kg）≈
	A（mm）	B（mm）	W（mm）	H（mm）	D（mm）		
QY8000-0550G/0750P-T4	230	565	375	580	265	φ8	30
QY8000-0750G/0900P-T4	320	735	460	755	335	φ8	60
QY8000-0900G/1100P-T4							
QY8000-1100G/1320P-T4							
QY8000-1320G/1600P-T4	—	—	490	1490	395	—	120
QY8000-1600G/1850P-T4							
QY8000-1850G/2000P-T4							
QY8000-2000G/2200P-T4	—	—	750	1670	400	—	200
QY8000-2200G/2500P-T4							
QY8000-2500G/2800P-T4							
QY8000-2800G/3150P-T4							
QY8000-3150G/3500P-T4							

3.1.2 QY8000 变频器硬件系统

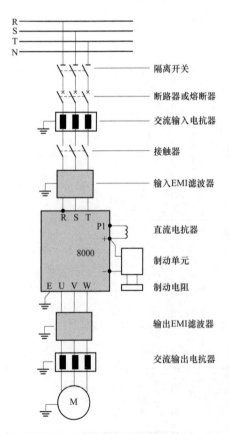

图 3-3 变频器与选配件连接图

1. 主回路端子配线

变频器与选配件的连接如图 3-3 所示。配线时应注意以下几方面问题。

（1）电网和变频器之间，必须加隔离开关等明显分断装置，确保设备维修时安全。

（2）变频器前必须有带有过电流保护的断路器或熔断器，避免后级设备故障导致故障范围扩大。

（3）变频器用于供电控制时，不能用来控制变频器的启停。

（4）当电网波形畸变严重，或变频器在配置直流电抗器后，电源与变频器之间高次谐波的相互影响还不能满足要求时，或为提高变频器输入侧的功率因数，可以增设交流输入电抗器。

（5）输入侧 EMI 滤波器可以抑制从变频器电源线发出的高频噪声干扰。

（6）为保护变频器和抑制高次谐波，避免电源对变频器的影响，在下列情况下，需配置直流电抗器。

1）当给变频器供电的同一电源节点上有开关式无功补偿电容器柜或带有晶闸管相控负载时，因电容器柜开关切换引起无功瞬变导致网压突变和相控负载造成的谐波和电网缺口，可能对变频器输入整流桥电路造成损害。

2）当要求提高变频器输入端功率因数到 0.93 以上时，当供电三相电源的不平衡度超过 3% 时，当变频器接入大容量变压器时，变频器的输入电源回路流过的电流可能对整流电路造成损害。当变频器供电电源的容量大于 1000kVA 时，或供电电源容量大于变频器容量的 10 倍时，需加装直流电抗器。

（7）交流输出电抗器，当变频器到电动机的连线超过 30m 时，建议采用抑制高频振荡的交流输出电抗器，避免电动机绝缘损坏，漏电流过大，变频器频繁跳闸保护。

（8）输出侧 EMI 滤波器：可选配 EMI 滤波器来抑制变频器输出侧产生的干扰噪声和导线漏电。

2. 主电路端子台说明

各个型号三相变频器主回路端子台配线图存在一定差异。其中，0.75~22kW 变频器主回路端子台配线图如图 3-4 所示。30~37kW 变频器主回路端子台配线图如图 3-5 所示。45~110kW 变频器主回路端子台配线图如图 3-6 所示。132~315kW 变频器主回路端子台配线图如图 3-7 所示。

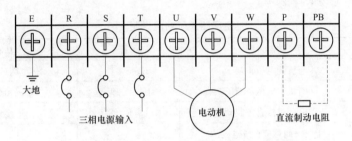

图 3-4　0.75~22kW 变频器主回路端子台配线图

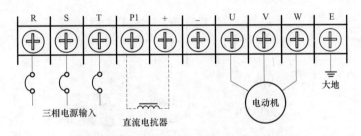

图 3-5　30~37kW 变频器主回路端子台配线图

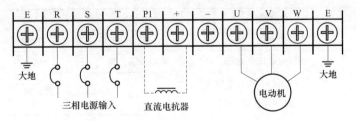

图 3-6　45~110kW 变频器主回路端子台配线图

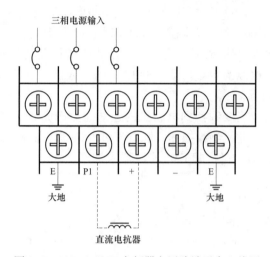

图 3-7　132~315kW 变频器主回路端子台配线图

三相主回路端子功能说明见表 3-7。

表 3-7　　　　　　　　　　主回路端子功能说明

端子符号	功能说明	端子符号	功能说明
P 和+	直流侧电压正端子	R、S、T	接电网三相交流电源
—	直流侧电压负端子	U、V、W	接三相交流电动机
PB	P、PB 间可接直流制动电阻	E	接地端子
P1	P1、+间可接直流电抗器		

单相主回路端子台配线图如图 3-8 所示。各端子功能说明见表 3-8。

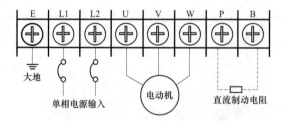

图 3-8　单相主回路端子台配线图

表 3-8　　　　　　　　　端 子 功 能 说 明

端子符号	功能说明	端子符号	功能说明
P	直流侧电压正端子	R、S、T	接电网单相交流电源
—	直流侧电压负端子	U、V、W	接单/三相交流电动机
PB	P、PB 间可接直流制动电阻	E	接地端子
P1	P1、+间可接直流电抗器		

3. 控制回路端子说明

控制回路端子功能说明见表 3-9。

表 3-9 控制回路端子功能说明

种类	端子符号	端子功能	备注
电源输出	+10V	+10V/10mA 电源	
	GND	频率设定电压信号的公共端（+10V、电源地），模拟电流信号输入负端（电流流出端）	
	+24	向外提供的+24V/50mA 的电源（COM 端子为该电源地）	
	COM	控制端子的公共端	
模拟输入	V1	模拟电压信号输入端 1	0~10V
	V2	模拟电压信号输入端 2	0~10V
	II	模拟电流信号输入正端	0~20mA
开关量输入（控制端子）	X1	多功能输入端子 1	多功能输入端子的具体功能由参数 P3.00~P3.07 设定，端子与 COM 端闭合有效
	X2	多功能输入端子 2	
	X3	多功能输入端子 3	
	X4	多功能输入端子 4	
	X5	多功能输入端子 5	
	X6	多功能输入端子 6	
	X7	多功能输入端子 7，也可以作外部脉冲信号的输入端子	
模拟输出	O1	可编程电压信号输出端，外接电压表头（P3.27 参数确定）	最大允许电流 20mA输出电压 0~10V
	O2	可编程频率、电压、电流输出端（P3.28 参数确定）	最高输出信号频率 50kHz、幅值 10V
OC 输出	Y1 Y2	可编程开路集电极输出，由参数 P3.32 及 P3.33 设定	最大负载电流 50mA，最高承受电压 24V
故障输出	TA-TB-TC	可编程继电器输出	触点容量：AC 250V 1A 阻性负载
RS485 通信	485+ 485-	RS485 通信端子	
E		接地端子	

4. 变频器配线

变频器标准接线图如图 3-9 所示。其中对于 SW1 跳线的说明如下。

（1）插片插在 FM 上，对应 O2 输出类型为脉冲信号（［P3.29］=0）。

（2）插片插在 0~10V 上，对应 O2 输出类型为电压信号（［P3.29］=1 或 2）。

（3）插片插在 4~20mA 上，对应 O2 输出类型为电流信号（［P3.29］=3 或 4）。

3.1.3 QY8000 变频器操作面板介绍

1. 通道说明及工作运行

（1）变频器的运转指令通道。指变频器接受运行、停止、点动等操作的物理通道，共有以下三种。

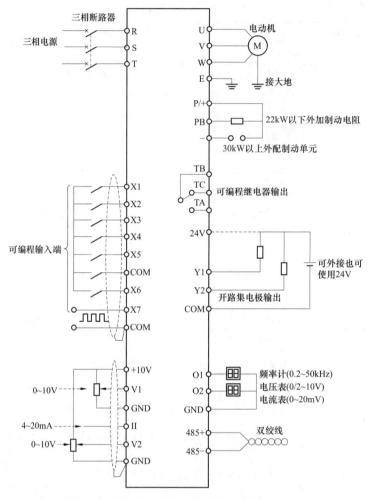

图 3-9　变频器标准接线图

1）操作面板：通过操作面板上 RUN、STOP 及 JOG 等键进行控制。

2）外部端子：通过 X1（FWD）、X2（REV）、COM、Xi（三线控制）控制。

3）485 接口：通过上位机进行启动、停止控制。

命令运行通道选择可以通过 P0.02 确定，当选用外部端子进行控制时，须进一步通过 P3.00 确定外部端子控制方式，包括两线式 1、两线式 2 及三线控制。

（2）变频器频率给定通道。QY8000 有以下八种独立的频率给定通道，也可以由多种组合后作为最后的频率给定。

1）面板电位器。

2）面板▲▼键给定。

3）端子 UP/DW 给定。

4）模拟电压 V1 给定。

5）模拟电压 V2 给定。

6）模拟电流Ⅱ给定。

7）脉冲给定。

8）RS-485 给定。

（3）变频器的工作状态。QY8000 的工作状态分为停机状态、运行状态及故障状态。

1）停机状态：变频器上电初始化后，若无运行命令输入变频器或运行中输入停机命令，则变频器即进入停机命令。

2）运行状态：接到运转指令后，变频器进入运行状态。

3）故障状态：变频器出现故障或外部出现故障通知变频器，此变频器封锁输出（此时输出电压为0），处于故障状态。

（4）变频器的运行方式。QY8000 运行方式有六种，按优先级分依次为：摆频>点动>PLC>多段速>PID>普通运行。六种运行方式确定变频器的六种频率来源如下。

1）摆频运行：专门为纺织场合设计，具体参见 P7 功能组解释。

2）点动运行：变频器接收到点动运行命令后，按点动运行频率运行。

3）PLC 运行：PLC 功能选择有效时，变频器将选择 PLC 运行方式，变频器将按照预定的运行方式运行。

4）多段速运行：变频器通过外部端子 Xi（功能号 1，2，3，4），选择变频器的运行频率。

5）闭环运行（PID）：PID 功能选择有效，变频器将按闭环运行方式运行，即给定和反馈通过 PID 调节确定输出频率。

6）普通运行：简单开环运行方式，根据 P0.01 确定的频率设定通道确定运行频率。

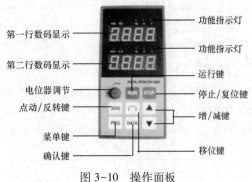

图 3-10 操作面板

2. 操作面板

操作面板各部分功能如图 3-10 所示。

操作面板各按键功能说明见表 3-10。

表 3-10　　　　　　　　　　按 键 说 明

按键符号	名称	功能说明
PRG	菜单键	菜单的进入或退出
DATA	确认键	逐级进入菜单，设定参数确认
▲	UP 递增键	数据或功能码的递增
▼	DW 递减键	数据或功能码的递减
⌒	移位键	运行监控状态下，按此键可以循环显示设定的监控参数；在修改参数时，可以选择参数的修改位
RUN	运行键	在键盘操作方式下，用于运行操作
JOG	多功能键	根据 P4.35 确定
STOP RESET	停止/复位键	运行状态下，此键可用于停止运行操作（P0.02 确定）；故障状态下可以复位故障操作

操作面板指示灯说明见表 3-11。

表 3-11 指 示 灯 说 明

特征符号	指示灯说明
Hz	频率单位（赫兹）
A	电流单位（安培）
V	电压单位（伏特）
FWD	正转运行指示灯
REV	反转运行指示灯
ALM	警报指示灯（过电流，过电压但还没有达到故障水平时报警）
MENU	菜单指示灯

另外，面板还有两个 4 位 LED 显示，可以显示设定频率、输出频率等各种监视数据以及报警代码。

3. 操作流程

（1）功能参数设置。设置功能参数有以下三级菜单。

1）功能码参数（一级菜单）。

2）功能码标号（二级菜单）。

3）功能码设定值（三级菜单）。

（2）监控参数查询。监控参数查询有两种情况：一种情况，在监控状态下，按"$\bigcap$"键可以循环显示用户最常用的三个参数（由 P4.28、P4.29、P4.30 确定），如图 3-11 所示；另一种情况，通过观察 d 参数查看用户关心的状态参数，如图 3-12 所示。

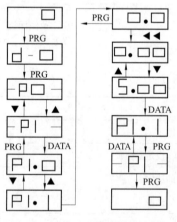

图 3-11 修改功能参数流程图

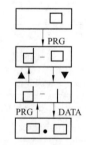

图 3-12 查看状态参数流程图

（3）故障复位。变频器出现故障以后，变频器会提示相关的故障信息。用户可以通过键盘上的"STOP/RESET"或外部端子功能（P3 组设定）进行复位，变频器故障复位以后处于待机状态。如果变频器处于故障状态，用户不对其进行复位，则变频器处于运行保护状态，此时变频器无法运行。

（4）变频器的运行。

1）上电初始化。变频器上电过程，系统首先进行初始化，变频器直流母线电压从低到高，LED 显示为"SA"，当电压值达到一定值，变频器处于待机状态，LED 显示为"0"。

2）变频器的运行。变频器可以通过键盘控制启动、外部端子启动或通信启动（参见 P0.02）。变频器运行状态下，用户可以监控 22 个状态变量（参见 d 参数）。

3.1.4　QY8000 变频器功能参数

1. 基本运行参数（P0 参数）

P0.00 机型选择设定范围：0，1。

（1）0：G 型机，适用于恒转矩负载。

（2）1：P 型机，适用于变转矩负载（风机、水泵负载）。

QY8000 系列变频器采用 G/P 合一方式，即用于恒转矩负载（G 型）适配电动机比用于风机、水泵类负载（P 型）时小一挡。

P0.01 频率通道选择设定范围：0~9。

选择频率指令的输入通道。

（1）0：面板电位器。由操作面板上的电位器来设定运行频率。

（2）1：P0.03 设定。当选择 [P0.01]=1，通过操作面板上的上、下按键，可以改变 P0.03 参数中的频率值，并且设定运行频率。

（3）2：V1。由外部模拟电压输入端子 V1（0~10V）来设定运行频率。

（4）3：V2。由外部模拟电压输入端子 V2（0~10V）来设定运行频率。

（5）4：II。由外部模拟电流输入口 II（0~20mA）来设定运行频率。

（6）5：UP/DW 端子递增、递减控制。运行频率由外部控制端子 UP/DW 设定（UP、DW 控制端子由参数 P3.01~P3.07 选择）。当 UP-COM 闭合时，运行频率上升，DW-COM 闭合时，运行频率下降。UP、DW 同时与 COM 端闭合或断开时，运行频率维持不变。频率的上升、下降按设定的加减速时间进行。

（7）6：外部脉冲信号。运行频率由外部脉冲信号设定，脉冲输入端子由参数 P3.07 选取（X7）。

（8）7：RS-485 接口。通过 RS-485 接口接收上位机的频率指令，当采用上位机设定频率或在联动控制中本机设置为从机时，应选择此方式。

（9）8：组合给定。运行频率由各设定通道的线性组合确定，组合方式由参数 P4.34 确定。

（10）9：外部端子选择。由外部端子来选择频率设定通道（选择端子由参数 P3.01~P3.07 确定），端子状态与频率设定通道的对应关系见表 3-12。

表 3-12　　　　　　　　　　子状态与频率设定通道对应关系

频率设定 选择端子 3	频率设定 选择端子 2	频率设定 选择端子 1	频率设定通道
0	0	0	0
0	0	1	1
0	1	0	2
0	1	1	3

频率设定 选择端子 3	频率设定 选择端子 2	频率设定 选择端子 1	频率设定通道
1	0	0	4
1	0	1	5
1	1	0	6
1	1	1	7

P0.02 运转指令通道选择设定范围：0~4。

（1）0：运转指令由操作面板控制。

（2）1：运转指令由外部端子控制，键盘 STOP 无效。

（3）2：运转指令由外部端子控制，键盘 STOP 有效。

（4）3：运转指令由 RS-485 通信控制，键盘 STOP 无效。

（5）4：运转指令由 RS-485 通信控制，键盘 STOP 有效。

P0.03 面板数字设定频率设定范围：0.00~最大频率。

当输入频率通道选择面板数字设定（［P0.01］=1）时，变频器的输出频率由该值增加转差补偿后确定。在状态监控模式下，按操作面板上的 ▲ 键或 ▼ 键可直接修改本参数。

P0.04 加速时间设定范围：0.00~6000.0s。

P0.05 减速时间设定范围：0.00~6000.0s。

P0.06 加减速基准设定范围：0.00~最大频率。

P0.07 加减速方式设定范围：0，1。

加速时间是指输出频率从 0Hz 加速到 P0.06 设定基准频率值所需要的时间。减速时间是指输出频率从 P0.06 设定基准频率值减速到 0Hz 所需要的时间。

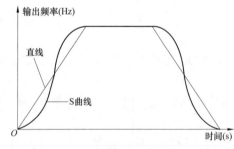

图 3-13 变频器的加、减速曲线

（1）加减速方式 0：直线。直线加、减速为大多数负载所采用。

（2）加减速方式 1：S 曲线。S 曲线加、减速主要是为在加、减速时需要减缓噪声与振动、减小启停冲击的负载而提供的，如图 3-13 所示。

P0.08 额定输出电压设定范围：200~500V。

P0.09 额定输出频率设定范围：5.00~500.00Hz。

请根据实际拖动电动机的铭牌数据设置。

P0.10 最小频率（f_L）设定范围：0~P0.11。

P0.11 最大频率（f_U）设定范围：P0.10~500.0Hz。

最小频率和最大频率分别指变频器输出频率的最小值和最大值。

P0.12 转向控制设定范围：0，1，2。

本参数用于改变变频器的当前输出相序，从而改变电动机的运转方向。

（1）0：与设定方向一致。

（2）1：与设定方向相反。选择本方式，变频器的实际输出相序与设定相反。

（3）2：反转防止。变频器将忽略转向指令，只按正向运行。

P0.13 参数初始化设定范围：0，1，2。

将变频器的参数修改成出厂值。

（1）0：不动作。

（2）1：按机型将参数恢复成初始值。

（3）2：清除故障记录。

注意：参数 P0.00、P0.01、P0.02 和 P3.00 的数值不会被初始化，初始化之前请根据实际情况设定机型（P0.00）。

2. 启动、停止参数（P1 参数）

P1.00 启动方式设定范围：0，1，2。

（1）0：由启动频率启动。接收到运转指令后，变频器先按设定的启动频率（P1.01）运行，经过启动频率持续时间（P1.02）后，再按加、减速时间运行到设定频率。

（2）1：先制动再启动。变频器先给负载电动机施加一定的直流制动电流（即电磁抱闸，在参数 P1.03、P1.04 中定义），然后再启动，适用于停机状态有正转或反转现象的小惯性负载。

（3）2：速度跟踪再启动。变频器先对电动机的转速进行检测，然后以检测到的速度为起点，按加、减速时间运行到设定频率。

P1.01 启动频率设定范围：0.0~10.0Hz。

P1.02 启动频率持续时间设定范围：0.0~20.0s。

合理设置启动频率改善启动转矩特性，但如果设定值过大，有时会出现过电流故障。

启动频率持续时间是指以启动频率运转的持续时间，如果设定频率比启动频率低，则先按启动频率运行，启动频率持续时间到达后，再按设定的减速时间下降到设定频率运行。启动频率方式启动如图 3-14 所示。

P1.03 启动直流制动电流设定范围：0~100%。

P1.04 启动直流制动持续时间设定范围：0.0~20.0s。

当启动方式设置为先制动再启动方式时，启动直流制动功能有效。

P1.03 为启动时的直流制动电流（额定电流的百分比），P1.04 为持续时间。直流制动时，变频器输出直流电流。直流制动方式启动如图 3-15 所示。

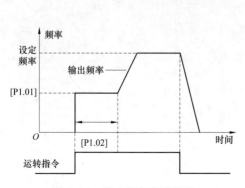

图 3-14　启动频率方式启动

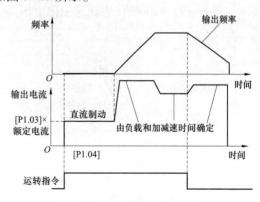

图 3-15　直流制动方式启动

P1.05 停机方式设定范围：0，1。

（1）0：减速方式。接收到停机信号后，按设定的减速时间减速停机。

（2）1：自由停机。接收到停机信号后，封锁输出，电动机自由运转而停机。

自由停机时，在电动机完全停止运转前，若变频器从零频率启动，可能会发生过电流或过电压保护，此时请将参数 P1.00 设置为 2，变频器将以速度跟踪再启动方式进行启动。

P1.06 停机直流制动起始频率设定范围：0.00~15.00Hz。

P1.07 停机直流制动电流设定范围：0~100%。

P1.08 停机直流制动动作时间设定范围：0.0~20.0s。

这 3 个参数用来定义变频器在停机时的直流制动功能。变频器在停机过程中，当变频器的输出频率低于直流制动起始频率时，变频器将启动直流制动功能。

直流制动动作时间是指直流制动的持续时间。当该参数设置为 0 时，停机时的直流制动功能关闭。直流制动时，变频器输出直流电流。直流制动功能可以提供零转速力矩，通常用于提高停机精度，但不能用于正常运行时的减速制动。

P1.09 速度追踪等待时间设定范围 0~10.00s。

电动机内部磁场太强，速度追踪易报过流故障，此时，可以把速度追踪等待时间适当加大。

P1.10 最小频率运行模式设定范围：0，1。

当实际设定频率低于最小频率时，变频器将减小输出频率，到达最小频率时，再根据最小频率运行模式确定变频器的稳态输出：如果最小频率运行模式选择为 0（停止模式），则变频器将继续降低输出频率直至停机；如果最小频率运行模式选择 1（运行模式），则变频器将按最小频率运行。

3. V/F 曲线设定及电动机参数（P2 参数）

P2.00 V/F 曲线类型选择设定范围：0，1，2，3。

（1）0：恒转矩曲线。变频器的输出电压与输出频率成正比，大多数负载采用这种方式。

（2）1：递减转矩曲线 1。变频器的输出电压与输出频率呈 1.7 次方曲线关系，适用于风机、水泵类负载。

（3）2：递减转矩曲线 2。变频器的输出电压与输出频率呈 2 次方曲线关系，适用于风机、水泵等恒功率类负载。如果轻载运行时有不稳定现象，请切换到递减转矩曲线 1 运行。V/F 曲线如图 3-16 所示。

（4）3：自定义曲线。变频器输出电压与输出频率关系按 P2.1~P2.6 参数确定。如图 3-17 所示，图 3-17 中 100% 代表额定输出电压。

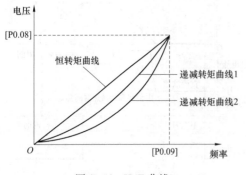

图 3-16　V/F 曲线

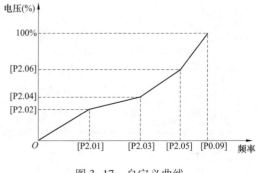

图 3-17　自定义曲线

P2.01 中间频率 1 设定范围：0.00～P2.03。

P2.02 中间电压 1 设定范围：0～P2.04。

P2.03 中间频率 2 设定范围：P2.01～P2.05。

P2.04 中间电压 2 设定范围：P2.02～P2.06。

P2.05 中间频率 3 设定范围：P2.03～P0.09。

P2.06 中间电压 3 设定范围：P2.04～100。

中间电压 1、中间电压 2、中间电压 3 单位为百分比，实际代表的电压为设定值×额定输出电压/100。

P2.07 转矩提升设定范围：0～20%。

用于改善变频器的低频力矩特性。在低频率段运行时，对变频器的输出电压作提升补偿。当选择自定义曲线时，此参数不起作用。转矩提升示意图如图 3-18 所示。

实际输出的提升电压为：设定值×额定输出电压/100。

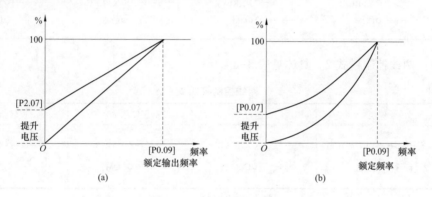

图 3-18　转矩提升示意图

（a）恒转矩曲线转矩提升示意图；（b）递减转矩曲线转矩提升示意图

P2.08 电动机额定转速设定范围：0～9999。

P2.09 电动机额定电流设定范围：0～999.9。

P2.10 电动机空载电流设定范围：0～999.9。

电动机额定转速、额定电流由电动机铭牌参数确定，空载电流为变频器拖动空载电动机在 40Hz 时的输出电流。

P2.11 震荡抑制功能选择设定范围：0，1。

P2.12 震荡检测系数设定范围：5～32。

P2.13 震荡抑制系数设定范围：10～300。

P2.14 震荡抑制限幅设定范围：1～500。

变频器拖动电机空载或轻载时，变频器输出电流有时会产生振荡，忽大忽小，这样易造成变频器过流故障。此时，可把 P2.11 设置为 1（振荡抑制有效），可以有效抑制振荡现象。振荡检测系数（P2.12）、振荡抑制系数（P2.13）和振荡抑制限幅（P2.14），其出厂值在一般情况下可以满足用户要求，特殊情况下，用户可作简单调整。

P2.15 转差频率补偿系数设定范围：0～200%。

P2.16 电压补偿系数设定范围：0～200%。

合理设置转差频率补偿系数，可以使电动机转速与变频器设定频率对应的转速相等。若需要增大低频力矩，则可以适当增大输出电压补偿系数。

P2.17 电动机极对数设定范围：1～10。

此参数根据电动机铭牌设定。

4. 外部输入、输出端子定义（P3 参数）

P3.00 外部运行指令控制方式设定范围：0，1，2，3。

此参数用来设定外部端子命令控制方式：

（1）0：两线控制模式 1。具体见如表 3-13。

表 3-13　　　　　　　　　　　　　两线控制模式 1

指令	停机指令	正转指令	反转指令
端子状态	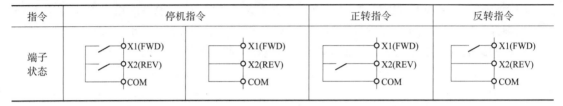		

（2）1：两线控制模式 2。具体见表 3-14。

表 3-14　　　　　　　　　　　　　两线控制模式 2

指令	停机	运行	正转指令	反转指令
端子状态				

（3）2：三线控制模式 1。必须选择一个三线控制端子（参阅参数 P3.01～P3.07 说明）。三线控制模式接线图如图 3-19 所示。

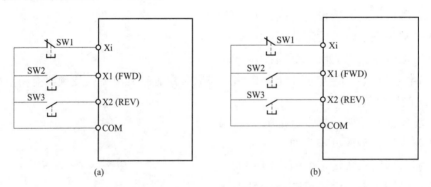

图 3-19　三线控制模式接线图

（a）三线控制模式 1 接线图；（b）三线控制模式 2 接线图

Xi 为三线运转控制端子，由参数 P3.01～P3.07 选择输入端子 X1～X7 中任意一个。SW1 为变频器停机触发开关，SW2 为正转触发开关，SW3 为反转触发开关。

（4）3：三线控制模式 2。Xi 为三线运转控制端子，由参数 P3.01～P3.07 选择输入端子 X1～X7 中的任意一个。SW1 为变频器停机触发开关，SW2 为正转触发开关，K 为反转开关。如选择 S3，则接线情况如图 3-20 所示。

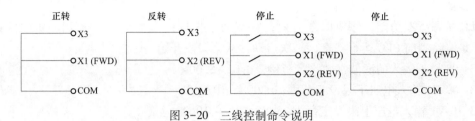

图 3-20　三线控制命令说明

P3. 01 X1 功能选择设定范围：0~35。

P3. 02 X2 功能选择设定范围：0~35。

P3. 03 X3 功能选择设定范围：0~35。

P3. 04 X4 功能选择设定范围：0~35。

P3. 05 X5 功能选择设定范围：0~35。

P3. 06 X6 功能选择设定范围：0~29。

P3. 07 X7 功能选择设定范围：0~31。

这些参数用于选择可编程输入端子 X1~X7 的功能，具体见表 3-15。

表 3-15　　　　　　　　　端 子 对 应 功 能

设定值	端子对应功能	设定值	端子对应功能
0	控制端闲置	19	内部定时器触发端
1	多段速控制端子 1	20	内部定时器复位端
2	多段速控制端子 2	21	内部计数器清零端
3	多段速控制端子 3	22	闭环控制失效
4	多段速控制端子 4	23	多段速与 PLC 切换
5	加、减速时间选择端子 1	24	PLC 状态清零
6	加、减速时间选择端子 2	25	摆频控制端子
7	自由停机控制	26	长度清零复位
8	外部设备故障输入	27-28	保留
9	正转点动控制	29	内部计数器时钟端
10	反转点动控制	30	外部脉冲输入
11	频率递增控制（UP）	31	长度计数输入（对 X7 端子）
12	频率递减控制（DW）	32	保留
13	频率设定通道选择端 1	33	RST
14	频率设定通道选择端 2	34	FWD
15	频率设定通道选择端 3	35	REV
16	简易 PLC 暂停控制		
17	三线式运转控制		
18	直流制动控制		

多段速与 PLC 切换功能，无效时，PLC 优先级高，多段速低；有效时，多段速优先级高，PLC 低。

PLC 状态清零功能，停机时才有效，它有两个作用：一个是清除 E^2PROM 中的记录；另一个是清除当前 PLC 运行状态，再次启动，从第一段开始。

P3.08 模拟输入的滤波常数设定范围：0.01~5.00s。

P3.09 V1 输入电压下限设定范围：0.00~［P3.10］。

P3.10 V1 输入电压上限设定范围：［P3.09］~10.00。

P3.11 V1 输入调整系数设定范围：0.01~5.00。

定义模拟输入电压通道 V1 的范围，应根据接入信号的实际情况设定。输入校正系数用于对输入电压进行校正，在组合设定方式下可改变本通道的权系数。

P3.12 V2 输入电压下限设定范围：-10.00~［P3.13］。

P3.13 V2 输入电压上限设定范围：［P3.12］~10.00。

P3.14 V2 输入调整系数设定范围：0.01~5.00。

P3.15 V2 输入零点偏置设定范围：-1.00~1.00。

P3.15 V2 双极性控制设定范围：0，1。

定义模拟输入电压通道 V2 的范围，应根据接入信号的实际情况设定。输入校正系数用于对输入电压进行校正，在组合设定方式下可改变本通道的权系数。

双极性控制是指变频器的输出相序（或电动机转向）由输入电压 V_2 来确定，此时变频器忽略其他的转向设置命令。双极性控制功能只有在频率输入通道选择 V_2 时（［P0.01］= 3）时有效，此时频率设定值由输入电压 V_2 的绝对值确定。当电压 $V_2>5V$ 时，输出正相序，电动机正转；当电压 $V_2<5V$ 时，输出逆相序，电动机反转。

在单极性控制（［P3.16］=0）及双极性控制（［P3.16］=1）时，V_2 与设定频率的对应关系分别如图 3-21 和图 3-22 所示。

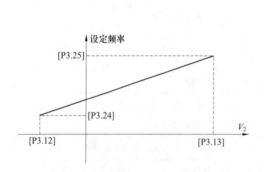

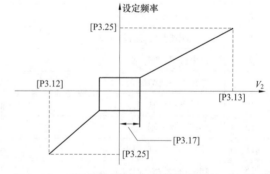

图 3-21　单极性控制时 V_2 与设定频率的对应关系　　图 3-22　双极性控制时 V_2 与设定频率的对应关系

单极性控制时，V_2 的输入电压下限可以大于 0，也可以小于 0，与输出频率的线性对应关系不变，图 3-21 中所示［P3.12］<0，变频器的输出相序由正、反转指令确定。

双极性控制时，参数 P3.24 无效（默认为 0），当 V2>0 时，输入电压 V_2 在 0~［P3.13］和频率 0.0Hz~［P3.25］呈线性关系，变频器输出正相序。当 $V_2<5V$ 时，输入电压 V_2 在 0~［P3.12］和频率 0.0Hz~［P3.25］呈线性关系，变频器输出逆相序。参数

P3.17 规定了在电压过零点控制相序的滞环宽度。

即使设置为双极性控制方式，当 V_2 输入通道的上、下限设置为同一极性时，双极性控制也是无效的。

参数 P3.15 用来调整输入电压 V_2 的零点位置，在单极性控制方式时没有实际意义。

P3.18 II 输入电流下限设定范围：0.00～［P3.19］。

P3.19 II 输入电流上限设定范围：［P3.18］～20.00。

P3.20 II 输入调整系数设定范围：0.01～5.00。

定义模拟输入电流通道 II 的范围，应根据接入信号的实际情况设定。输入校正系数用于对输入电流进行校正，在组合设定方式下可以改变本通道的权系数。

P3.21 脉冲输入频率下限设定范围：0.000kHz～［P3.22］。

P3.22 脉冲输入频率上限设定范围：［P3.21］～50.00kHz。

P3.23 脉冲输入调整系数设定范围：0.01～5.00。

定义脉冲输入通道的脉冲频率范围，应根据接入信号实际情况设定。输入校正系数用于对脉冲输入频率进行校正，在组合设定方式下可改变本通道权系数。

P3.24 输入下限对应设定频率设定范围：0.00～最大频率。

P3.25 输入上限对应设定频率设定范围：0.00～最大频率。

这些参数用来规定外部输入量与设定频率的对应关系。

外部输入量包括：输入电压 V_1、输入电压 V_2、输入电流 I_1 和外部脉冲，它们的输入上下限在参数 P3.09～P3.23 中规定，最小模拟输入对应设定频率是指这些输入量的下限值所对应的设定频率，最大模拟输入对应设定频率是指这些输入量的上限值所对应的设定频率。输入量与设定频率的对应关系如图 3-23 所示。

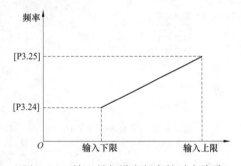

图 3-23　输入量与设定频率的对应关系

P3.26 抑制模拟输入设定摆动设定范围：0～30。

在某些干扰严重情况下，可以提高 P3.26 来抑制摆动。这种抑制设置对所有模拟输入通道都有效。

P3.27 模拟输出 O1 设定范围：0～10。

P3.28 多功能输出 O2 输出设定范围：0～10。

定义 O1、O2 的输出信号所表示的内容。

（1）0：变频器的输出频率。

（2）1：变频器的输出电流。

（3）2：变频器的输出电压。

（4）3：面板电位器。

（5）4：面板数字设定。

（6）5：外部电压信号 1（V_1）。

（7）6：外部电压信号 2（V_2）。

（8）7：外部电流信号（I_1）。

（9）8：外部脉冲信号。

（10）9、10：保留。

P3.29 O2 输出信号类型选择设定范围：0~4。

（1）0：脉冲输出。

（2）1：输出 0~10V。

（3）2：输出 2~10V。

（4）3：输出 0~20mA。

（5）4：输出 4~20mA。

用户可以根据实际情况选择不同的信号输出类型，同时选择恰当的跳线。其中，
［P3.30］=2.00 的情况如图 3-24 所示；［P3.31］=5.00 的情况如图 3-25 所示。

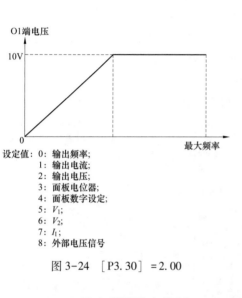

设定值：0：输出频率；
　　　　1：输出电流；
　　　　2：输出电压；
　　　　3：面板电位器；
　　　　4：面板数字设定；
　　　　5：V_1；
　　　　6：V_2；
　　　　7：I_1；
　　　　8：外部电压信号

图 3-24　［P3.30］=2.00

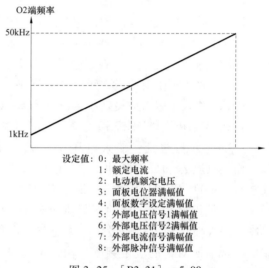

设定值：0：最大频率
　　　　1：额定电流
　　　　2：电动机额定电压
　　　　3：面板电位器满幅值
　　　　4：面板数字设定满幅值
　　　　5：外部电压信号1满幅值
　　　　6：外部电压信号2满幅值
　　　　7：外部电流信号满幅值
　　　　8：外部脉冲信号满幅值

图 3-25　［P3.31］=5.00

P3.30 O1 输出增益设定范围：0.50~2.00。

P3.31 O2 输出增益设定范围：0.10~5.00。

P3.30、P3.31 用来调整 O1 端子输出电压、O2 端子输出频率（电压、电流或频率）数值，即图 3-27 中斜线的斜率。

P3.32 Y1 输出设定范围：0~15。

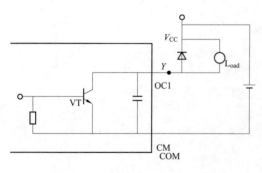

图 3-26　Y 输出端子的内部线路

P3.33 Y2 输出设定范围：0~15。

P3.34 TA－TB－TC 输出设定范围：0~15。

定义集电极开路输出端 Y1、Y2 以及继电器 T 输出所表示的内容。

Y 输出端子的内部接线图如图 3-26 所示。当设定信息有效时，Y 输出低电平，继电器 TB-TC 断开，TA-TC 闭合；无效时，Y 输出高阻，继电器 TB－TC 闭合，TA－TC

断开。

（1）0：变频器运行中。当变频器处于运行状态时，输出有效信号，停机状态输出无效信号。

（2）1：频率到达。当变频器的输出频率接近设定频率到一定范围时（该范围由参数 P4.07 确定），输出有效信号，否则输出无效信号。频率到达信号如图 3-27 所示。

（3）2：频率水平检测信号（FDT）。当变频器的输出频率超过 FDT 频率水平时，经过设定的延时时间后，输出有效信号，当变频器的输出频率低于 FDT 频率水平时，经过同样的延时时间后，输出无效信号。频率水平检测（FDT）如图 3-28 所示。

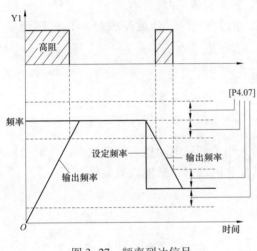

图 3-27　频率到达信号

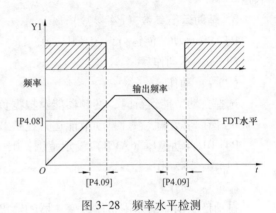

图 3-28　频率水平检测

（4）3：输出频率到达最大频率。当变频器的输出频率到达最大频率时，该端口输出有效信号，否则输出无效信号。

（5）4：输出频率到达最小频率。当变频器的输出频率到达最小频率时，该端口输出有效信号，否则输出无效信号。

（6）5：过载报警。当变频器的输出电流超过过载报警水平时，经过设定的报警延时时间后，输出有效信号。当变频器的输出电流低于过载报警水平时，经过同样的延时时间后，输出无效信号。过载报警示意图如图 3-29 所示。

（7）6：外部故障停机。当变频器的外部故障输入信号有效，导致变频器停机时，该端口输出有效信号，否则输出无效信号。

（8）7：变频器欠压停机。当变频器直流侧电压低于规定值时，变频器停止运行，同时该端口输出有效信号。

（9）8：变频器零转速运行中。当变频器输出频率为 0，但有输出电压时（如直流制动，正反转过程中的死区）该端口输出有效信号。

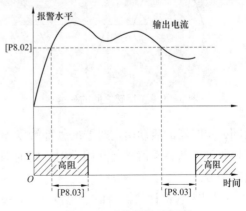

图 3-29　过载报警示意图

（10）9：内部定时器时间到。当变频器内部定时器定时时间到达后，该端口输出有效信号，直到内部定时器被复位。

（11）10：内部计数器终值到达。参见参数 P4.04 的相关说明。

（12）11：内部计数器指定值到达。参见参数 P4.05 的相关说明。

（13）12：PLC 运行一个周期结束。当 PLC 运行一个周期结束时，该端口输出一个宽度为 0.5s 的有效脉冲信号。

（14）13：PLC 运行一个阶段结束。可编程多段速运行时，变频器运行完每一段速度，该端口输出宽度为 0.5s 的有效脉冲信号。

（15）14：变频器故障。当变频器发生故障时，输出有效信号。

（16）15：定长到达。实际输入变频器长度（通过 X7 端子计数输入脉冲）达到设定长度。

5. 辅助运行参数（P4 参数）

P4.00 自动节能运行设定范围：0，1。

（1）0：不动作。

（2）1：动作。

选择自动节能运行时，变频器能够根据负载的大小来调整电动机的励磁状态，使电动机一直工作在高效率状态。自动节能运行在负载频繁变化的场合，节能效果显著。

P4.01 自动稳压（AVR）设定范围：0，1，2。

（1）0：不动作。

（2）1：动作。

自动稳压功能的作用是保证变频器的输出电压不随输入电压的波动而波动，在电网电压的变动范围较大，而又希望电动机有比较稳定的定子电压和电流的情况下，应打开本功能。

（3）2：仅减速时不动作

当减速停车时，选择 AVR 不动作，减速时间短，但运行电流比较大；选择 AVR 始终动作，电动机减速平稳，运行电流比较小，但减速时间将变长。

P4.02 正反转死区时间设定范围：0.0~5.0s。

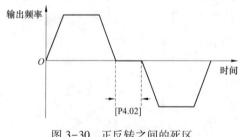

图 3-30 正反转之间的死区

变频器改变运转方向时，在零频率输出时有维持时间。正反转之间的死区如图 3-30 所示。

正反转死区时间主要为大惯性负载且改变转向时有机械死区的设备而设定。

P4.03 内部定时器设定值设定范围：0.1~6000.0s。

本参数用于设定变频器内部定时器的定时时间，定时器的启动由定时器的外部触发端子完成（触发端子由参数 P3.01~P3.07 选择），从接收到外部触发信号起开始计时，定时时间到后，在相应的 Y 端子（或继电器 T）输出有效信号。

P4.04 内部计数器终值设定范围：1~60 000。

P4.05 内部计数器指定值设定范围：1~60 000。

本参数规定内部计数器的计数动作，计数器的时钟端子由参数 P3.06、P3.07 选择。

计数器对外部时钟的计数值到达参数 P4.04 规定的数值时，在相应的 Y 输出端子（或继电器 T）输出一宽度等于外部时钟周期的有效信号。

当计数器对外部时钟的计数值到达参数 P4.05 规定的数值时，在相应的 Y 端（或继电器 T）输出有效信号，进一步计数到超过参数 P4.04 规定的数值、导致计数器清零时，该输出有效信号撤销。

计数器的时钟周期要求大于 5ms，最小脉冲宽度 2ms。内部计数器功能如图 3-31 所示。

P4.06 UP/DOWN 端子设定速率设定范围 0.01 ~99.99Hz/s。

P4.07 频率到达检出幅度设定范围：0.00 ~ 20.00Hz。

本参数是对频率到达信号功能的补充定义。当变频器的输出频率在设定频率的正负检出幅度内时，选定的输出端子（Y1、Y2 端子或继电器）输出有效信号。

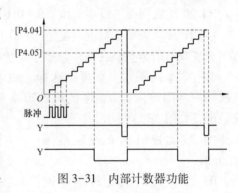

图 3-31　内部计数器功能

P4.08 FDT（频率水平）设定范围：0.00~最大频率。

P4.09 FDT 输出延迟时间设定范围：0.0~20.0s。

本参数用于设定频率检测水平，当输出频率高于 FDT 设定值时，经过参数 P4.9 设定的延迟时间后，选定的输出端子（Y1、Y2 端子或继电器）输出有效信号。

P4.10 参数写入保护设定范围：0~9999。

此功能用来防止数据的误修改。

（1）0：全部参数允许被改写。

（2）1：除数字设定频率（P0.03）和本参数外，禁止改写其他参数。

（3）2：除本参数外的全部参数禁止改写。

当禁止修改参数时，如果试图修改数据，则显示"— —"。

P4.11 点动频率设定范围：0.00~最大频率。

P4.12 点动加速时间设定范围：0.1~6000.0s。

P4.13 点动减速时间设定范围：0.1~6000.0s。

点动指令输入时，变频器按设定的点动加、减速时间过渡到点动频率运行，如图 3-32 所示。

P4.14 停电再启动设置设定范围：0，1。

P4.15 停电再启动等待时间设定范围：0.0~10.0s。

本参数设置变频器的停电再启动功能。

若参数 P4.14 设置为 1，则瞬停再启动功能有效。若在电源切断前，变频器处于运行状态，则恢复电源后，经过设定的等待时间（由 P4.15 设定），变频器将自动以速度追踪再启动方式启动。在再启

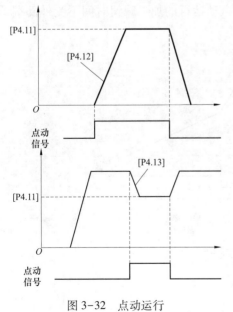

图 3-32　点动运行

动的等待时间内,即使输入运行指令,变频器也不启动,若输入停机指令,则变频器解除速度追踪启动状态。

P4.16 跳跃频率 1 设定范围:0.00Hz~最大频率。

P4.17 跳跃频率 1 幅度设定范围:0.00~5.00Hz。

P4.18 跳跃频率 2 设定范围:0.00Hz~最大频率。

P4.19 跳跃频率 2 幅度设定范围:0.00~5.00Hz。

P4.20 跳跃频率 3 设定范围:0.00Hz~最大频率。

P4.21 跳跃频率 3 幅度设定范围:0.00~5.00Hz。

当变频器所带负载在某一频率点发生机械共振时,可用跳跃频率回避该共振点。

共有 3 个跳跃频率点可供选择。如果跳跃频率范围设定为 0,则该跳跃频率是无效的,如图 3-33 所示。

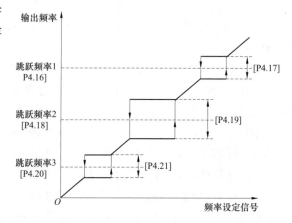

P4.22 加速时间 2 设定范围:0.1~6000.0s。

P4.23 减速时间 2 设定范围:0.1~6000.0s。

P4.24 加速时间 3 设定范围:0.1~6000.0s。

P4.25 减速时间 3 设定范围:0.1~6000.0s。

P4.26 加速时间 4 设定范围:0.1~6000.0s。

图 3-33 跳跃频率及幅度示意图

P4.27 减速时间 4 设定范围:0.1~6000.0s。

第 2、3、4 加、减速时间设定值。变频器运行的实际加、减速时间由外部端子选择。

加减速时间选择如图 3-34 所示。多段速运行和点动运行的加、减速时间不受外部端子控制,由各自的设置参数选择,请参考相关参数说明。

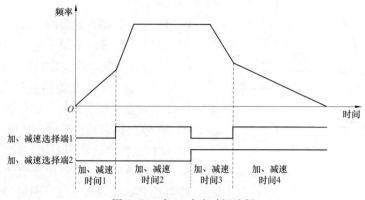

图 3-34 加、减速时间选择

P4.28 运行监控项目选择 1 设定范围:0~21。

P4.29 运行监控项目选择 2 设定范围:0~21。

P4.30 运行监控项目选择 3 设定范围：0~21。

P4.31 运行监控项目循环数量设定范围：1~3。

P4.32 辅助监控项目选择设定范围：0~21。

运行监控项目选择 1、运行监控项目选择 2、运行监控项目选择 3 用于确定操作面板在状态监控模式时的显示内容以及选择变频器初上电时的显示内容，状态监控参数一览表见表3-16。

表 3-16　状态监控参数一览表

监控代码	内容	单位	监控代码	内容	单位
d-0	变频器当前的输出频率	Hz	d-11	设定的线速度	
d-1	变频器当前的输出电流	A	d-12	运行时间累计	H
d-2	变频器当前的输出电压	V	d-13	输入端子状态	
d-3	变频器当前的设定频率	Hz	d-14	模拟输入 V1	V
d-4	当前的电动机转速	Rpm	d-15	模拟输入 V2	V
d-5	输出电流百分比	%	d-16	模拟输入 II	mA
d-6	补偿后的输出频率	Hz	d-17	外部脉冲输入	KHz
d-7	直流母线电压	V	d-18	O1 输出	V
d-8	PID 设定值		d-19	O2 输出	
d-9	PID 反馈值		d-20	输入交流电压	V
d-10	运行线速度		d-21	模块的温度	℃

P4.31 参数用于选择监控项目循环个数，最多可循环 3 次。当设置为 1 时，监控项目为P4.28 所选监控项目始终不变；当设置为 2 时，监控项目为 P4.28 和 P4.29 所选监控项目；当设置为 3 时，监控项目为 P4.28、P4.29 和 P4.30 所选监控项目。用户可根据自己需要来设定变频器在运行时最希望获得的状态监控项目，并可用"⌒"键来切换几个运行状态监控项目。

P4.32 参数用于停机时监控项目的选择，选择内容请参阅表 3-16。

P4.33 线速度系数设定范围：0.01~100.0。

本参数决定运行线速度和设定线速度的显示数值，用于显示与输出频率成正比的其他物理量。

$$运行线速度（d-10）= ［P4.33］×输出频率（d-00）$$
$$设定线速度（d-11）= ［P4.33］×设定频率（d-03）$$

P4.34 频率输入通道组合设定范围：100~364。

变频器的设定频率由多个频率输入通道的线性组合确定。本参数只有在频率输入通道选择"组合设定"时有效（即［P0.01］=8）。

本参数通过设定百位的数值来确定两个通道的代数组合形式，十位、个位的数值来确定第一通道、第二通道的数值来源。用户通过设定百位、十位、个位数值来组合设定频率输入数值，具体介绍如下：

（1）LED 百位定义为组合模式，共有以下四种组合方式（0~3）。

1）0：第一通道+第二通道。

2）1：第一通道-第二通道。

3）2：两通道取大。

4）3：两通道取小。

（2）LED 十位定义为第一通道输入形式，分为模拟通道和数字通道，共有以下七种形式（0~6）。

1）0：面板电位器。

2）1：数字给定。

3）2：V1。

4）3：V2。

5）4：II。

6）5：PULSE。

7）6：RS-485 接口。

（3）LED 个位定义为第二通道输入形式，分为模拟通道和数字通道，共有以下五种形式（0~4）。

1）0：V1。

2）1：V2。

3）2：II。

4）3：PULSE。

5）4：RS-485。

注意：当选择模拟通道（0~4）时，其模拟量的零刻度代表 0Hz，其模拟量的满刻度代表 50Hz。例如，外部电压信号 1，其输入 0V 代表 0Hz，其输入 10V 代表 50Hz，并且为严格线性关系。

P4.35 多功能键 JOG 功能选择设定范围：0，1，2。

（1）0：反转控制。操作面板上的按键 JOG 用作反转运行指令的输入，在键盘控制方式（〔P0.02〕=0），按下该键，变频器将逆相输出频率。

（2）1：点动控制。操作面板上的按键 JOG 用作点动命令的输入，按该键，变频器将按设定的点动频率运行。

（3）2：保留。

P4.36 条件停机设定范围：0，1，2。

（1）0：无效。

（2）1：定长到，停机。实际计数长度达与设定长度时停机。

（3）2：定时到，停机。设定时间到达时停机。

P4.37 下垂控制设定范围：0.0~10.00Hz。

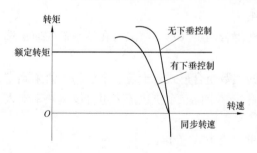

图 3-35　下垂控制示意图

该功能适用于多台变频器驱动同一负载的场合，通过设置本功能可以使多台变频器在驱动同一负载时达到功率的均匀分配。当某台变频器的负载较重时，该变频器将根据本功能设定的参数，自动适当降低输出频率，以卸掉部分负载。调试时可由小到大逐渐调整该值，负载与输出频率的关系如图 3-35 所示。

P4.38 载波频率设定范围：1.5~15.0kHz。

载波频率主要影响运行中的音频噪声和热效应。

当环境温度较高、电动机负载较重时，应适当降低载波频率以改善变频器的热特性。

P4.39 载波调节模式设定范围：0000~1111。

（1）个位：0 低速按设定载波运行，1 低速载波实时调制。

（2）十位：0 高低速按设定载波运行，1 高速载波实时调制。

（3）百位：0 载波无热关联，1 载波热关联。

（4）千位：保留。

6. 多段速和PLC参数（P5参数）

P5.00 多段速频率 1 设定范围：0.00~最大频率。

P5.01 多段速频率 2 设定范围：0.00~最大频率。

P5.02 多段速频率 3 设定范围：0.00~最大频率。

P5.03 多段速频率 4 设定范围：0.00~最大频率。

P5.04 多段速频率 5 设定范围：0.00~最大频率。

P5.05 多段速频率 6 设定范围：0.00~最大频率。

P5.06 多段速频率 7 设定范围：0.00~最大频率。

P5.07 多段速频率 8 设定范围：0.00~最大频率。

P5.08 多段速频率 9 设定范围：0.00~最大频率。

P5.09 多段速频率 10 设定范围：0.00~最大频率。

P5.10 多段速频率 11 设定范围：0.00~最大频率。

P5.11 多段速频率 12 设定范围：0.00~最大频率。

P5.12 多段速频率 13 设定范围：0.00~最大频率。

P5.13 多段速频率 14 设定范围：0.00~最大频率。

P5.14 多段速频率 15 设定范围：0.00~最大频率。

这些参数用来设置端子控制多段速运行或可编程多段速运行时输出频率。多段速频率的优先级比点动频率低，但高于其他频率设定通道。

多段速端子组合后所对应的多段速频率见表 3-17。其中，多段速控制端子所对应的 1 表示有效，所对应的 0 表示无效。对应多段速频率在 P5.00~P5.14 进行设置。

表 3-17　　　　　　　　　　　　多段速度端子组合对应频率

控制端子 1	控制端子 2	控制端子 3	控制端子 4	对应多端速	控制端子 1	控制端子 2	控制端子 3	控制端子 4	对应多端速
1	0	0	0	1	0	0	0	1	8
0	1	0	0	2	1	0	0	1	9
1	1	0	0	3	0	1	0	1	10
0	0	1	0	4	1	1	0	1	11
1	0	1	0	5	0	0	1	1	12
0	1	1	0	6	1	0	1	1	13
1	1	1	0	7	0	1	1	1	14
—	—	—	—	—	1	1	1	1	15

多段速控制端子由参数 P3.01 ~ P3.07 选定。出厂值设定为：X3、X4、X5、64 用作多段速控制端子。

外部端子控制的各段速加减速时间也可以单独设置，具体见表 3-18。

表 3-18 多段速加减速时间

多段速	加减速时间	多段速	加减速时间
多段速 1	阶段 1 加减速时间（P5.18）	多段速 8	加减速时间 1（P0.04、P0.05）
多段速 2	阶段 2 加减速时间（P5.21）	多段速 9	加减速时间 2（P4.22、P4.23）
多段速 3	阶段 3 加减速时间（P5.24）	多段速 10	加减速时间 3（P4.24、P4.25）
多段速 4	阶段 4 加减速时间（P5.27）	多段速 11	加减速时间 4（P4.26、P4.27）
多段速 5	阶段 5 加减速时间（P5.30）	多段速 12	加减速时间 1（P0.04、P0.05）
多段速 6	阶段 6 加减速时间（P5.33）	多段速 13	加减速时间 1（P0.04、P0.05）
多段速 7	阶段 7 加减速时间（P5.36）	多段速 14	加减速时间 1（P0.04、P0.05）
		多段速 15	加减速时间 1（P0.04、P0.05）

可编程多段速运行时的运行方式、运行方向、运行时间由参数 P5.15 ~ P5.36 设定。

P5.15 可编程多段速运行设置设定范围：0~113。

P5.16 阶段 1 运行时间设定范围：0.1~6000。

P5.17 阶段 1 运行方向设定范围：0，1。

P5.18 阶段 1 加、减速时间设定范围：0.1~6000s。

P5.19 阶段 2 运行时间设定范围：0.1~6000。

P5.20 阶段 2 运行方向设定范围：0，1。

P5.21 阶段 2 加、减速时间设定范围：0.1~6000s。

P5.22 阶段 3 运行时间设定范围：0.1~6000。

P5.23 阶段 3 运行方向设定范围：0，1。

P5.24 阶段 3 加、减速时间设定范围：0.1~6000s。

P5.25 阶段 4 运行时间设定范围：0.1~6000。

P5.26 阶段 4 运行方向设定范围：0，1。

P5.27 阶段 4 加、减速时间设定范围：0.1~6000s。

P5.28 阶段 5 运行时间设定范围：0.1~6000。

P5.29 阶段 5 运行方向设定范围：0，1。

P5.30 阶段 5 加、减速时间设定范围：0.1~6000s。

P5.31 阶段 6 运行时间设定范围：0.1~6000。

P5.32 阶段 6 运行方向设定范围：0，1。

P5.33 阶段 6 加、减速时间设定范围：0.1~6000s。

P5.34 阶段 7 运行时间设定范围：0.1~6000。

P5.35 阶段 7 运行方向设定范围：0，1。

P5.36 阶段 7 加、减速时间设定范围：0.1~6000s。

这些参数用于设置可编程多段速运行（简易 PLC 运行），可编程多段速运行的优先级高于外部端子控制的多段速功能。

参数 P5.16~P5.36 是对可编程多段速度运行时各段速度的运行时间、运行方向、加减速时间的定义。这些参数仅在可编程多段速度功能打开时有效（［P5.15］的个位不等于 0 时有效）。

运行方向为：0——正转；1——反转。

参数 P5.15 定义可编程多段速的运行方式如下。

（1）LED 百位：简易 PLC 是否有记忆功能。

1）0：无记忆。

2）1：有记忆，变频器运行中突然断电，变频器再重新上电启动，则接着断电前运行阶段运行。

（2）LED 十位：简易 PLC 运行时间单位。

1）0：秒。

2）1：分钟。

（3）LED 个位：PLC 的动作模式。

1）0：可编程多段速功能关闭。

2）1：单循环。接受运行指令后，变频器从多段速度 1（由 P5.00 设定）开始运行，运行时间由参数 P5.16 设定，运行时间到则转入下一段速度运行，各段速度运行的时间可以分别设定。运行完第 7 段速度后变频器输出 0 频率。若某一阶段的运行时间为零，则运行时跳过该阶段。

3）2：连续循环。变频器运行完第 7 段速度后，重新返回第 1 段速度开始运行，循环不停。

4）3：保持最终值。变频器运行完单循环后不停机，以最后 1 个运行时间不为零的阶段速度持续运行。保持最终值模式如图 3-36 所示。

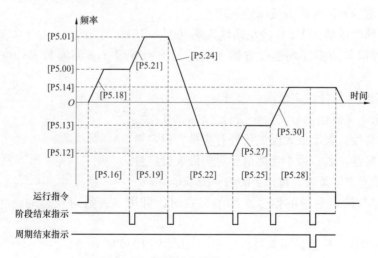

图 3-36　保持最终值模式（方式 3）

7. PID 参数（P6 参数）

P6.00 PID 控制设定范围：0，1。

（1）0：PI 控制无效。

（2）1：PI 控制有效。

P6.01 PID 控制器结构选择设定范围：0，1，2，3。

本参数用于选择内置 PID 控制器的结构。

（1）0：比例控制。

（2）1：积分控制。

（3）2：比例、积分控制。

（4）3：比例、积分、微分控制。

P6.02PID 设定通道选择设定范围：0~6。

本参数用来选择 PID 指令的输入通道。

（1）0：面板电位器。

（2）1：键盘数字设定。

（3）2：外部电压信号 V1。

（4）3：外部电压信号 V2。

（5）4：外部电流信号 II。

（6）5：外部脉冲信号。

（7）6：RS-485 接口设定。

当 PID 用 V2 作为设定时，不考虑负值，负值按零处理。当 PID 用数字面板或 RS-485接口设定时，在 PID 控制方式下，设定值 100.0 对应设定的最大值（与最大反馈量对应）。

P6.03 PID 反馈通道选择设定范围：0，1，2，3。

仅当选择 PID 控制时有效。

（1）0：外部电压输入 V1 作为反馈输入端（0~ 10V）。

（2）1：外部电流输入 II 作为反馈输入端（0~ 20mA）。

（3）2：外部脉冲输入作为反馈输入端。

（4）3：外部电压输入 V2 作为反馈输入端（0 ~+10V）。

应根据反馈信号的实际幅度设置输入通道的上、下限（参阅参数 P3.09 ~ P3.23 相关说明）。

P6.04 反馈信号特性设定范围：0，1。

本参数用来定义反馈信号与设定信号之间的对应关系。

（1）0：负特性。表示最大反馈信号对应最大设定量。

（2）1：正特性。表示最小反馈信号对应最大设定量。

P6.05 反馈通道增益设定范围：0.01~10.00。

当反馈通道与设定通道的信号水平不一致时，可用本参数对反馈通道信号进行增益调整。

P6.06 PID 设定、反馈显示系数设定范围：0.01~10.00。

普通 PID 控制方式时，PID 的设定值显示（d-08）和反馈值显示（d-09）的满度值为100.0，此显示数据与实际的物理量值可能不对应，通过本参数可以修改显示比例。

P6.07 比例增益设定范围：0.00~5.00。

P6.08 积分时间常数设定范围：0.1~100.0s。

P6.09 微分增益设定范围：0.0~5.0。

内置 PID 控制器的参数，应根据实际需求和系统特性进行调整。

P6.10 采样周期设定范围：0.01~1.00s。

反馈值的采样周期。

PID 控制器的结构如图 3-37 所示。

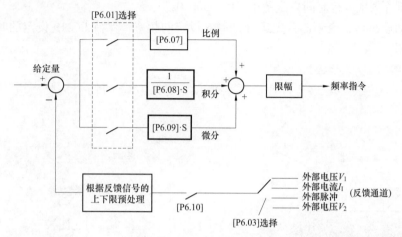

图 3-37　PID 控制器的结构

P6.11 允许偏差限值设定范围：0~20%。

本参数给出了相对于设定最大值的允许偏差数值。当反馈量与设定值的差值低于本设定数值时，PID 控制器停止动作。

本功能主要用于对控制精度要求不高而又要避免频繁调节的系统，如恒压供水系统等。PID 控制允许偏差限值如图 3-38 所示。

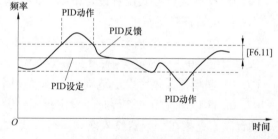

图 3-38　PID 控制允许偏差限值

P6.12 PID 反馈断线检测阈值设定范围：0.0~20%。

P6.13 PID 反馈断线动作选择设定范围：0~3。

P6.14 PID 断线检测延时时间设定范围：0.0~100.0s。

当 PID 的反馈值持续 P6.14 设定的时间低于 P6.12 设定的检测阈值时，则判定为反馈断线。反馈断线后的动作由参数 P6.13 选择。

（1）0：停机。

（2）1：按键盘频率设定的频率运行。

（3）2：按最大频率运行。

（4）3：按最大频率的一半运行。

反馈断线检测阈值以反馈满度的百分数来表示。当变频器检测到 PID 反馈断线故障时，在按照上述模式继续运行的同时，交替显示 E.PID 和运行状态参数。

P6.15 PID 睡眠频率设定范围：0~最大频率。

P6.16 PID 苏醒压力设定范围：0~100。

P6.17 睡眠时间设定范围：0.0~3000.0s。

当 PID 输出频率指令小于睡眠频率不超过睡眠时间时，则有输出频率=睡眠频率，否则输出频率=0.00Hz，直到 PID 输出频率指令大于等于苏醒频率，如图 3-39 所示。

P6.18 预置频率设定范围：0~最大频率。

P6.19 预置频率运行时间设定范围：0~6000.0s。

闭环启动运行后，变频器首先运行 P6.18 设定的频率，保持 P6.19 设定的时间后，PID 闭环才起作用。

8. 摆频参数（P7 参数）

摆频适用于纺织、化纤等行业及需要横动、卷绕功能的场合，典型应用如图 3-40 所示。

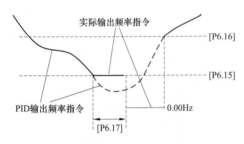

图 3-39 PID 睡眠频率和苏醒频率

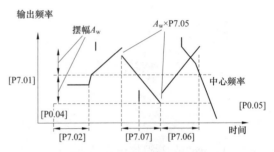

图 3-40 摆频运行示意图

P7.00 摆频运行方式设置设定范围：0~12。

本参数设置摆频运行的方式。

（1）个位：0——摆频无效；1——有效；2——端子控制。

（2）十位：0——固定摆幅；1——变摆幅。

P7.01 摆频预置频率设定范围：0~最大频率。

P7.02 摆频预置频率等待时间设定范围：0~6000s。

预置频率是指在变频器投入摆频运行方式前，或者脱离摆频运行方式的运行频率。根据摆频功能使能方式，决定预置频率的运行方式。

选择摆频功能有效方式时（[P7.00]=0001），变频器启动后进入摆频预置频率，经过预置频率等待时间（参数码[P7.02]）后，进入摆频运行状态。

选择摆频功能条件有效时（[P7.00]=0002），当摆频投入端子有效时，进入摆频运行状态。当摆频投入端子无效时，变频器输出预置频率（功能码[P7.01]）。

P7.03 摆频中心频率基值设定范围：0~最大频率。

P7.04 摆频幅值设定范围：0.0~50.0%。

P7.05 突跳频率设定范围：0.0~50.0%。

摆频中心频率=P7.03+频率通道设定频率（P0.01 确定）。

固定摆幅控制方式时：摆频幅值 A_w=最大频率×P7.04；

变摆幅控制方式时：摆频幅值 A_w=中心频率×P7.04。

突跳频率=A_w×P7.05。

P7.06 三角波上升时间设定范围：0.1~6000s。

P7.07 三角波下降时间设定范围：0.1~6000s。

上升时间与下降时间之和为一个摆频周期。

P7.06 设定长度设定范围：0~65535m。

P7.07 每米脉冲数设定范围：0.1~6553.5。

设定长度和每米脉冲数两个功能，主要用于定长控制。实际长度通过开关量输入端子（X7）输入的脉冲信号计算，即

实际长度＝长度计数输入脉冲/每米脉冲数

9. 保护参数（P8 参数）

P8.00 过载、过热保护动作方式设定范围：0，1。

本参数规定变频器在发生过载、过热时的保护动作方式。

（1）0：变频器立即封锁输出。发生过载、过热时，变频器封锁输出，电动机自由停机。

（2）1：限流运行（报警）。发生过载、过热时，变频器按限流方式运行，此时变频器可能会降低输出频率以减少负载电流，同时输出报警信号。即使是限流保护方式，当变频器内的模块温度超过一定值时，变频器也会保护停机。

P8.01 电机过载保护系数设定范围：50%~110%。

本参数用来设置变频器对负载电动机进行热继电保护的灵敏度，当负载电动机的额定电流值与变频器的额定电流不匹配时，通过设定该值可以实现对电动机的正确热保护，电子热继电器保护如图3-41所示。

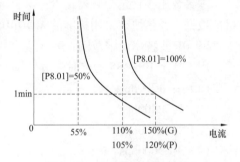

P8.02 过载报警水平设定范围：50%~200%。

P8.03 过载报警延迟时间设定范围：0.0~20.0s。

如果输出电流连续超过参数 P8.02 设定的水平，经过 P8.03 设定的延迟时间后，开路集电极或继电器输出有效信号。

图3-41 电子热继电器保护

P8.04 故障自恢复次数设定范围：0，1，2。

P8.05 故障自恢复间隔时间设定范围：2~20s。

P8.04 如设定为"0"，则不能自恢复；若设定为"1"或"2"，则可以自恢复 1 或 2 次。

变频器在运行过程中，由于负载波动，会偶然出现故障且停止输出，此时为了不中止设备的运行，可使用变频器的故障自恢复功能。自恢复过程中变频器以速度追踪再启动方式恢复运行，在设定的次数内若变频器不能成功恢复运行，则故障保护，停止输出。故障自恢复次数设置为零时，自恢复功能关闭。

自恢复功能对过载、过热所引起的故障保护无效。

P8.06 欠压水平设定范围：60.0%~90.0%。

变频器运行中，若直流母线电压低于 P8.06 设定水平，则报运行中欠压故障。变频器在停机状态下，若直流母线电压低于 P8.06 设定水平，则不会报故障，系统会认为是变频器正常断电。

P8.07 减速过压限制水平设定范围：110.0%~140.0%。

变频器停机过程中，电动机动能会反馈到直流母线上，造成直流母线电压过高，当直流母线电压大于 P8.07 设定水平时，变频器通过特定算法抑制直流母线电压进一步升高。

P8.08 保留。

P8.09 电流限制水平设定范围：120%～220%。

P8.10 过流电流限制速率设定范围：0～99.99Hz/s。

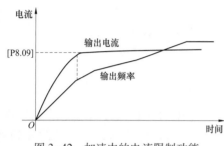

图 3-42 加速中的电流限制功能

变频器运行中，若输出电流超过 P8.09 设定水平，变频器内部通过一定算法减小输出电压，并且按 P8.10 设定减小输出频率抑制过电流。尽管变频器有一定的过电流限制能力，但负载转矩变化过大、过快仍会造成过电流故障，如图 3-42 所示。

P8.11 是否输入缺相保护设定范围：0，1。无效。

10. 通信参数（P9 参数）

P9.00 本机地址设定范围：0～31。

本参数用于设定变频器在 RS-485 通信时的站址，变频器只接收与本站站址相符的上位机的数据。通信协议采用标准的 MODBUS RTU 协议，详细参阅附录 2。

P9.01 波特率设定范围：0～4。

用于规定 RS-485 通信时的波特率，通信各方必须设置相同的波特率。

（1）0：1200bps。

（2）1：2400bps。

（3）2：4800bps。

（4）3：9600bps。

（5）4：19 200bps。

P9.02 数据格式设定范围：0，1，2。

用于规定 RS-485 通信时的数据格式，通信各方必须采用相同的数据格式。

（1）0：1 位起始位、8 位数据位、1 位停止位、无校验。

（2）1：1 位起始位、8 位数据位、1 位停止位、偶校验。

（3）2：1 位起始位、8 位数据位、1 位停止位、奇校验。

P9.03 保留。

P9.04 超时判断时间设定范围：0.1～60.0。

当 485 通信不成功时，其持续时间超过本参数设定时间，变频器即判定通信故障。当本参数设定 0.0 时，超时判断功能无效。

P9.05 本机应答延时设定范围：0～100ms。

应答延时是指变频器接收到 485 指令，处理完到返回上位机应答指令之间的延时。

P9.06 保留。

P9.07 保留。

3.2 西门子 MICROMASTER 430 变频器

3.2.1 MICROMASTER430 变频器简介

MICROMASTER 430（简称 MM430）是用于控制三相交流电动机速度的变频器系列，本系列有多种型号，额定功率范围从 7.5kW 到 250kW，可供用户选用。

MICROMASTER 430 变频器特别适合用于水泵和风机的驱动。与 MM420 变频器相比，MM430 具有更多的输入和输出端，还有带手动、自动切换功能的操作面板，相关参数见表 3-19。

表 3-19   **MICROMASTER430 变频器技术参数**

特性	技术数据
电源电压和功率范围（VT）	AC（380~480V）±10%　　7.5~90.0kW（10.0~120hp）
输入频率	47~63Hz
输出频率	0~650Hz
功率因数	0.98
变频器的效率	框架尺寸 C-F：96%~97%。框架尺寸 FX 和 GX：97%~98%
启动冲击电流	不大于额定输入电流
固定频率	15 个，可编程
跳转频率	4 个，可编程
数字输入	6 个，可编程（带电位隔离）
模拟输入 1（AN1）	0~10V，0~20mA，-10~+10V
模拟输入 2（AN2）	0~10V，0~20mA
继电器输出	3 个，可编程 30V DC/5 A（电阻性负载），250V AC/2A（电感）
模拟输出	2 个，可编程（0~20mA）
串行接口	RS-485
制动	复合制动，直流注入制动

3.2.2 MICROMASTER430 变频器的硬件系统

1. 操作面板及功能介绍

MICROMASTER 430 变频器在标准供货方式时装有状态显示板（SDP）。对于很多用户来说，利用 SDP 和制造厂的缺省设置值，就可以使变频器成功地投入运行。如果工厂的缺省设置值不适合所用的设备情况，则可以利用基本操作板 2（BOP-2）修改参数，使之匹配起来。M430 变频器的操作面板如图 3-43 所示。

值得注意的是：在修改变频器参数的数值时，BOP-2 有时会显示"BUSY"字样，表明变频器正忙于处理优先级更高的任务。

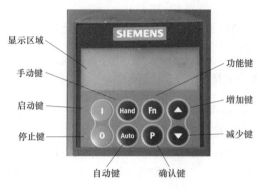

图 3-43　BOP-2 操作面板

BOP-2 是作为选件供货的。也可以用 PC IBN 工具来调整工厂的设置值，相关的软件在随变频器供货的 CD-ROM 中可以找到。

2. 西门子变频器端子接线

不同品牌的变频器，其端子分布以及连接方式也不相同。MM430 变频器的接线端子结构如图 3-44 所示。不同的端子被赋予了不同的功能，而不同的组合、连接方式会产生不同的使用效果。

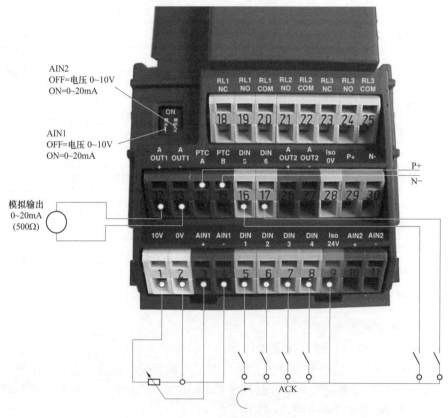

图 3-44　变频器端子分布图

MM430 变频器的各控制端子功能见表 3-20。

表 3-20　　　　　　　　　　　　　　控 制 端 子 功 能

端　子	名　　称	功　　能
1	—	输出+10 V
2	—	输出 0 V
3	Ain1+	模拟量输入 1（+）
4	Ain1-	模拟量输入 1（-）
5	Din1	数字量输入 1
6	Din2	数字量输入 2
7	Din3	数字量输入 3
8	Din4	数字量输入 4
9	—	隔离输出+24V/max. 100mA
10	Ain2+	模拟量输入 2（+）
11	Ain2-	模拟量输入 2（-）
12	DAC1+	模拟量输出 1（+）
13	DAC1-	模拟量输出 1（-）
14	PTCA	连接 PTC/KTY84
15	PTCB	连接 PTC/KTY84
16	Din5	数字量输入 5
17	Din6	数字量输入 6
18	DOUT1/NC	数字量输出 1/动断触点
19	DOUT1/NO	数字量输出 1/动合触点
20	DOUT1/COM	数字量输出 1/转换触点
21	DOUT2/NO	数字量输出 2/动合触点
22	DOUT2/COM	数字量输出 2/转换触点
23	DOUT3/NC	数字量输出 3/动断触点
24	DOUT3/NO	数字量输出 3/动合触点
25	DOUT3/COM	数字量输出 3/转换触点
26	DAC2+	模拟量输出 2（+）
27	DAC2-	模拟量输出 2（-）
28	—	隔离输出 0V/max. 100mA
29	P+	RS-485 端口
30	N-	RS-485 端口

　　实际应用中，需根据变频器端子功能完成相关接线，MM430 变频器的基本接线如图 3-45 所示。380V 工频电经过整流滤波电路后，整流为直流电，再经变频器内部 CPU 采集外部信号，进行比对，产生一定频率的振荡波，控制光电耦合器驱动大功率 IGBT，将直流电逆变成所需要的交流电。拨码开关打到 OFF 挡，选择为电压模拟输入信号；打到 ON 挡，则选择为电流输入信号。8、16、17 为速度选择，可以组成八种电动机转速。

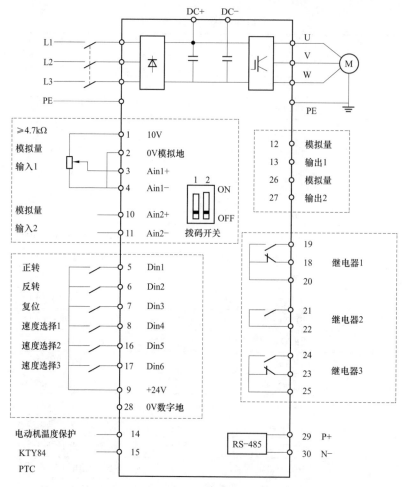

图 3-45 变频器接线图

3.2.3 MICROMASTER430 变频器的调试

MICROMASTER430 变频器的调试有下列两种途径：一是通过 SDP 板和制造厂的出厂设置值进行调试；另一个则是使用操作面板 BOP-2 进行调试。

1. 用状态显示板（SDP）调试

SDP 面板上有两个 LED（发光二极管），用于显示变频器当前的运行状态。在采用 SDP 时，变频器的预设定值必须与下列电动机数据兼容：①电动机的额定功率；②电动机的额定电压；③电动机的额定电流；④电动机的额定频率。

此外，必须满足以下条件。

（1）按照线性 V/f 控制特性，由模拟电位计控制电动机速度。

（2）频率为 50Hz 时最大速度为 1500rad/min（60Hz 时为 1800rad/min），可以通过变频器的模拟输入端用电位计控制。

（3）斜坡上升时间为 10s。

（4）斜坡下降时间为 30s。

用 SDP 操作时的缺省设置值见表 3-21。

表 3-21 用 SDP 操作时的缺省设置值

	端子	参数	缺省操作
数字输入 1	5	P701 = '1'	ON，正向运行
数字输入 2	6	P702 = '12'	反向运行
数字输入 3	7	P703 = '9'	故障确认（复位）
数字输入 4	8	P704 = '15'	固定频率
数字输入 5	16	P705 = '15'	固定频率
数字输入 6	17	P706 = '15'	固定频率
数字输入 7	经由 AIN1	P707 = '0'	不激活
数字输入 8	经由 AIN2	P708 = '0'	不激活

使用变频器上安装的 SDP 可以进行以下基本操作。

（1）启动和停止电动机（通过外部开关的 DIN1）。

（2）故障复位（通过外部开关的 DIN3）。

（3）预设定频率给定值（通过 ADC1 用外部电位计 ADC 缺省设定：电压输入）。

（4）输出频率实际值（通过 D/A 变换器，D/A 变换器输出为电流输出）。

另外，可以通过连接模拟量输入来完成电动机的速度控制，也可以通过传动变频器内部电源来连接电位计和外部开关。

2. 用基本操作面板 BOP-2 进行调试

BOP-2 调试步骤如图 3-46 所示。

通过基本操作面板 BOP-2 可以改变变频器的参数值，为了利用 BOP-2 设定参数，必须首先拆下 SDP，并装上 BOP-2。BOP-2 面板如图 3-47 所示。

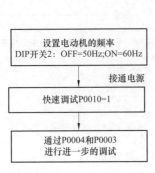

图 3-46 BOP-2 调试步骤

图 3-47 BOP-2 面板

BOP-2 具有七段码显示的 5 位数字，可以显示参数的号码和数值，报警和故障信息，以及给定值和实际值。参数组不能用 BOP-2 存储。由 BOP-2 操作时的工厂缺省设置值见表 3-22。

表 3-22   BOP-2 操作时的缺省设置值

参数	说明	缺省值，欧洲（或北美）地区
P0100	运行方式，欧洲/北美	50Hz，kW（60Hz，hp）
P0307	功率（电动机额定值）	kW（hp）取决于 P0100 的设定值（数值决定于变量）
P0310	电动机的额定频率	50Hz（60Hz）
P0311	电动机的额定速度	1395（1680）rpm（同变量有关）
P1082	电动机最大频率	50Hz（60Hz）

BOP-2 上的按钮功能见表 3-23。

表 3-23   BOP-2 按键功能

面板/按钮	功能	功能的说明
┌0000	状态显示	LCD 显示变频器当前的设定值
(I)	启动电动机	按此键启动变频器。缺省值运行时此键是被封锁的。为了使此键的操作有效，应设定 P0700=1
(O)	停止电动机	（1）OFF1：按此键，电动机将按选定的斜坡下降速率减速停车。缺省值运行时此键被封锁。为了允许此键操作，应设定 P0700=1。 （2）OFF2：按此键两次（或一次，但时间较长）电动机将在惯性作用下自由停车。此功能总是"使能"的
(Hand)	手动方式	用户端子板（CD S2）和操作板（BOP-2）是命令和设定值信号源
(Auto)	自动方式	用户的端子板（CD S1）或串行接口（USS）或现场总线接口（如 PROFI-BUS）是命令和设定值信号源
(Fn)	功能	1. 此键用于浏览辅助信息。 变频器运行过程中，在显示任何一个参数时按下此键并保持 2s，将显示以下参数值。 （1）直流母线电压（用 d 表示-单位：V）。 （2）输出电流（A）。 （3）输出频率（Hz）。 （4）输出电压（用 o 表示-单位：V）。 （5）由 P0005 选定的数值〔如果 P0005 选择显示上述参数（1）～（4）中的任何一个，这里将不再显示〕。 连续多次按下此键，将轮流显示以上参数。 2. 跳转功能 在显示任何一个参数（rxxxx 或 Pxxxx）时短时间按下此键，将立即跳转到 r0000，如果需要的话，用户可以接着修改其他的参数。跳转到 r0000 后，按此键将返回原来的显示点。 3. 退出 在出现故障或报警的情况下。按 Fn 键可以将操作面板上显示的故障或报警信息复位

面板/按钮	功能	功能的说明
	访问参数	按此键即可访问参数
	增加数值	按此键即可增加面板上显示的参数数值
	减少数值	按此键即可减少面板上显示的参数数值

在进行快速调试以前，必须确定已经完成变频器的机械和电气安装工作。

通过简单地设置变频器的命令源、电动机的相关参数等基本的信息，便可以快速运转电动机。

设置参数 P0010（快速调试）和 P0003（选择用户访问级别）是十分重要的。变频器有三个用户访问级：标准级、扩展级和专家级。进行快速调试时，访问级较低的用户能够看到的参数较少。这些参数的数值可能是缺省设置，可能是在快速调试时进行计算。

快速调试具体操作步骤见表 3-24。

表 3-24　　　　　　　　　　　快 速 调 试 的 步 骤

参数代号	代号含义	设置值
P0003	设置参数的访问级：1 标准级，2 扩展级，3 专家级	3
P0010	P0010＝1 时开始快速调试（注：①P0010＝1 时，才能修改主要参数；②P0010＝0 时，变频器才能工作）	1
P0100	电机功率单位和电网频率值的选择。 P0100＝0 单位为 kW，频率为 50Hz	0
P0205	变频器应用对象 P0205＝0 时恒转矩（传送带等）。 P0205＝1 时变转矩（风机、泵类）等	1
P0300 [0]	选择电机类型。 P0300 [0] ＝1 时为异步电动机。 P0300 [0] ＝2 时为同步电动机	1
P0304 [0]	电动机额定电压（注意：电动机实际接线Y/△）	电动机铭牌
P0305 [0]	电动机额定电流（注意：电动机实际接线Y/△）	电动机铭牌
P0307 [0]	电动机额定功率。 若 P0100＝0 或 2，则单位是 kW。 若 P0100＝1，则单位是 hp	电动机铭牌
P0308 [0]	电动机功率因数	电动机铭牌

续表

参数代号	代号含义	设置值
P0309 [0]	电动机的额定效率。 若 P0309=1 时，变频器将自动计算电动机的效率。 若 P0100=0，则看不到此参数	电动机铭牌
P0311 [0]	电动机的额定速度。 在矢量控制的方式下，须设置此参数	电动机铭牌
P0320 [0]	电动机的磁化电流（默认值）	0
P0335 [0]	电动机冷却方式。 P0335 [0] =0 利用电动机轴上风扇自冷却。 P0335 [0] =1 利用独立的风扇进行强制性的冷却	根据电动机的 实际情况
P0640 [0]	电动机过载因子。 用电动机额定电流的百分比来限制其过载电流	110%
P0700 [0]	选择命令给定源：启动/停止动。 P0700 [0] =1 BOP-2（操作面板）。 P0700 [0] =2 端子控制。 P0700 [0] =4 经过 BOP 链路（RS-232）的 USS 控制。 P0700 [0] =5 通过 COM 链路（端子 29、30）。 P0700 [0] =6 Profibus（CB 通信板）。 （注意：改变 P0700 的设置，将所有的数值输入输出功能复位为出厂设置）	2
P1000 [0]	设置频率给定源。 P1000 [0] =1 BOP 电动电位计给定（面板）。 P1000 [0] =2 模拟输入 1 通道（端子 3、4）。 P1000 [0] =3 固定频率。 P1000 [0] =4 BOP 链路的 USS 控制。 P1000 [0] =5 COM 链路的 USS（端子 29、30）。 P1000 [0] =6 Profibus（CB 通信板）。 P1000 [0] =7 模拟输入双通道（端子 10、11）	2
P1080 [0]	限制电动机运行的最小频率	5
P1082 [0]	限制电动机运行的最大频率	50
P1120 [0]	电动机从静止状态加速到最大频率所需要的时间	100
P1121 [0]	电动机从最大频率降速到静止状态所需要的时间	10
P1300 [0]	控制方式选择。 P1300 [0] =0 线性 V/F，要求电动机的压频比准确。 P1300 [0] =2 平方曲线的 V/F 控制	0
P3900	结束快速调试。 P3900=1 电动机数据计算，将快速调试以外的参数恢复到出厂值。 P3900=2 电动机数据计算，并将 I/O 设定恢复到出厂值。 P3900=3 其他参数不进行出厂复位	3
P1910	P1910=1 使能电动机静态识别，出现 A0541 报警时，立刻启动变频器	电动机已具备识别 条件，需确认电源、 电动机接线正确、 完好

3.2.4　MICROMASTER430 变频器的参数介绍

1. 参数结构

MICROMASTER430 有两种参数类型：字母 P 开头的参数是用户可更改的；而以 r 开头的参数表示该为只读参数，具体结构如图 3-48 所示。

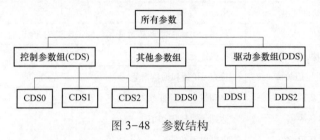

图 3-48　参数结构

2. 常用功能码

通过在变频器上设置相关参数，可以实现相关控制要求，西门子 MM430 常用功能码见表 3-25。

表 3-25　　　　　　　　　　　　　常用参数功能码

参数代码	代码含义	默认值	设置值	单位	备注
P0003	用户访问级	1	3	—	
P0010	开始快速调试级	0	1	—	
P0304	电动机额定电压	230	380	V	铭牌可见
P0305	电动机额定电流	3.25	56.9	A	铭牌可见
P0307	电动机额定功率	0.75	30	kW	铭牌可见
P0310	电动机额定频率	50	50	Hz	铭牌可见
P0311	电动机额定转速	0	2950	rpm	铭牌可见
P0335	电动机冷却方式	0	0	—	电动机自冷却
P0700	选择命令源	2	1	—	基本操作面板控制
P0701	数字输入 1 的功能	1	29	—	消防连锁
P1000	频率设置选择	2	1	—	基本操作面板控制
P1080	最低运行频率	0	30	Hz	
P1082	最高运行频率	50	50	Hz	
P1120	加速时间	10	20	s	
P1121	减速时间	30	30	s	
P1210	自动再启动	1	0	—	禁止故障复位后自启动
P1300	变频器控制方式	1	2	—	平方特性
P0010	准备运行	1	0	—	恢复为缺省值

3. 故障参数

参数 r0947 中存放的是故障信息的故障码。此外，故障发生的时间可在 r0948 中查询，常用的故障报警代码见表 3-26。

表 3-26 常用的故障报警代码

代码	故障名称	可能原因
F0001	过流	电动机的电缆和电动机内部有接地或短路故障
F0003	欠电压	供电电源故障；冲击负载超过了限定值
F0004	变频器过温	环境温度过高，变频器运行时冷却风量不足
F0011	电动机过温	电动机过载
F0021	接地故障	如果相电流的总和超过变频器额定电流的 5% 时将引起这一故障
F0030	冷却风机故障	风机停止工作
F0070	CB 设定值故障	检查 CB 板和通信对象
A0501	电流限幅	电动机功率与变频器的功率不匹配
A0502	过压限幅	达到了过压限幅值
A0503	欠压限幅	供电电源故障
A0504	变频器过温	变频器散热器的温度高于报警电平
A0521	运行环境过温	运行环境温度超过了报警值

关于西门子 MM430 变频器的参数功能在此不再一一说明，具体请参考附录 MM430 变频器参数表。

<h1 style="text-align:center">本 章 小 结</h1>

本章以两种品牌的变频器为例，介绍了变频器的性能和应用。首先介绍的是国产青亿系列变频器，主要内容包括 QY8000 变频器的结构与分类、硬件系统、操作面板介绍、功能参数介绍；然后介绍德国西门子 MICROMASTER430 变频器，主要内容包括 MM430 变频器的简单介绍、硬件系统、调试方法、参数介绍等。

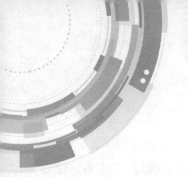

第 4 章

可编程控制器技术

4.1 三菱 PLC 简介

4.1.1 FX_{2N}简介

FX 系列 PLC 是由三菱公司近年来推出的高性能小型可编程控制器,以逐步替代三菱公司原 F、F1、F2 系类的 PLC 产品。其中 FX_2 是 1991 年推出的产品,FX_0 是在 FX_2 之后推出的超小型 PLC,之后又连续推出了将众多功能凝聚在超小型机壳内的 FX_{0S}、FX_{1S}、FX_{0N}、FX_{1N}、FX_{2N}、FX_{2NC} 等系列 PLC,它们具有较高的性价比,应用广泛。

FX_{2N} 系列 PLC 的控制规模为 16 ~128 点,可以扩展到 256 点,内置 8KB 容量的 RAM 存储器,最大可以扩展到 16KB,基本指令执行时间高达 $0.08\mu s$,基本单元共有 16 种,每个基本单元最多可以连接一个功能扩展板、8 个特殊单元和特殊模块,内置两轴独立(最高 20kHz)定位输出功能(晶体管输出型)。FX_{2N} 系列的特殊模块有模拟量控制模块、位置控制模块、计算机通信模块、特殊功能模块,这些特殊模块均要用直流 5V 电源驱动。

4.1.2 FX_{3U}简介

1. FX_{3U}概述

FX_{3U} 系列 PLC 是三菱公司适应用户需求开发的第三代微型 PLC,控制规模为 16 ~ 384(包括 CC-Link I/O)点,内置高达 64KB 大容量的 RAM 存储器,基本指令执行时间达 $0.065\mu s$,内置 3 轴独立(最高 100kHz)定位输出功能(晶体管输出型)。FX_{3U} 在 FX_{2N} 网络的基础上,进一步增加了 USB 功能,可以同时进行三个端口的通信。FX_{3U} 与 FX_{2N} 相比较具有以下优点。

(1)运算速率 FX_{3U} 是最快的。

(2)通信口:FX_{3U} 可以同时使用 3 个。

(3)高速脉冲输出:FX_{3U} 系列 PLC 可以控制 3 轴,比 FX_{2N} 多一轴。

(4)FX_{3U} 扩展点数也比 FX_{2N} 的多,FX_{2N} 的程序可以直接导入 FX_{3U} 同等型号的 PLC 中,且对机器没有影响。

(5)FX_{3U} 与 FX_{2N} 接线最大的区别在于,3U 有 S/S 端,通过 S/S 端可以将 PLC 变为漏型输入或源型输入,FX_{2N} 就没有此功能。

2. FX_{3U}基本单元简介

FX 系列 PLC 由基本单元、扩展单元、扩展模块、扩展功能板及适配器等组成。基本单元是 PLC 本体,它是可编程控制器的核心控制部件。FX_{3U}基本单元型号表现形式如下所示。

$$\underset{①}{FX_{3U}} - \underset{②}{\underset{③④}{\bigcirc\bigcirc M\square}} / \underset{⑤}{\square}$$

其中：①FX$_{3U}$为系列名称，如 FX$_{2N}$、FX$_{3G}$；②○○为开关量 I/O 总点数；③单元类型，M 为基本单元、E 为输入输出扩展单元；④□为输出形式，R 为继电器输出、T 为晶体管输出；⑤□为输入输出方式，R/ES 为 DC24V（源型/漏型）输入，继电器输出；T/ES 为 DC24V（源型/漏型）输入，晶体管输出；T/ESS 为 DC24V（源型/漏型）输入，晶体管源型输出。FX$_{3U}$基本单元常用总点数有 16 点、32 点、48 点、64 点和 80 点。

4.1.3　FX$_{3U}$基本单元组成

1. 各部分名称

这里以 FX$_{3U}$-16MPLC 外观为例进行讲解，其面板结构如图 4-1 所示。动态状态指示灯显示情况见表 4-1。

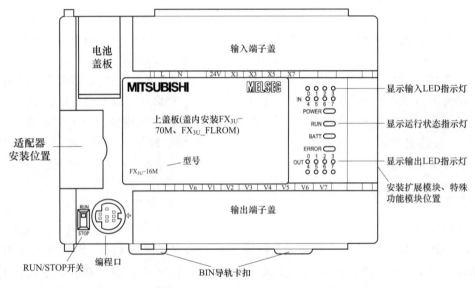

图 4-1　FX$_{3U}$面板名称

表 4-1　　　　　　　　　　动态状态 LED 指示灯显示

运行状态指示灯	POWER	绿	通电状态时灯亮
	RUN	绿	运行中亮灯
	BATT	红	电池电压过低时灯亮
	ERROR	红	程序出错时闪烁
		红	CPU 出错时灯亮
输入 LED 指示灯	端子号	红	有输入信号时灯亮
输出 LED 指示灯	端子号	红	有输出信号时灯亮

端子盖板处于打开状态时，在面板上方可看到电源、输入（X）端子，端子台拆装用的螺栓（FX$_{3U}$-16M□不能拆装）和输入端子名称；在面板下方可看到输出端子名称和输出

（Y）端子。常见 FX$_{3U}$系列 PLC 端子台排列详细情况见表 4-2。

表 4-2　　　　　　　　　　　　　　**FX$_{3U}$系列 PLC 端子台排列情况**

主单元名称	端子台排列示意
FX$_{3U}$-16MR/ES-A	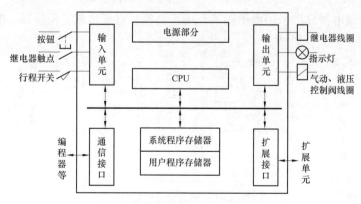
FX$_{3U}$-32MR/ES-A	
FX$_{3U}$-48MR/ES-A	
FX$_{3U}$-64MR/ES-A	
FX$_{3U}$-80MR/ES-A	

表 4-2 中，L 接 AC 电源相线；N 接 AC 电源相线零线；S/S 为输入继电器公共端；COM1～COM5 为输出公共端；0V、24V 为 PLC 提供给外部的 DC 24V 电源端；X□为输入信号端；Y□为输出信号端；"."为空端子。

2. 基本单元结构框图

FX$_{3U}$系列 PLC 基本单元结构框图如图 4-2 所示。

图 4-2　PLC 基本单元结构框图

CPU 也称为中央处理器,是整个 PLC 系统的核心,指挥 PLC 完成各项工作,具有故障诊断、程序检测、数据接收、程序执行和执行结果等功能。存储器用来存储系统程序、用户程序和工作数据。输入单元和输出单元是 PLC 与外部设备传送信号的接口部件,具有光电隔离、滤波及电平转换功能,以满足外部输入输出设备信号电平的多样性。扩展接口用来和其他扩展单元相连接。通信接口实现与上位机、编程器等的通信。

4.1.4 开关量输入单元和输出单元

1. 开关量输入接口

开关量输入接口是连接外部开关量器件的接口,将此现场开关量,如按钮、开关、行程开关、接近开关、限位开关、光电开关、继电器触点等信号变成可编程控制器内部处理的标准信号。

输入接口分为直流输入和交流输入接口两种类型,一般整体式 PLC 中输入接口都采用直流输入,由基本单元提供输入电源,不需外接。FX_{3U} 系列 PLC 漏型和源型输入接口接线方法如图 4-3 和图 4-4 所示。此时需要连接 S/S 端子。

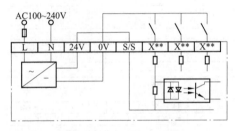

图 4-3 漏型输入接线

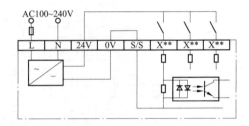

图 4-4 源型输入接线

2. 开关量输出接口

开关量输出接口是 PLC 控制执行机构动作的接口,如接触器线圈、继电器线圈、气动控制阀、液压阀、电磁阀、电磁铁、指示灯和智能装置等,通过输出接口 PLC 将内部的标准信号转换为执行机构所需的开关量信号。

开关量输出大功率放大元件有驱动直流负载的大功率晶体管和场效应晶体管,驱动交流负载的双向晶闸管,以及驱动交流/直流负载的小型继电器。可分为继电器输出、晶体管输出和双向晶闸管输出,接口原理分别如图 4-5、图 4-6 和图 4-7 所示。

图 4-5 所示继电器输出采用电磁隔离,用于交流、直流负载,但接通、断开的频率低。

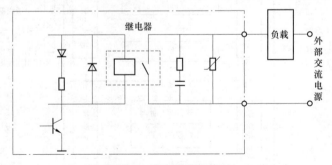

图 4-5 继电器输出接口

图4-6所示晶体管输出采用光电隔离，有较高的接通、断开频率，但只能用于直流负载。

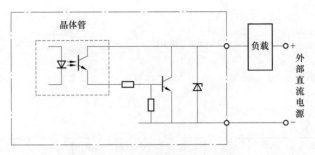

图4-6 晶体管输出接口（源型）

图4-7所示双向晶闸管输出，也称作可控硅输出，采用光触发型双向晶闸管作为输出控制器件，仅适用于交流负载。

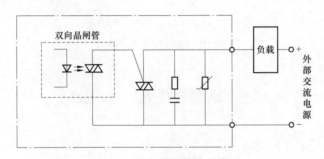

图4-7 双向晶闸管输出接口

晶体管输出又分为两种：漏型输出和源型输出。漏型的COM端接直流负极，如图4-8（a）所示；源型的COM端接直流正极，如图4-8（b）所示。

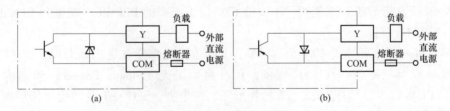

图4-8 晶体管输出类型

（a）漏型输出；（b）源型输出

输出电路的负载电源由外部现场提供，负载电流一般不超过2A，使用中输出电流额定值与负载性质、温度有关系。由于散热的原因，有的输出模块对同一个COM公共点的几个输出点的总电流有限制。因此，输出端子有两种接线方式：一种是输出各自独立（无公共点），其接线方式如图4-9所示；另一种是每几个点构成一组，共用一个COM公共点，图4-10所示为4个输出点构成一组的接线方式。

注意：输出公用一个公共点时，同COM点输出必须使用同一电压类型和等级，即电压相同，电流类型（同为直流或交流）和频率相同，不同组之间可以使用不同类型和等级的电压。

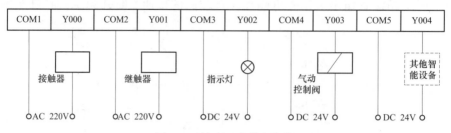

图 4-9　输出无公共点接线

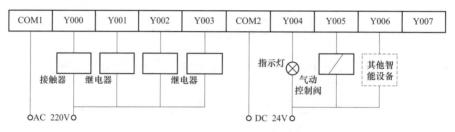

图 4-10　输出有公共点接线

4.2　编程软件 GX Works2

4.2.1　GX Works2 概述

GX Works2 是三菱电机公司推出的三菱综合 PLC 编程软件，是专用于 PLC 设计、调试、维护的编程工具。与传统的 GX Developer 软件相比，提高了功能及操作性能，变得更加容易使用。

GX Works2 支持最新 FX$_{3U}$ 编程，不支持 FX$_{0N}$ 以下版本的 PLC 以及 A 系列 PLC 的编程，并且不支持语句表编程。

GX Developer 除了不支持 FX$_{3U}$ 编程以外，几乎支持大部分三菱 PLC 编程。

GX Works2 是三菱新一代 PLC 软件，具有简单工程（Simple Project）和结构化工程（Structured Project）两种编程方式，支持梯形图、指令表、SFC、ST 及结构化梯形图等编程语言，可实现程序编辑、参数设定、网络设定、程序监控、调试及在线更改、智能功能模块设置等功能，适用于 Q、QnU、L、FX 等系列可编程控制器，兼容 GX Developer 软件，支持三菱电动机工控产品 iQ Platform 综合管理软件 iQ Works，具有系统标签功能，可实现 PLC 数据与 HMI、运动控制器的数据共享。

随着三菱 PLC 产品的不断升级，许多老型号已经淘汰，所以以后编程监控将以 GX Works2 为主。

4.2.2　工程创建

1. GX Works2 的启动

启动软件包，双击 [图标] 即可运行该程序。GX Works2 的画面构成如图 4-11 所示。

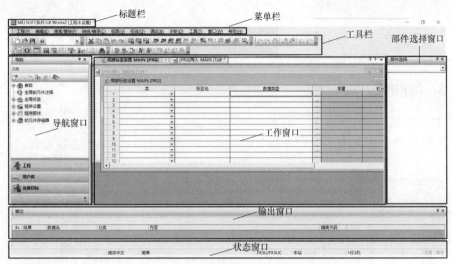

图 4-11　GX Works2 的画面构成

GX Works2 画面的工具栏、状态栏、导航窗口、部件选择窗口、输出窗口，可以通过视图菜单选择显示或隐藏。各部分功能的详细介绍及使用技巧请参见 GX Works2 操作手册（公共篇）。

2. 创建新工程

在菜单栏中单击"工程"菜单，选中"新建工程"选项，出现如图 4-12 所示的画面。

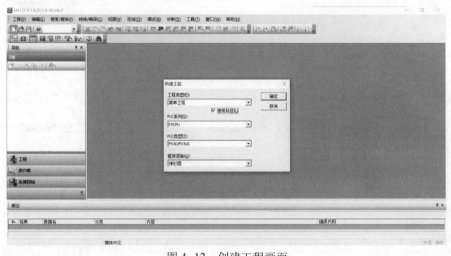

图 4-12　创建工程画面

首先在"工程类型"中选择"简单工程"；"PLC 系列"选出所使用的 CPU 系列（此处选用的是"FX CPU"系列）；"PLC 类型"是指机器的型号，这里使用的是 FX_{3U} 系列，则选中"FX_{3U}/FX_{3UC}"；"程序语言"选择"梯形图"；"使用标签"复选框勾选；单击"确定"按钮后进入程序编写界面。也可以将程序语言选择为"SFC"，如图 4-13 所示，此时可以进入顺序功能图的编

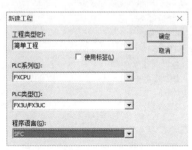

图 4-13　SFC 语言选择界面

写界面。

注意：在简单工程中使用标签时，须在创建新工程时设置。在 FX 系列 CPU 下 SFC 不支持标签功能。

4.2.3 梯形图程序的编写

1. 参数的设置

在"工程"视窗中双击"PLC 参数"选项，可实现图 4-14 所示的参数设置。

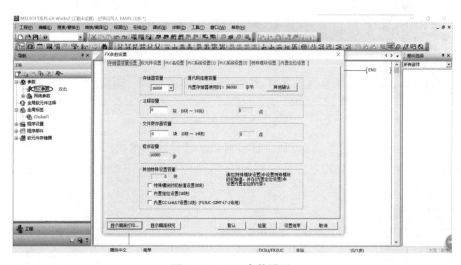

图 4-14 PLC 参数设置

2. 标签的设置

在"工程"视窗中双击"Global1"选项，将显示"全局标签设置"画面，如图 4-15 所示。从列表框中选择全局标签设置画面的"类""标签名""数据类型""软元件"。

图 4-15 全局标签的设置

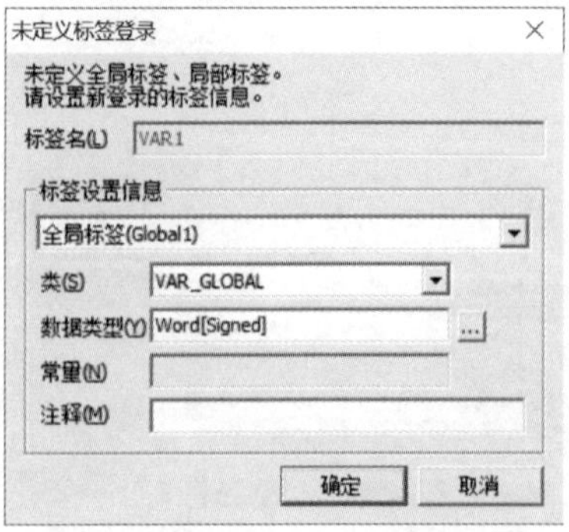

标签的设置也可以在编程时进行创建，如编程时输入程序 MOVP K20 VAR1，单击"确认"按钮后会弹出"未定义标签登录"窗口，如图 4-16 所示。图 4-16 中，将"VAR1"设为"全局标签（Global1）""VAR_GLOBAL"和"Word［Signed］"，单击"确定"按钮完成全局标签的创建。

创建生成的标签可以通过菜单栏"编辑"→"写入至 CSV 文件"命令（见图 4-17）生成.csv 文件，该文件可利用 Excel 打开，方便查看所有的标签。也可利用

图 4-16 设置未定义全局标签

"从 csv 文件读取"命令导入提前设置好的标签。

图 4-17　＊＊.csv 文件的导出方法

为写好的程序加上注释，既便于别人的阅读，也便于自己对程序的调试，GX Works2 提供了注释功能：为注释编辑，用于软元件注释；为声明编辑，用于程序或程序段的功能注释；为注解项编辑，只能用于对输出的注解。

3. 程序的创建

对"工程"视窗的"程序设置"→"执行程序"→"MAIN"→"程序本体"进行双击，将显示 [PRG] MAIN 画面，如图 4-18 所示。

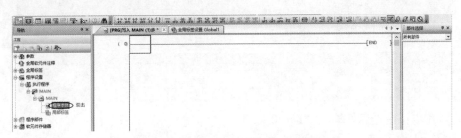

图 4-18　[PRG] MAIN 画面操作说明

（1）第一步：在光标处输入"ldp x0"。

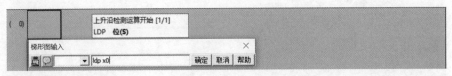

（2）第二步：按回车键。

（3）第三步：在光标处输入"or y0"。

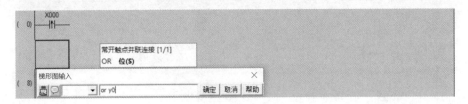

（4）第四步：按回车键。

（5）第五步：在光标处输入"ani t0"。

（6）第六步：按回车键。

（7）第七步：在光标处输入"out y0"。

（8）第八步：按回车键。

（9）第九步：在光标处输入"out t0 k2"。

（10）第十步：按回车键。

（11）第十一步：在光标处输入"movp k10 VAR1"。

（12）第十二步：按回车键。

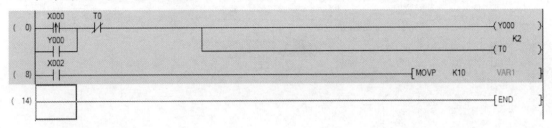

4. 梯形图的转换

选择"转换/编译"→"转换+编译"命令，将出现图 4-19 所示的执行画面，或按 F4 键也可以执行。

图 4-19　程序转换方法

执行转换后，梯形图背景颜色将变为白色，如图 4-20 所示。

图 4-20　程序转换后界面

5. 程序的编译

程序的编译中，有编译和全部编译两种类型，这两种编译类型各自的编译对象程序有所不同，前者是将工程中登录的程序未编译的部分转换为顺控程序，后者是将所有的程序转换为顺控程序。

方法为：选择菜单栏"转换/编译"→"转换+全部编译"选项，并单击"是"按钮，如图 4-21 所示。同时，编译全部完成后，〔PRG〕MAIN 画面的窗口标题中会显示程序步数。

全部编译的结果将被显示到输出窗口中，如图 4-22 所示。发生错误时，将确认内容并修正后，执行编译或全部编译。

不使用标签的情况下，梯形图转换时 GX Works2 也将自动对程序进行编译。使用标签的情况下，为了将创建、编译的梯形图程序变为可执行的顺控程序，转换后必须进行编译。用户可以在工程视图窗口中，对编译状态进行确认，如图 4-23 所示。

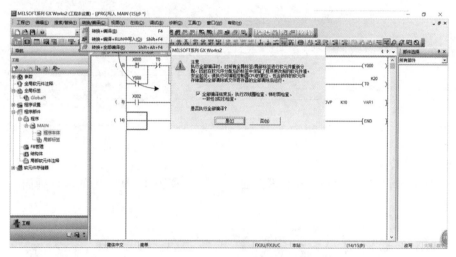

图 4-21　程序编译方法

图 4-22　输出窗口信息显示

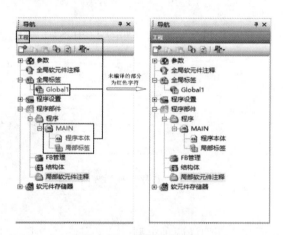

图 4-23　编译状态对比

4.2.4　SFC 程序的编写

在图 4-13 中选择"编程语言"为"SFC"，单击"确定"按钮后进入如图 4-24 所示画面。数据名为"Block"，标题命名为"初始化"，块号为"0"，块类型选择"梯形图块"，单击"执行"按钮，进入图 4-25 所示页面中。

在图 4-25 中可以进行 PLC 参数设置，与梯形图的设置一样。此时编程区包括"［PRG］写入 000：Block 初始化（1）步 *"视窗（顺序功能图的编写）和"［PRG］写入

图 4-24　0 号块设置

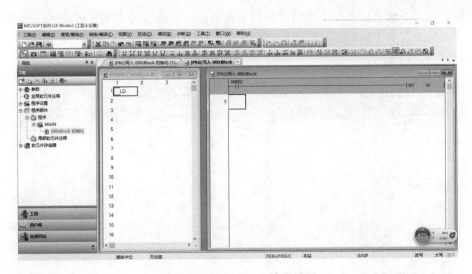

图 4-25 000：Block 编程界面

000：Block"视窗（PLC 程序的编写）。

在"［PRG］写入 000：Block"视窗中输入"LD M8002；SET S0"程序，并进行变换（F4 键）。

选择"工程"列表的"程序部件"→"程序"→"MAIN"选项，右键单击"MAIN"选项，选择"新建数据"选项。在"新建数据"窗口中设置数据类型为"程序"，数据名为"Block1"，单击"确认"按钮，进行块信息设置，如图 4-26 所示。

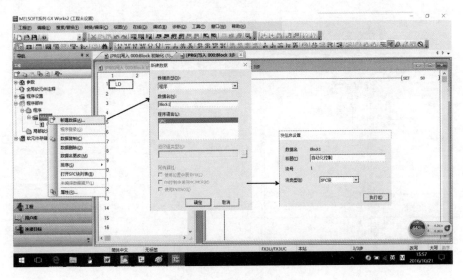

图 4-26 块信息设置方法

在"块信息设置"窗口中，数据名为"Block1"，标题为"自动化控制"，块号为"1"，块类型选择"SFC 块"，单击"执行"按钮。"工程"列表的"程序部件"→"程序"→"MAIN"中将出现新建的"Block1"块。按照图 4-27 所示的步骤输入顺序功能图，图中双线框和单线框均为状态，表示工序中的一个步或步序。矩形框间的竖线为有向线段，表示状态转移的方向，当状态从上而下指向时，箭头可省略。有向线段上的短横线为转移条件，表示上一状态沿着箭头方向向下一状态转移时的条件。

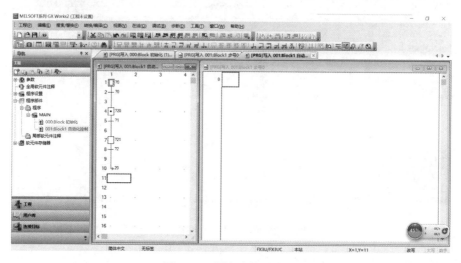

图 4-27　顺序功能图演示

下面对顺序功能图的负载驱动和状态转移条件进行编程。单击"［PRG］写入 001：Block1 自动化控制（1）步＊"视窗中的 0 号状态转移条件，在右侧的"［PRG］写入 001：Block1 转移号 0"视窗中输入"LD X0；TRAN"程序，变换程序（F4 键），如图 4-28所示。

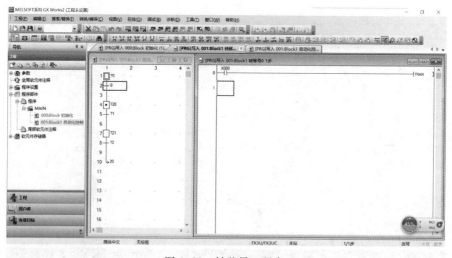

图 4-28　转移号 0 程序

单击状态 20，在右侧的编程序输入"OUT Y0；OUT T0 K20"，变换程序，如图 4-29所示。

单击转移条件号 1，在右侧的编程序输入"LD T0；TRAN"，变换程序，如图 4-30所示。

单击状态 21，在右侧的编程序输入"OUT T1 K20"，变换程序，如图 4-31 所示。

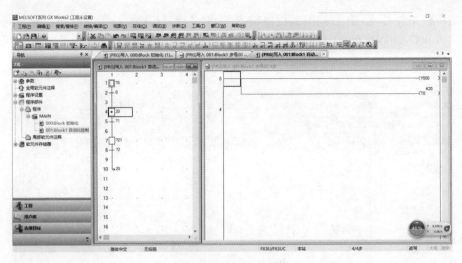

图 4-29 状态 20 程序

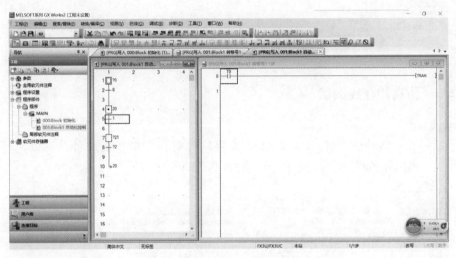

图 4-30 转移号 1 程序

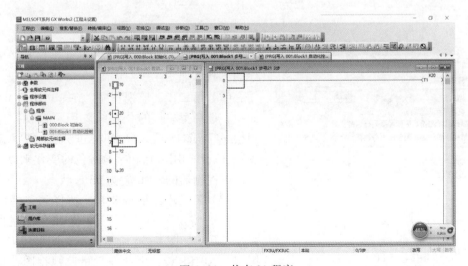

图 4-31 状态 21 程序

单击转移条件号 2, 在右侧的编程序输入"LD T1; TRAN", 变换程序。编写完所有程序后要进行 000: Block 和 001: Block1 的变换, 变换后"MAIN"下红色的字变为黑色, 如图 4-32 所示。

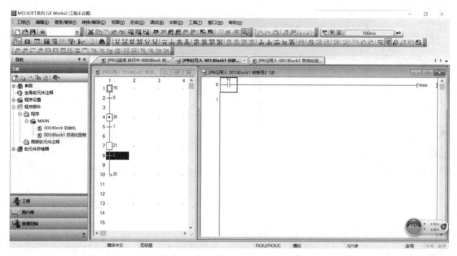

图 4-32　程序"MAIN"的变换

4.2.5　仿真和在线调试

1. 仿真调试

(1) 第一步: 启动仿真器。GX Works2 编程软件有自带的仿真软件, 可以通过菜单栏"调试"→"模拟开始/停止"命令打开, 如图 4-33 所示。

图 4-33　仿真器开启方法

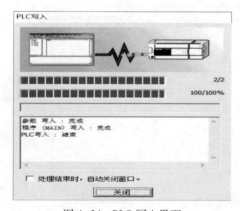

图 4-34　PLC 写入界面

当弹出的"PLC 写入"进度结束后, 完成程序的下载, 如图 4-34 所示。

(2) 第二步: 监视程序。在 [PRG] MAIN 画面中, 选择菜单栏的"在线"→"监视"→"监视模式"选项后, 画面将进入监视状态, 在图 4-35 中, 用触点和字符颜色的变化来显示。将可编程控制器的 CPU 置为 RUN 状态。

(3) 第三步: 批量监视。选择菜单栏的"在线"→"监视"→"软元件/缓冲存储器批量监视"选项, 如图 4-36 所示。在上述程序中, 我们用到了 X0 和 X2, 因此在批量监视视图窗口的软

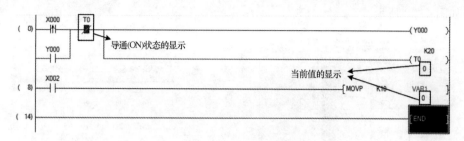

图 4-35　程序监视状态画面

图 4-36　批量监视方法

元件名称中输入 X0 并按回车键。

单击图 4-36 中的"当前值更改"按钮或双击列表中的 X0，将弹出 X0 值的修改窗口，如图 4-37 所示。

将 X0 置为 ON 后，在批量监视视图窗口软元件列表中的 X0 框填充为蓝色，同时在［PRG］MAIN 视图窗口中动合触点 X0 也填充为一个周期的蓝色，代表当前周期导通。X0 导通时，线圈 Y0 得电，其动合触点 Y0 闭合，实现自锁；定时器 T0 的当前值从 0 开始递增。此时，线圈 Y0、动合触点 Y0 和定时器线圈 T0 均填充为蓝色。通过颜色的填充可以监视各软元件的得电和失电情况，以便程序的调试。

图 4-37　当前值强制设置

2. 在线调试

（1）第一步：将计算机与可编程控制器 CPU 进行连接。单击导航窗口中的"连接目标"视图窗口，在"当前连接目标"中双击"Connection1"进入"连接目标设置 Connection1"

窗口，如图 4-38 所示。

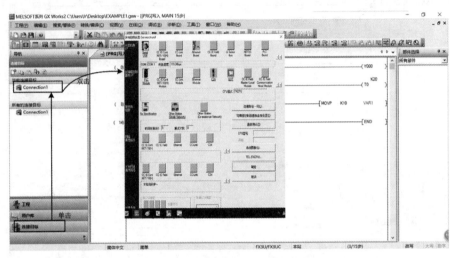

图 4-38 "连接目标设置 Connection1" 窗口

连接设置需要完成计算机侧和可编程控制器侧两部分的设置。在图 4-38 中双击计算机侧 I/F 的"Serial USB"进行串行设置。这里，对计算机侧 I/F 串行设置中选择"USB"选项，单击"确定"按钮。双击可编程控制器侧 I/F 的"PLC Module"进行串行设置。这里，对计算机侧 I/F 串行设置中选择"FXCPU"模式，单击"确定"按钮。

单击图 4-38 中的"通信测试"按钮，将以设置的连接路径执行与可编程控制器 CPU 的通信测试。

(2) 第二步：将工程写入可编程控制器 CPU。选择菜单栏"在线"→"PLC 写入"命令后，将显示在线数据操作画面，对对象模块和工程进行设置。详细说明请参见 GX Works2 入门指南（简单工程篇）。

4.3 FX$_{3U}$ 系列 PLC 指令

4.3.1 编程元件

1. 输入继电器 [X]

输入继电器与输入端相连，它是专门用来接受 PLC 外部开关信号的元件，如按钮、开关、限位开关、光电开关等。PLC 通过输入接口将外部输入信号状态（接通时为"1"，断开时为"0"）读入并存储在输入映象寄存器中。FX$_{3U}$ 采用八进制地址编号，如 X000～X007、X010～X017…FX$_{3U}$ 输入继电器编号区间为 X000～X367，共 248 个点。扩展单元和扩展模块的编号，也是从基本单元开始按连接顺序取 X 的八进制的连续编号。

输入继电器线圈必须由外部信号驱动，不能用程序驱动，所以在程序中不能出现其线圈，其动合、动断触点的使用次数不限。

2. 输出继电器 [Y]

输出继电器与输出端相连，用于向接在 PLC 输出端的执行元件发出控制信号。与输出继电器连接的硬元件通常有灯、电磁阀线圈、接触器线圈等执行元件，以及变频器、步进电动机驱动器等专用设备控制器的控制端。FX_{3U} 采用八进制地址编号，如 Y000～Y007、Y010～Y017…FX_{3U} 输出继电器编号区间为 Y000～Y367，共 248 个点。扩展单元和扩展模块的编号，也是从基本单元开始按连接顺序取 Y 的八进制的连续编号。

输出继电器线圈是由 PLC 内部程序的指令驱动，其线圈状态传送给输出单元，再由输出单元对应的唯一硬触点来驱动外部负载，程序内其动合、动断触点的使用次数不限。

3. 辅助继电器 [M]

辅助继电器的线圈与输出继电器相同，是通过内部程序的指令驱动，其动合、动断触点的使用次数不限。但不能通过这个触点直接驱动外部负载，外部负载必须通过输出继电器进行驱动。FX_{3U} 采用十进制编址，具体介绍如下。

（1）一般辅助继电器。一般通用继电器相当于电气控制中的中间继电器，在程序中起到辅助作用，地址区间为 M0～M499，共 500 个点。

（2）保持型辅助继电器。如在可编程控制器的运行过程中断开电源，则输出继电器和一般的辅助继电器全部都变为 OFF。当再次上电时，除输入条件为 ON，其他都为 OFF。但是，根据控制对象不同，也可能出现停电之前的状态被记住，在再次运行时重新再现的情况。这样的情况下，使用停电保持用辅助继电器（又名保持继电器）。保持型辅助继电器是用锂电池保持 RAM 中的映像寄存器的内容，或将之存入 E^2PROM 中。

地址区间为 M500～M7679，共 7180 个点，其中区间 M500～M1023 可以通过参数单元设置为一般辅助继电器。

（3）特殊辅助继电器。特殊辅助继电器是执行特殊功能的辅助继电器，是系统赋予的功能，不能由用户定义。FX_{3U} 系列 PLC 特殊辅助继电器的分配区间为 M8000～M8511。

4. 状态继电器 [S]

状态继电器是对工序步进形式的控制进行编程所需要的重要软元件，需要与 STL 指令组合使用，如果不作为步进顺序控制，则也可以作为辅助继电器使用。

下面介绍 FX_{3U} 系列 PLC 的状态继电器地址区间。

（1）S0～S9：初始状态。

（2）S10～S19：回零状态。

（3）S20～S499：一般状态继电器。

（4）S500～S899 及 S1000～S4095：保持用状态继电器。

（5）S900～S999：报警专用状态继电器。

其中，S500～S899 可以通过参数设定为一般状态继电器。

5. 定时器 [T]

定时器类似于电气控制中的时间继电器，用于程序中时间的设定。定时器由一个线圈、两个寄存器（当前值和设定值）和无数动合、动断触点组成。定时器总是与一个定时设定值一起使用，根据时钟脉冲累计数，当累计脉冲数与设定值相同时，其输出触点产生动作。该设定值可以通过常数 K 直接设定，也可以通过数据寄存器（D）间接设定。

FX_{3U} 系列 PLC 的定时器编号为 T0～T255，按工作方式的不同，定时器可分为普通定时器和累计定时器两类。它们通过对 1ms、10ms、100ms 的不同周期时钟脉冲的计数实现定时。

（1）普通定时器。

1）T0~T199，100ms 普通定时器，设定范围为 0.1~3276.7s。

2）T200~T245，10ms 普通定时器，设定范围为 0.01~327.67s。

（2）累计定时器。

1）T246~T249，1ms 累计定时器，设定范围为 0.001~32.767s。

2）T250~T255，100ms 普通定时器，设定范围为 0.1~3276.7s。

6. 计数器［C］

计数器是程序中用于记录触点接通次数的软元件，与定时器一样，计数器也是由一个线圈、两个寄存器（当前值和设定值）和无数动合、动断触点组成的。下面介绍 FX$_{3U}$ 系列 PLC 计数器地址区间。

（1）C0~C99：16 位一般计数器。

（2）C100~C199：16 位保持型计数器。

（3）C200~C219：32 位双向计数器。

（4）C220~C234：32 位保持型双向计数器。

（5）C235~C255：高速计数器。

7. 数据寄存器［D］

数据寄存器是具有保存数值数据和字符数据用的软元件，是 16 位数据（最高位为符号位），将两个数据寄存器结合可以保存 32 位（最高位为符号位）的数值数据。数据寄存器编号以十进制数分配，地址区间如下。

（1）D0~D199：一般数据寄存器。

（2）D200~D511：保持型数据寄存器（可修改）。

（3）D512~D7999：停电保持专用数据寄存器。

（4）D8000~D8511：特殊数据寄存器。

其中 D1000~D7999 可作为文件寄存器使用。

8. 文件寄存器［D、R］和扩展文件寄存器［ER］

文件寄存器是处理数据寄存器的初始值的软元件，它通过参数设定，可以将 D1000~D7999 及以后的数据寄存器定义为文件存储器。参数的设定，可以指定 1~14 个块（每个块相当于 500 点的文件寄存器），但是这样每个块就减少了 500 步的程序内存区域。

文件寄存器 R 和扩展文件寄存器 ER 是 FX$_{3U}$ 特有的，R 是扩展数据寄存器 D 用的软元件，通过电池进行掉电保持。使用存储区盒时，文件寄存器 R 的内容也可以保存在扩展文件寄存器 ER 中，而不必用电池保护。文件寄存器 R 可以作为数据寄存器来使用，处理各种数值数据，可以用通用指令进行操作，如 MOV、BIN 指令等，但如果用作文件寄存器时，则必须使用专用指令进行操作。

FX$_{3U}$ 系列 PLC 文件寄存器地址区间为 R0~R32767；扩展文件寄存器地址区间为 ER0~ER32767。

9. 指针［P、I］

P 是分支用指针，是 CJ（跳转）和 CALL（调用）指令跳转或调用指令的位置标签。FX$_{3U}$ 系列 PLC 分支用指针的地址区间为：P0~P62、P64~P4095。P63 为跳转到 END 步，在程序中不可标注位置，即在 END 步前不标注 P63。

I 是中断指针，中断包括输入中断、定时器中断和计数器中断，这些中断需要和应用指令 EI（允许中断）、IRET（中断返回）、DI（禁止中断）一起使用。

（1）输入中断。FX$_{3U}$系列 PLC 的输入中断有 I001、I201~I501（X000~X005 上升沿），I000、I100~I500（X000~X005 下降沿），接通（上升沿）或断开（下降沿）时间在 5μs。

（2）定时器中断。定时器中断有 3 个点，即 I6□□，I7□□，I8□□（"□□" 代表时间，单位为 ms）。

（3）计数器中断。FX$_{3U}$系列 PLC 的计数器中断有 I010、I020、I030、I040、I050、I060，根据 DHSCS（高速计数器用比较置位）指令的结果执行，当计数器当前值和比较值相等时执行中断程序。

10. 变址寄存器［V、Z］

FX$_{3U}$系列 PLC 有 16 个编制寄存器 V0~V7、Z0~Z7，在 32 位操作时 V、Z 合并使用，V 为高位，Z 为低位。变址寄存器用于改变软元件的地址，如 V0 = 2 时，数据寄存器 D0V0 指的是数据寄存器 D2；变址寄存器用于改变常数，如 V0 = 2 时，K10V0 相当于常数 12。

11. 常数［K、H、E、""］

K 是表示十进制整数的符号，主要用来指定定时器或计数器的设定值及应用功能指令操作数中的数值；H 表示十六进制数，主要用来表示应用功能指令的操作数值。例如，20 用十进制表示为 K20，用十六进制则表示为 H14。E 是表示实数（又称为浮点数）的符号，用于指定应用指令的操作数；"" 是字符串操作，是 FX$_{3U}$系列 PLC 特有的功能，使用专用的指令进行操作，字符串可分为字符串常数和字符串数据。

12. 位字［Kn□m 即位组合成字］

位字是 FX$_{3U}$通用的字元件，利用位元件组合成字元件，其中□指的是 X、Y、M、S；n 表示以 4 为单位的软元件组；m 为起始位软元件的地址。如 K2X0（n = 2，m = 0），指从 X0 开始依次向高位数 4×2 = 8 个位元件，即 X7X6X5X4X3X2X1X0。

13. 字位［D□.b 即字元件中的位］

字位是数据寄存器中 D 中的位，作为位元件使用，其中□指的是字元件的地址，b 为字元件的指定位数。如 D100.3 指的是数据寄存器 D100 中的第 3 位，用法与位元件使用方法相同，但字位不能进行变址操作。

14. 缓冲寄存器 BFM 字［U□ \ G□］

缓冲寄存器的读取采用 FROM 和 TO 指令实现，缓冲寄存器 BFM 字用来直接存取缓冲寄存器，其中 U□表示模块号，G□表示 BFM 号，如 "MOV U0 \ G0 D0" 指的是读取 0 号模块 0 号缓冲寄存器到 D0 中。

4.3.2　基本指令

FX$_{3U}$系列 PLC 指令分为三大类：即基本指令、顺控指令和功能指令（又称为应用指令）。

1. LD、LDI、LDP、LDF、OUT

LD、LDI、LDP、LDF、OUT 指令及功能见表 4-3。

表 4-3　　　　　　　　　　　　　LD、LDI、LDP、LDF、OUT 指令

助记符	名称	梯形图	功能	操作数类型
LD	取	⊢│├------	读与左母线相连的动合触点；读 ANB、ORB 中电路的起始触点	X、Y、M、S、T、C、D□.b
LDI	取反	⊢│／├------	读与左母线相连的动断触点；读 ANB、ORB 中电路的起始触点	X、Y、M、S、T、C、D□.b
LDP	取脉冲上升沿	⊢│↑├------	检测与左母线相连的上升沿触点；读 ANB、ORB 中电路的起始触点	X、Y、M、S、T、C、D□.b
LDF	取脉冲下降沿	⊢│↓├------	检测与左母线相连的下降沿触点；读 ANB、ORB 中电路的起始触点	X、Y、M、S、T、C、D□.b
OUT	输出	⊢------( )├	线圈驱动	Y、M、S、T、C、D□.b

【例 4-1】　LD、LDI、LDP、LDF、OUT 指令使用程序如图 4-39 所示。

图 4-39　LD、LDI、LDP、LDF、OUT 指令使用程序

对应的语句表为如下。

```
0  LD    X000
1  OUT   Y000
2  LDP   X001
4  OUT   Y001
5  LDI   X002
6  OUT   Y003
7  LDF   X003
9  OUT   Y004
```

2. AND、ANI、ANDP、ANDF

AND、ANI、ANDP、ANDF 指令及功能见表 4-4。

表 4-4　　　　　　　　　　　　　AND、ANI、ANDP、ANDF 指令

助记符	名称	梯形图	功能	操作数类型
AND	与	⊢┤├─┤├--	用于串联一个动合触点	X、Y、M、S、T、C、D□.b

助记符	名称	梯形图	功能	操作数类型
ANI	与反转		用于串联一个动断触点	X、Y、M、S、T、C、D□.b
ANDP	与脉冲上升沿		用于检测上升沿的串联连接	X、Y、M、S、T、C、D□.b
ANDF	与脉冲下降沿		用于检测下降沿的串联连接	X、Y、M、S、T、C、D□.b

【例 4-2】　AND、ANI、ANDP、ANDF 指令应用程序如图 4-40 所示。

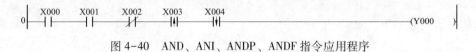

图 4-40　AND、ANI、ANDP、ANDF 指令应用程序

对应的语句表如下。

```
0  LD    X000
1  AND   X001
2  ANI   X002
3  ANDP  X003
5  ANDF  X004
7  OUT   Y000
```

3. OR、ORI、ORP、ORF

OR、ORI、ORP、ORF 指令及功能见表 4-5。

表 4-5　　　　　　　　　　　　　OR、ORI、ORP、ORF 指令

助记符	名称	梯形图	功能	操作数类型
OR	或		用于并联一个动合触点	X、Y、M、S、T、C、D□.b
ORI	或反转		用于并联一个动断触点	X、Y、M、S、T、C、D□.b
ORP	或脉冲上升沿		检测上升沿的并联连接	X、Y、M、S、T、C、D□.b
ORF	或脉冲下降沿		检测下降沿的并联连接	X、Y、M、S、T、C、D□.b

【例 4-3】 OR、ORI、ORP、ORF 指令应用程序如图 4-41 所示。

图 4-41　OR、ORI、ORP、ORF 指令应用程序

对应的语句表如下。

```
0  LD    X000
1  OR    X001
2  ORI   X002
3  ORP   X003
5  ORF   X004
7  AND   X005
8  OUT   Y000
```

4. ANB、ORB

ANB、ORB 指令及功能见表 4-6。

表 4-6　　　　　　　　　　　　　ANB、ORB 指令

助记符	名称	梯形图	功能	操作数类型
ANB	回路块与	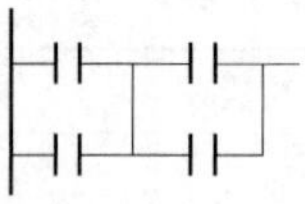	并联电路块的串联连接	—
ORB	回路块或	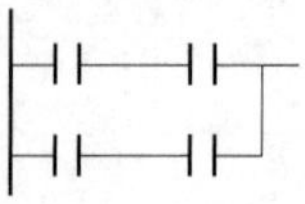	串联电路块的并联连接	—

【例 4-4】 ANB 指令应用程序如图 4-42 所示。

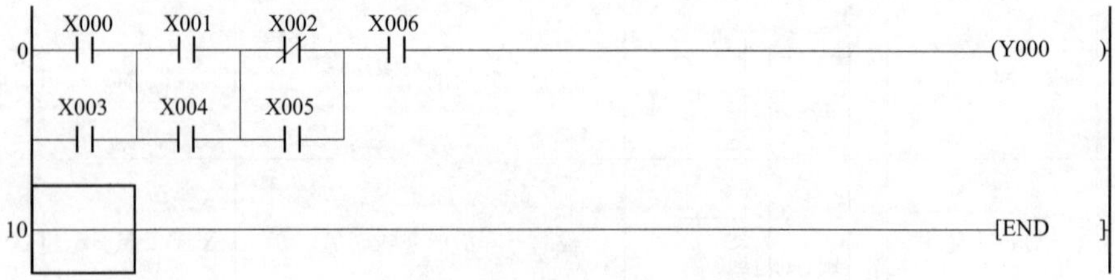

图 4-42　ANB 指令应用程序

对应的语句表如下。

```
0    LD     X000
1    OR     X003
2    LD     X001
3    OR     X004
4    ANB
5    LDI    X002
6    OR     X005
7    ANB
8    AND    X006
9    OUT    Y000
10   END
```

【例 4-5】　ORB 指令应用程序如图 4-43 所示。

图 4-43　ORB 指令应用程序

对应的语句表如下。

```
0    LD     X000
1    AND    X001
2    LD     X002
3    ANI    X003
4    ORB
5    AND    X004
6    OUT    Y000
7    OUT    T0        K10
10   END
```

5. MPS、MRD、MPP

MPS、MRD、MPP 指令及功能见表 4-7。

表 4-7　　　　　　　　　　　　　　　　　**MPS、MRD、MPP 指令**

助记符	名称	梯形图	功能	操作数类型
MPS	存储器进栈		压入堆栈	—
MRD	存储器读栈		读取堆栈	—
MPP	存储器出栈		弹出堆栈	—

【例 4-6】 MPS、MRD、MPP 指令应用程序如图 4-44 所示。

图 4-44 MPS、MRD、MPP 指令应用程序

对应的语句表如下。

```
0    LD     X000
1    MPS
2    AND    X001
3    ANI    X002
4    OUT    Y000
5    MRD
6    LD     X002
7    OR     X003
8    ANB
9    OUT    T0          K10
12   MPP
13   ANI    X004
14   OUT    Y001
15   END
```

6. MC、MCR

MC、MCR 指令及功能见表 4-8。

表 4-8   MC、MCR 指令

助记符	名称	梯形图	功能	操作数类型
MC	主控	─┤ ├─ MC │ N0 │ M1	连接到母线公共触点	Y、M
MCR	主控复位	─┤M1 程序 MCR │ N0	解除连接到母线公共触点	—

【例 4-7】 MC、MCR 指令应用程序如图 4-45 所示。

图 4-45　MC、MCR 指令应用程序

对应的语句表如下。

```
0    LD     X000
1    MC     N0       M0
4    LD     X001
5    OUT    Y000
6    LD     X002
7    OUT    T0       K20
10   MCR    N0
12   END
```

7. MEP、MEF

MEP、MEF 指令及功能见表 4-9。

表 4-9　　　　　　　　　　　　　MEP、MEF 指令

助记符	名称	梯形图	功能	操作数类型
MEP	M.E.P	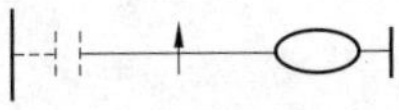	运算结果有上升沿时导通	—
MEF	M.E.F	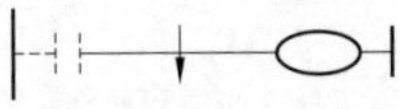	运算结果有下降沿时导通	—

注　MEP 和 MEF 只适用于 FX$_{3U}$ 系列 PLC。

【例 4-8】　MEP、MEF 指令应用程序如图 4-46 所示。

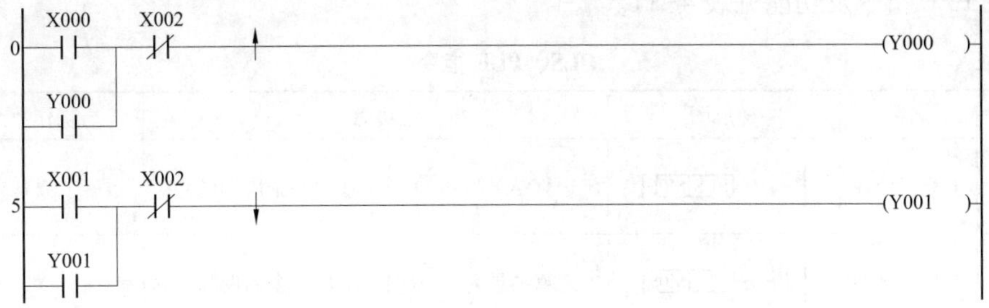

图 4-46　MEP、MEF 指令应用程序

对应的语句表如下。

```
0    LD      X000
1    OR      Y000
2    ANI     X002
3    MEP
4    OUT     Y000
5    LD      X001
6    OR      Y001
7    ANI     X002
8    MEF
9    OUT     Y001
10   END
```

8. INV

INV 指令及功能见表 4-10。

表 4-10 INV 指令

助记符	名称	梯形图	功能	操作数类型
INV	反转	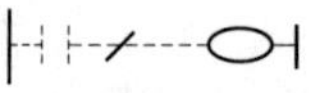 ├─┤├─┤／├─── ─（ ）┤	运算结果的反转	—

【例 4-9】 INV 指令应用程序如图 4-47 所示。

图 4-47 INV 指令应用程序

对应的语句表如下。

```
0   LD      X000
1   INV
2   OUT     Y000
3   END
```

9. PLS、PLF

PLS、PLF 指令及功能见表 4-11。

表 4-11 PLS、PLF 指令

助记符	名称	梯形图	功能	操作数类型
PLS	上升沿脉冲	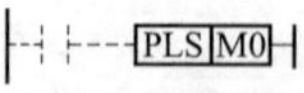 ├─┤├─── PLS M0	运算结果为 0→1 时，输出一个周期脉冲	Y、M
PLF	下降沿脉冲	 ├─┤├─── PLF M0	运算结果为 1→0 时，输出一个周期脉冲	Y、M

【例 4-10】 PLS、PLF 指令应用程序如图 4-48 所示。

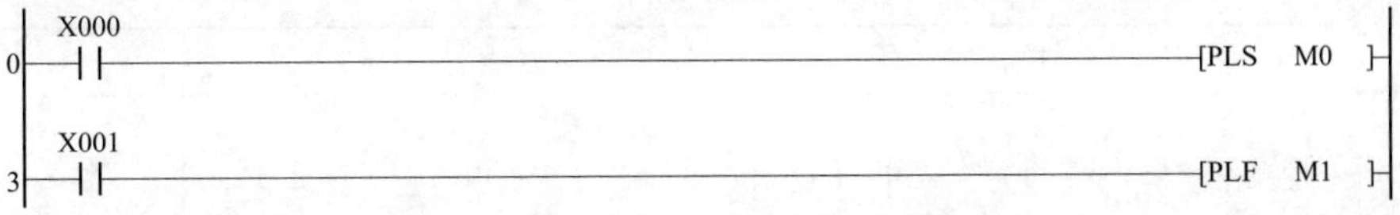

图 4-48　PLS、PLF 指令应用程序

对应的语句表如下。

```
0  LD      X000
1  PLS     M0
3  LD      X001
4  PLF     M1
6  END
```

10. SET、RST

SET、RST 指令及功能见表 4-12。

表 4-12　　　　　　　　　　　　　　　SET、RST 指令

助记符	名称	梯形图	功能	操作数类型
SET	置位	⊣ ├ --- SET M0 ├	线圈置位	Y、M、S、D□.b
RST	复位	⊣ ├ --- RET M0 ├	线圈复位	X、Y、M、S、T、C、D□.b、R、V、Z

【例 4-11】　SET、RST 指令应用程序如图 4-49 所示。

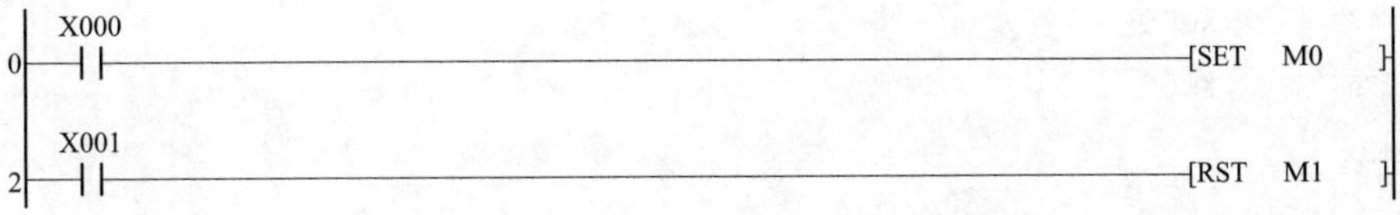

图 4-49　SET、RST 指令应用程序

对应的语句表如下。

```
0  LD      X000
1  SET     M0
2  LD      X001
3  RST     M1
4  END
```

SET、RST 指令对同一线圈操作时，由于 CPU 执行采用从上到下的顺序扫描执行，因此最终执行的是后面的操作。例如，程序顺序为 LD X0，SET M0，LD X0，RST M0，最后执行的是复位指令，则 M0 线圈被复位，这类控制方式为触发器中的复位优先；如 SET M0 最后被执行，则 M0 线圈被置位，属于置位优先触发器。

11. NOP

NOP 指令及功能见表 4-13。

表 4-13   **NOP 指令**

助记符	名称	梯形图	功能	操作数类型
NOP	空操作		无处理	—

12. END

END 指令及功能见表 4-14。

表 4-14   **END 指令**

助记符	名称	梯形图	功能	操作数类型
END	结束	—[END]—	程序结束以及输入输出处理和返回 0 步	—

【例 4-12】 END 指令应用程序如图 4-50 所示。

图 4-50　END 指令应用程序

对应的语句表如下。

```
0  LD    X000
1  OUT   Y000
2  END
```

上述基本指令也可以归结为以下几类，具体见表 4-15。

表 4-15   **基 本 指 令 表**

类别	助记符
触点类指令	LD、LDI、LDP、LDF、AND、ANI、ANDP、ANDF、OR、ORI、ORP、ORF
执行类指令	OUT、SET、RST、PLS、PLF
结合类指令	ANB、ORB、MPS、MRD、MPP、INV、MEP、MEF
主控指令	MC、MCR
其他指令	NOP、END

4.3.3　步进梯形图指令

步进梯形图 STL、RET 指令及功能见表 4-16。

表 4-16　　　　　　　　　　　　　　　　　STL、RET 指令

助记符	名称	梯形图	功能	操作数类型
STL	步进梯形图	┤├─ STL S0	步进梯形图的开始	S
RET	返回	─ RET	步进梯形图的结束	—

STL 指令是步进开始指令，是具有特殊功能的触点，其作用是：驱动输出；指定转移（跳转）的条件；指定转移（跳转）的方向；复位上一状态功能；未激活的状态不扫描。

RET 指令是步进返回指令，当步进程序执行完毕，程序指针需要重新回到母线扫描其他程序，RET 指令可以使程序指针返回到母线，否则程序将扫描不到 END 步而出错。

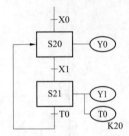

图 4-51　【例 4-13】配图

【例 4-13】 图 4-51 为顺序功能图的部分表示，详细概念请参见之前的介绍。当转移条件 X0 成立时，转移并激活状态 S20，同时驱动 Y0；当转移条件 X1 成立时，转移激活状态 S21，并复位状态 S20，同时驱动 Y1 和 T0；当转移条件 T0 成立时，返回到状态 S20，并复位状态 S21。利用步进梯形图指令实现的 PLC 程序如图 4-52 所示。

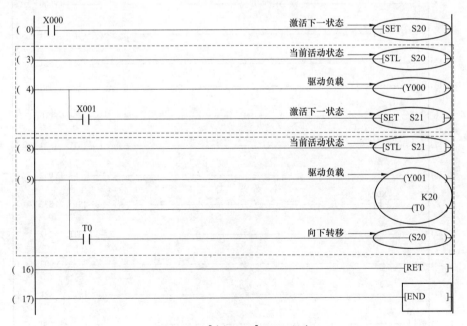

图 4-52　【例 4-13】PLC 程序

【例 4-14】 图 4-53 为顺序功能图的选择性序列表示，详细概念请参见之前介绍。利用步进梯形图编写程序，要注意在分支的开始采用依次编写单序列的顺序完成；分支的汇合处编写所有分支回合，每种情况都是激活状态及转移条件；最后利用 RET 进行循环。利用步进梯形图指令实现的 PLC 程序如图 4-54 所示。

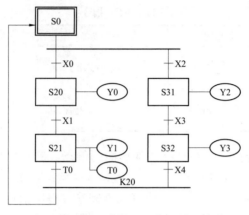

图 4-53 【例 4-14】配图

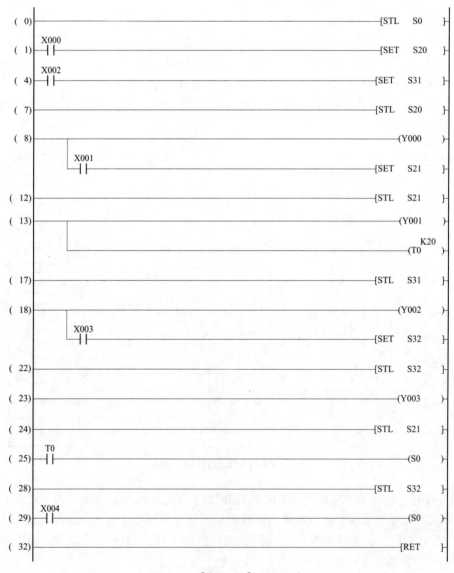

图 4-54 【例 4-14】PLC 程序

【例 4-15】　图 4-55 为顺序功能图的并行序列表示，详细概念请参见之前介绍。利用步进梯形图编写程序，要注意在分支的开始和汇合处编写。分支开始处，当转移条件成立时须将所有的状态激活；分支汇合处需要在所有的状态被激活且转移条件同时成立时再向下转移。利用步进梯形图指令实现的 PLC 程序如图 4-56 所示。

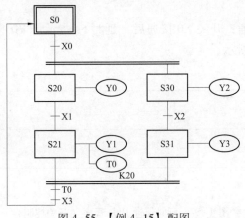

图 4-55　【例 4-15】配图

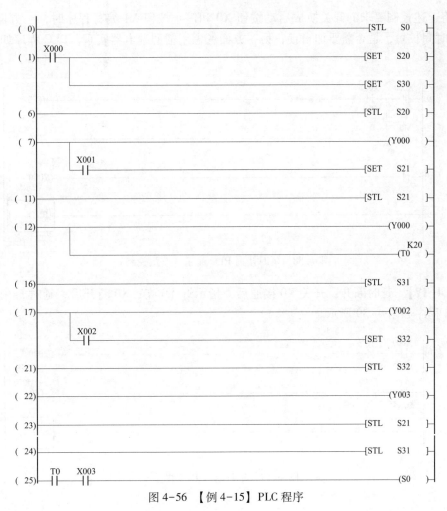

图 4-56　【例 4-15】PLC 程序

4.3.4 定时器和计数器指令

1. 定时器指令

定时器指令的功能和分类参见 4.3.1 节内容。下面通过实例来说明定时器指令的常见用法。

【例 4-16】 延时接通：开关 X0 接通后，延时 5s 指示灯 Y0 亮；X0 断开后，指示灯熄灭。PLC 程序如图 4-57 所示。

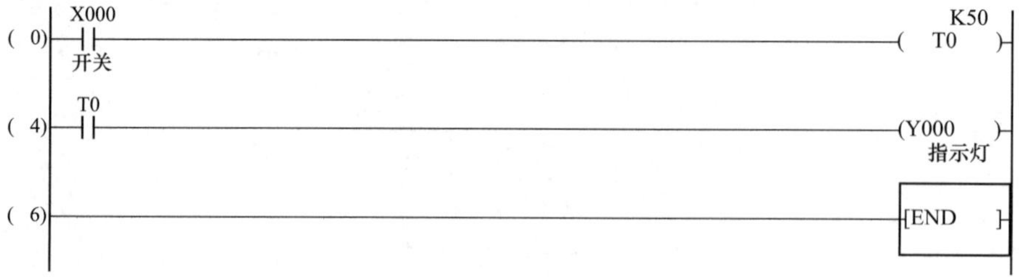

图 4-57 延时接通 PLC 程序（开关控制）

若将上述控制要求的开关换成启动按钮 X0 和停止按钮 X1 编写程序时，一方面要考虑 X0 得电时间长短，是否需要加自锁；另一方面考虑用辅助继电器实现。PLC 程序如图 4-58 所示。

图 4-58 延时接通 PLC 程序（按钮控制）

【例 4-17】 延时断开：开关 X0 接通后，指示灯 Y0 亮；X0 断开后，延时 5s 指示灯熄灭。PLC 程序如图 4-59 所示。

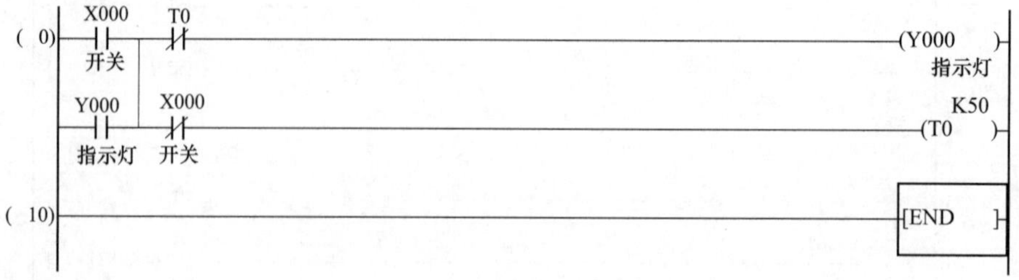

图 4-59 延时断开 PLC 程序

【例 4-18】　延时接通延时断开：开关 X0 接通后，延时 5s 指示灯 Y0 亮；X0 断开后，延时 5s 指示灯熄灭。PLC 程序如图 4-60 所示。

图 4-60　延时接通延时断开 PLC 程序

【例 4-19】　脉冲发生电路：设计频率为 1Hz 的脉冲发生器，要求占空比为 1，即当开关 X0 接通后，输出 Y0 产生 0.5s 接通，0.5s 断开的方波。PLC 程序如图 4-61 所示。

图 4-61　脉冲发生电路

【例 4-20】　长延时程序：FX$_{3U}$ 系列 PLC 的定时器为 16 位定时器，利用单个定时器指令时，其定时最长时间为 3276.7s，若需要更长的时间，则需要采用长延时电路。利用定时器指令实现 1h 延时导通的 PLC 程序如图 4-62 所示。

图 4-62　长延时 PLC 程序

说明：利用多个定时器指令实现长延时控时，总的时间设定值为每个定时器设定值之和。

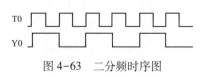

图 4-63　二分频时序图

【例 4-21】　二分频程序：输入端 T0 输入一个频率为 f 的方波，要求输出端 Y0 输出一个频率为 $f/2$ 的方波，T0 和 Y0 对应的时序图如图 4-63 所示。PLC 程序如图 4-64 所示。

图 4-64　二分频 PLC 程序

2. 计数器指令

计数器指令的功能和分类参见 4.3.1 节内容。下面通过实例来说明计数器指令的常见用法。

【例 4-22】　利用计数器实现定时控制，PLC 程序如图 4-65 所示。

图 4-65　利用特殊辅助继电器和计数器实现定时控制

PLC 内部的特殊辅助继电器提供了四种时钟脉冲：10ms（M8011）、100ms（M8012）、1s（M8013）、1min（M8014）。上述程序中，M8013 作为计数器 C0 的触发条件，即 C0 每秒计数一次，当计数 3600 次时，累计时间为 3600s（1h），实现了定时功能。此外在使用计数器指令时，需用 RST 指令将其复位。

【例 4-23】　利用计数器和定时器实现定时控制，PLC 程序如图 4-66 所示。

图 4-66　利用定时器和计数器实现定时控制

在上述程序中，用 T0 代替了【例 4-22】中的特殊辅助继电器 M8013，同样实现了 1h 的延时控制。这里可以通过修改 T0 的设定值来修改延时时间，可以实现长定时功能。

说明：利用一个计数器和一个定时器指令实现长延时控制，总的时间设定值为计数器和定时器设定值之积。

4.3.5 应用指令

1. 程序流程

程序流程指令，提供了程序的条件执行及优先处理等主要与顺控程序控制流程相关的指令。程序流程指令助记符和对应梯形图说明见表 4-17。

表 4-17　程序流程指令说明

助记符	名称	梯形图	助记符	名称	梯形图
CJ	条件跳转	├─┤├─[CJ | Pn]─┤	IRET	中断返回	├──────[IRET]─┤
CALL	子程序调用	├─┤├─[CALL | Pn]─┤	DI	中断禁止	├──────[DI]─┤
SRET	子程序返回	├──────[SRET]─┤	WDT	看门狗定时器	├─┤├─[WDT | Pn]─┤
FEND	主程序结束	├──────[FEDN]─┤	FOR	循环范围开始	├────[FOR | S]─┤
EI	中断允许	├──────[EI]─┤	NEXT	循环范围结束	├──────[NEXT]─┤

（1）CJ 指令是条件跳转指令，Pn 是指针编号。当执行条件满足时，程序指针跳转到指定标签处。有 CJ 连续执行和 CJP 脉冲执行两种执行方式。下面说明 CJ 使用时的注意事项。

1）减少扫描时间。

2）实现双线圈输出。条件跳转的条件为：一是 X0 的动合触点和动断触点；二是必有一个得电，执行一个条件跳转指令，因此只有一个 Y0 被扫描执行。在使用时应注意双线圈只存在于不同指针的程序段中，在主程序内，同一指针程序段内，可能同时执行的两个指针程序段内不应该有双线圈出现。

3）两条及多条跳转指令可以使用同一编号指针，但指针标号不能重复使用。

4）条件跳转指令 CJ 和子程序调用指令 CALL 不能同时使用同一指针编号。

5）如果 Y、M、S 被 OUT、SET、RST 指令驱动，则跳转期间即使 Y、M、S 的驱动条件改变了，它们仍保持跳转发生前的状态。如果通用定时器或计数器被驱动后发生跳转，则暂停计时和计数，并保留当前值。积算定时器 T246~T255 和高速计数器 C235~C255 如果被驱动后再发生跳转，则该段程序被跳过，计时器和计数器仍然继续，其触点也能动作。

在自动化系统设计中经常需要实现多种控制方式，如手动、自动、单周期、单步等。下面以手动和自动控制为例说明 CJ 指令的使用方法，程序结构如图 4-67 所示。在运行自动程序前，首先应满足初始条件。如果不满足可以切换到手动模式，利用手动按钮分别独立操作各个执行机构，使系统进入要求的初始状态；也可以利用 M8002 将顺序功能图中的非初始步对应的状态批量复位，然后将初始步 S0 置位，这样可以防止自动向手动后再返回自动方式时可能会出现的多个活动步的异常情况。自动开关 X0 为 ON 时，跳过手动程序执行自动程序；X0 为 OFF 时，跳过自动程序执行手动程序。跳转指令"CJ P63"用于跳转到 END指令。

（2）CALL/SRET/FEND。在顺控程序中，对想要共同处理的程序进行调用，可以减少程序的步数，更加有效地设计程序。此外，编写子程序时，需要与 SRET 和 FEND 同时使用。

图 4-68 中，主程序从第 0 步开始至 FEND 结束，每个子程序从指针标号开始至 SRET结束。当 X0 为 ON 时，执行 CALL 指令，向 P1 指针标记的步跳转，执行子程序"用户程序3"，执行到 SRET 后，返回到 CALL 指令的下一步，执行主程序"用户程序 2"。使用时应注意：CALL 指令标记用的 Pn 在 FEND 指令后编写；CALL 指令中操作数 P 的编号可以重复，但请勿与 CJ 指令中使用标记 P 的编号重复。子程序内的 CALL 指令最多允许使用 4 次，即允许 5 层嵌套。

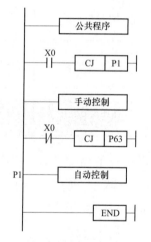

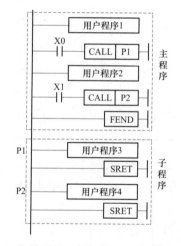

图 4-67 CJ 指令实现手动和
自动控制程序结构

图 4-68 CALL/SRET/FEND
指令使用说明

【例 4-24】 按钮 SB1（X0）和 SB2（X1）控制一盏指示灯（Y0）。当 SB1 按下时，指示灯常亮；当 SB2 按下时，指示灯以亮 1s 灭 1s 的频率闪烁运行，当 SB1 和 SB2 同时按下时，指示灯延时 3s 点亮；当两按钮均没有被按下时，指示灯灭。PLC 程序如图 4-69 所示。

（3）EI/IRET/DI。在处理主程序过程中如果产生中断（输入、定时器、计数器），则跳转到中断程序，然后用 IRET 指令返回到主程序。其中输入中断是通过输入信号（X）的ON/OFF 执行中断处理，中断编号为 I00∗~I50∗；定时器中断是每隔制定的时间间隔执行中断处理，中断编号为 I6∗∗~I8∗∗；计数器中断是利用高速计数器增计数时执行的中断处理。可编程控制器通常为禁止中断状态，需要使用 EI 指令允许上述中断。在改为允许中

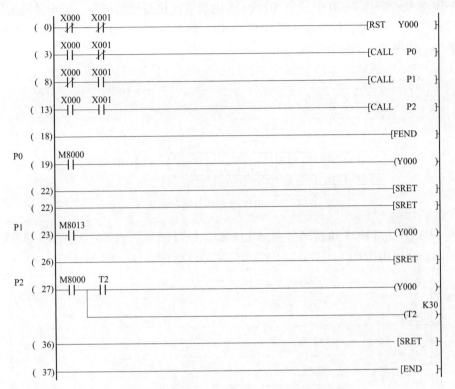

图 4-69　CALL/SRET/FEND 指令使用实例

断后，使用 EI 指令可以再更改为禁止中断。DI 禁止中断指令，其后产生的中断，在执行了 EI 指令后方可处理。

中断用指针（I＊＊＊）必须在 FEND 指令后面作为标记编程。

2. 传送指令

传送指令助记符和梯形图说明见表 4-18。

表 4-18　　　　　　　　　　传　送　指　令　说　明

助记符	名称	梯形图	功能	操作数类型
MOV	传送	(S.) (D.) MOV K100 D0	100 → D0	(S.)：所有的字软元件；K/H (D.)：除 KnX 的字软元件
BMOV	块传送	(S.) (D.) n BMOV D10 D0 K3	D10 → D0 D11 → D1 D12 → D2	(S.)：除 V/Z 的字软元件 (D.)：除 KnX、V/Z 的字软元件 n：D、K/H
FMOV	多点传送	(S.) (D.) n FMOV K100 D0 K3	100 → D0 D1 D2	(S.)：所有的字软元件；K/H (D.)：除 KnX、V/Z 的字软元件 n：K/H
XCH	数据交换	(D1.) (D2.) XCH D0 D10	D0 ↔ D10	(D1.)：除 KnX 的字软元件 (D2.)：除 KnX 的字软元件
CML	反转传送	(S.) (D.) CML D0 D10	D0 → D10	(S.)：所有的字软元件；K/H (D.)：除 KnX 的字软元件

（1）MOV 指令。图 4-70 中，当 X0 为 ON 时，连续执行传送指令，将十进制的 10 以二进制的形式传送给 K2Y0。目标地址 K2Y0 为 8 位，因此 Y17→Y10 不论源操作数中高 8 位数据如何变化，均保持原来的值不变。

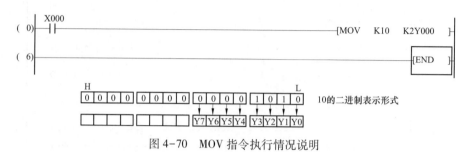

图 4-70 MOV 指令执行情况说明

MOV、BMOV 和 FMOV 执行结果对比程序如图 4-71 所示。当 X0 为 ON 时，D0＝10；当 X1 为 ON 时，D0＝D10／D1＝D11／D2＝D12；当 X2 为 ON 时，D0＝D1＝D2＝3。

```
        X000
( 0) ┤├────────────────────────────────────[MOV   K10   D0 ]
        X001
( 6) ┤├─────────────────────────────────[BMOV   D10   D0   K3 ]
        X002
( 14)┤├─────────────────────────────────[FMOV   K10   D0   K3 ]
( 22)────────────────────────────────────────────────[END ]
```

图 4-71 MOV、BMOV、FMOV 指令执行情况说明

应用指令单周期执行有三种方法可以实现，PLC 程序如图 4-72 所示。执行结果均相同，请读者自行分析。

```
        X000
( 0) ┤├──────────────────────────────[MOVP   K10   K2Y000 ]
        X001
( 6) ┤╫──────────────────────────────[MOV   K10   K2Y000 ]
        X002
( 13)┤├──────┤↑├──────────────────────[MOV   K10   K2Y000 ]
( 20)─────────────────────────────────────────[END ]
```

图 4-72 脉冲执行方式 PLC 程序

（2）XCH 指令。执行数据交换指令时，数据在制定的目标软元件之间交换，该指令应采用脉冲执行方式，否则在每个扫描周期都要交换一次。在图 4-73 中，若 X0 为 OFF 时，D10＝100，D20＝50，则当 X0 为 ON 后，执行 XCH 指令后 D10＝50，D20＝100。

```
        X000
( 0) ┤├──────────────────────────────[XCHP   D10   D20 ]
( 6) ─────────────────────────────────────────[END ]
```

图 4-73 XCH 指令使用程序

（3）CML 反转传送指令。反转传送指令将源软元件中的数据按位取反（1→0，1→1），然后传送到指定目标。若源数据为常数，则该数据会自动转换为二进制数。CML 用于反逻辑输出时非常方便。在图 4-74 中，当 X1 为 ON 时，CML 指令将 HFFFF 取反后传送给 D0；当 X2 为 ON 时，CML 指令将 D0 的低 8 位取反后传送到 Y7→Y0 中。

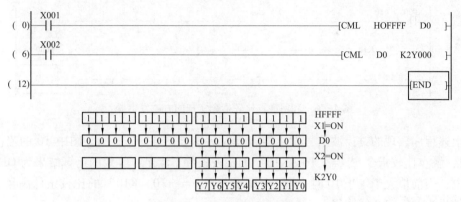

图 4-74　CML 指令使用程序

3. 比较指令

（1）触点比较指令。触点比较指令功能说明见表 4-19。

表 4-19　　　　　　　　　　　触点比较指令功能说明

助记符	功能	助记符	功能
LD=	(S1) = (S2) 时运算开始的触点接通	AND=	(S1) = (S2) 时串联触点接通
LD>	(S1) > (S2) 时运算开始的触点接通	AND>	(S1) > (S2) 时串联触点接通
LD<	(S1) < (S2) 时运算开始的触点接通	AND<	(S1) < (S2) 时串联触点接通
LD<>	(S1) ≠ (S2) 时运算开始的触点接通	AND<>	(S1) ≠ (S2) 时串联触点接通
LD≤	(S1) ≤ (S2) 时运算开始的触点接通	AND≤	(S1) ≤ (S2) 时串联触点接通
LD≥	(S1) ≥ (S2) 时运算开始的触点接通	AND≤	(S1) ≤ (S2) 时串联触点接通
OR=	(S1) = (S2) 时并联触点接通	OR<>	(S1) ≠ (S2) 时并联触点接通
OR>	(S1) > (S2) 时并联触点接通	OR≤	(S1) ≤ (S2) 时并联触点接通
OR<	(S1) < (S2) 时并联触点接通	OR≥	(S1) ≤ (S2) 时并联触点接通

注　表中 S1 和 S2 为操作数。

【例 4-25】　图 4-75 所示为触点比较指令应用。当 T0 的当前值等于 20 且 D12 的值小于等于 D14 的值时，或者 D10 的值不等于 40 且 D12 的值小于等于 D14 的值时，Y0 的线圈通电。

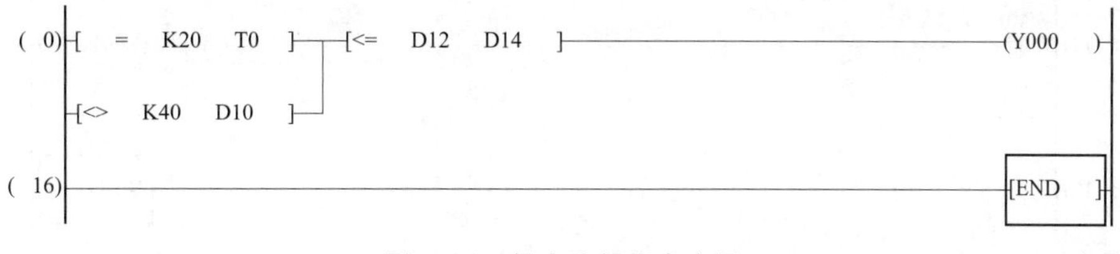

图 4-75　触点比较指令应用

图 4-76 所示为利用触点比较指令实现的方波发生器。X0 为 ON 时，T0 开始定时，其当前值从 0 开始不断增大。当前值等于设定值 30 时，T0 动断触点断开，使 T0 复位，当前值清零。在下一个扫描周期，T0 的动断触点闭合，其当前值又从 0 开始不断增大。图 4-76 所示程序中第一行程序相当于一个锯齿波信号发生器。

图 4-76　利用触点比较指令实现的方波发生器

由上述程序实现的锯齿波信号发生器，其时序图如图 4-77 所示。图中 T0 的当前值小于 10 时，触点比较指令"＞＝　T0　K10"的比较条件不满足，等效的运算结果为 OFF，Y0 线圈断电；当前值大于等于 10 时，触点比较指令"＞＝　T0　K10"的比较条件满足，等效的运算结果为 ON，Y0 线圈得电。

（2）比较指令。CMP 指令比较源操作数（S1.）和（S2.）的大小，将比较结果送至目标操作数（D.）中。（S1.）和（S2.）可以取所有的字元件，（D.）可以取 Y、M、S 和 D□.b。在图 4-78 中，当 X0 为 ON 时，比较指令将十进制的 100 和计数器 C0 的当前值比较，将比较结果送至 Y0、Y1 和 Y2。当 100＞C0 当前值成立时，Y0 导通；当 100＝C0 当前值成立时，Y1 导通；当 100＜C0 当前值成立时，Y2 导通。

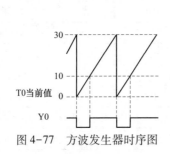

图 4-77　方波发生器时序图

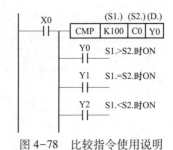

图 4-78　比较指令使用说明

【例 4-26】　图 4-79 所示为利用比较指令实现的方波发生器，功能和【例 4-25】相同。该指令的目标操作数为 M0、M1 和 M2。在 T1 的当前值大于 10 时，M0 触点为 ON，T1 的当前值等于 10 时，M1 的触点为 ON，使得 Y1 线圈得电。

图 4-79　利用比较指令实现的方波发生器

（3）ZCP 区间比较指令。ZCP 的源操作数（S1.）、（S2.）、（S.）可以取所有的字软元件，（D.）为 Y、M、S 和 D□.b。在图 4-80 中，当 X0 为 ON 时，将 T0 的当前值与常数 50 和 100 进行比较，将比较结果送至 Y0、Y1 和 Y2 中。当 T0 的当前值小于 50 时，Y0 导通；当 T0 的当前值大于等于 50 且小于等于 100 时，Y1 导通；当 T0 的当前值大于 100 时，Y2 导通。

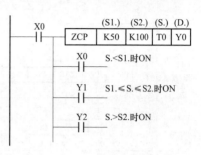

图 4-80 区间比较指令使用说明

【例 4-27】 图 4-81 所示为利用区间比较指令实现温度报警控制程序。其中，VAR1 为全局变量，采集现场的温度值，单位为℃。温度的上限值和下限值分别为 50℃和 100℃。M8013 是周期为 1s 的时钟脉冲。检测到温度值低于下限时，M0 为 ON，"温度过低"指示灯 Y0 闪烁；温度值在 50~100℃时，M1 为 ON，"温度正常"指示灯亮；温度值高于上限时，M2 为 ON，"温度过高"指示灯 Y2 闪烁。

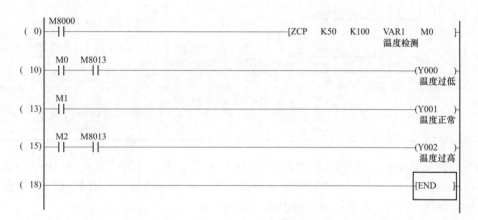

图 4-81 温度报警控制

4. 四则运算及逻辑运算

四则运算及逻辑运算功能说明见表 4-20。

表 4-20　　　　　　　　　　　四则运算及逻辑运算功能说明

助记符	梯形图	功能	操作数类型
ADD 加法	ADD D10 D0 D20 (S1.) (S2.) (D.)	$(D.) = (S1.) + (S2.)$	(S1.)/(S2.)：所有的字软元件；K/H (D.)：除 KnX 的字软元件
SUB 减法	SUB D10 D0 D20 (S1.) (S2.) (D.)	$(D.) = (S1.) - (S2.)$	(S1.)/(S2.)：所有的字软元件；K/H (D.)：除 KnX 的字软元件
MUL 乘法	MUL D10 D0 D20 (S1.) (S2.) (D.)	$(D.) = (S1.) \times (S2.)$	(S1.)/(S2.)：所有的字软元件；K/H (D.)：除 KnX 的字软元件

续表

助记符	梯形图	功能	操作数类型
DIV 除法	(S1.) (S2.) (D.) ├─┤├──[DIV D10 D0 D20]	(D.) = (S1.) ÷ (S2.)	(S1.)/(S2.)：所有的字软元件；K/H (D.)：除 KnX 的字软元件
INC 加一	(D.) ├─┤├──[INC D0]	(D.) = (D.) +1	(D.)：除 KnX 的字软元件
DEC 减一	(D.) ├─┤├──[DEC D0]	(D.) = (D.) -1	(D.)：除 KnX 的字软元件
WAND 逻辑与	(S1.) (S2.) (D.) ├─┤├──[WAND D10 D0 D20]	(S1.) 和 (S2.) 的内容按位进行逻辑与运算后，传送到 (D.) 中	(S1.)/(S2.)：所有的字软元件；K/H (D.)：除 KnX 的字软元件
WOR 逻辑或	(S1.) (S2.) (D.) ├─┤├──[WOR D10 D0 D20]	(S1.) 和 (S2.) 的内容按位进行逻辑或运算后，传送到 (D.) 中	(S1.)/(S2.)：所有的字软元件；K/H (D.)：除 KnX 的字软元件
WXOR 逻辑异或	(S1.) (S2.) (D.) ├─┤├──[WXOR D10 D0 D20]	(S1.) 和 (S2.) 的内容按位进行逻辑异或运算后，传送到 (D.) 中	(S1.)/(S2.)：所有的字软元件；K/H (D.)：除 KnX 的字软元件
NEG 补码	(D.) ├─┤├──[NEG D10]	将 (D.) 的内容按位取反后加 1，将结果存入 (D.) 中	(D.)：除 KnX 的字软元件

（1）四则运算指令。四则运算指令包括 ADD、SUB、MUL、DIV、INC 和 DEC 指令。每个操作数的最高位为符号位，符号位为 0 表示正数，1 表示负数，所有的运算都为代数运算。现以图 4-82 所示程序来说明使用四则运算指令时的注意事项。

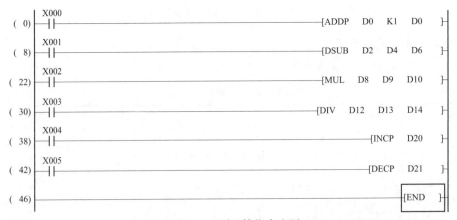

图 4-82　四则运算指令应用

当 X0 从 OFF→ON 时，执行一次加法运算指令，将 D0+1 的运算结果赋值给 D0。这里目标软元件和源软元件相同，均为 D0，为了避免每个扫描周期都执行一次指令，应采用脉冲执行方式或用其他指令实现。

当 X1 为 ON 时，执行 32 位的减法运算指令，将 D3D2 ~ D5D4 的运算结果赋值给 D7D6。

在 32 位运算中被指定的字软元件为低位字，相邻的下一个字软元件为高位字，在使用时应避免重复。这里请注意（S1.）为被减数，（S2.）为减数。

当 X2 为 ON 时，执行乘法运算指令，将 D8×D9 的运算结果赋值给 D11D10，即 16 位的乘法运算指令目标软元件需占 32 位。若是 32 位的乘法运算指令目标软元件则需占 64 位。目标位软元件（如 KnM）的位数如果小于运算结果的位数，则只能保存结果的低位。

当 X3 为 ON 时，执行除法运算指令，将 D12÷D13 的运算结果赋值给 D15D14，其中 D14 用来存放商，D15 存放余数。商和余数的最高位为符号位。若除数为 0 则出错，此时不执行该指令。

当 X4 为 ON 时，执行加一运算指令，将 D20+1 的运算结果赋值给 D20。当 X5 为 ON 时，执行减一运算指令，将 D21-1 的运算结果赋值给 D21。为了避免每个扫描周期都执行一次指令，应采用脉冲执行方式或用其他指令实现。利用加法和减法指令同样可以实现该功能。但 INC 和 DEC 对标志位没有影响。

在上述运算中，对标志位的影响如下。

1）如果加法和减法运算的运算结果为 0，则零标志位 M8020 为 ON。

2）16 位加法和减法运算的运算结果小于-32768 或 32 位加法和减法运算的运算结果小于-2147483648 时，借标志位 M8021 为 ON。

3）16 位加法和减法运算的运算结果超过 32767 或 32 位加法和减法运算的运算结果超过 2147483647 时，进标志位 M8022 为 ON。

4）如果除法运算指令的除数为 0，则运算出错，"错误发生"标志位 M8004 为 ON。

（2）逻辑运算指令。逻辑运算指令也包括 16 位和 32 位指令，这些指令以位为单位作相应的运算。"与"运算时，如果两个源操作数的同一位均为"1"，则目标操作数对应位为"1"，否则为"0"。"或"运算时，如果两个源操作数的同一位均为"0"，则目标操作数对应位为"0"，否则为"1"。"异或"运算时，如果两个源操作数的同一位不相同，则目标操作数对应位为"1"，否则为"0"。源操作数（S1.）和（S2.）为常数 K 时，指令自动将它转换为二进制数，然后进行逻辑运算。

求补码指令 NEG 只有目标操作数，必须采用脉冲执行方式，它将（D.）指定的数的每一位取反后再加 1，结果赋值到同一软元件。

【例 4-28】 求绝对值。下面通过 NEG 指令和 SUB 指令来实现绝对值的求解。

方法一：图 4-83 所示为利用 NEG 指令实现绝对值的求解的 PLC 程序。图 4-83 中，BON 为 ON 位的判定指令，用来获取其中 1 位的状态。D20 为 16 位数据寄存器，最高为（第 15 位）为符号位，0 表示正数，1 表示负数。当 D20 为负数时，M0=1，执行 NEG 求补码指令。

图 4-83 利用 NEG 指令实现绝对值的求解

方法二：图 4-84 所示为利用 SUB 指令实现绝对值的求解的 PLC 程序。CMP 为比较指令，将数据寄存器 D20 中的数据和 0 进行比较，当 D20<0 成立时，M2＝1，执行 SUB 减法指令，D20＝0−D20。

图 4-84　利用 SUB 指令实现绝对值的求解

5. 循环及移位指令

循环及移位指令功能说明见表 4-21。

表 4-21　　　　　　　　　　　　　　循环及移位指令功能说明

助记符	名称	梯形图	功能	操作数类型
ROR	循环右移	ROR D0 n (D.) (n.)	（D.）的 16 位向右/左移动 n 位	（D.）：除 KnX 的字软元件 (n.)：D、R、K/H
ROL	循环左移	ROL D0 n (D.) (n.)		
RCR	带进位循环右移	RCR D0 n (D.)	（D.）的 16 位加上 M8002 位向右/左移动 n 位	（D.）：除 KnX 的字软元件 (n.)：D、R、K/H
RCL	带进位循环左移	RCL D0 n (D.)		
SFTR	位右移	SFTR D0 D1 n1 n2 (S1.) (D1.) (n1.) (n2.)	n2 个（S.）位元件成组地在 n1 个（D.）位元件中向右/左移动	（S.）：X、Y、M、S、D□.b (D.)：Y、M、S (n1.)：K/H (n2.)：D、R、K/H
SFTL	位左移	SFTL D0 D1 n1 n2 (S1.) (D1.) (n1.) (n2.)		
WSFR	字右移	WSFR D0 D1 n1 n2 (S1.) (D1.) (n1.) (n2.)	n2 个（S.）字元件成组地在 n1 个（D.）字元件中向右/左移动	（S.）：所有字软元件 (D.)：除 KnX 的字软元件 (n1.)：K/H (n2.)：D、R、K/H
WSFL	字左移	WSFL D0 D1 n1 n2 (S1.) (D1.) (n1.) (n2.)		
SFWR	移位写入	SFWR D0 D1 n (S.) (D.) (n.)	先入先出/先入后出控制准备的数据写入指令	（S.）：所有字软元件；K/H (D.)：除 KnX 的字软元件 (n.)：K/H
SFRD	移位读出	SFRD D0 D1 n (S.) (D.) (n.)	先入先出控制准备的数据读出指令	（S.）：除 KnX 的字软元件 (D.)：除 KnX 的字软元件 (n.)：K/H

（1）循环移位指令。如图 4-85 所示，当 X0 为 ON 时，RORP 指令执行脉冲执行方式，D0 中的数据 15 以二进制的形式存储，将各位的数据向右循环移动两位。

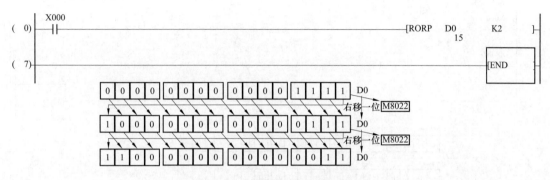

图 4-85 循环移位指令使用说明

注意：16 位指令和 32 位指令的 n 应分别小于等于 16 和 32，每次移出的位同时存入 M8022；如果（D.）中指定位软元件组的组数，则只有 K4（16 位）和 K8（32 位）有效，如 K4Y0 和 K8M0。

【例 4-29】 图 4-86 所示为 8 位彩灯循环控制程序。移位的时间间隔是 1s，首次扫描时 M8002 的动合触点闭合，将初始值 H0E 赋值给 K4M0，即 M1＝M2＝M3＝1。T0 的动断触点和它的线圈组成周期为 1s 的脉冲发生器。ROL 指令是将 Y7～Y0 组成的 8 位彩灯每秒向左移动一位。这里，为了不影响未参加移位的 Y10 和 Y17 的正常运行，对 16 位的辅助继电器进行移位。

图 4-86 8 位彩灯循环控制

（2）带进位循环移位指令。如图 4-87 所示，当 CPU 运行的第一个周期时，M8002 有一个周期的 ON，将执行 MOV 指令，D0.0＝1；当 X0 第一次由 OFF→ON 时，扫描执行一个周期的 RCR 指令，D0 中 16 位二进制数据+M8022 的一位数据构成 17 位目标操作数，将各位的数据向右循环移动一位，将 D0.0 的 "1" 右移至 M8002 中；当 X0 第二次由 OFF→ON 时，再次扫描执行一个周期的 RCR 指令，将 M8022 的"1"循环右移至 D0.15 中……依此规律进行移动。

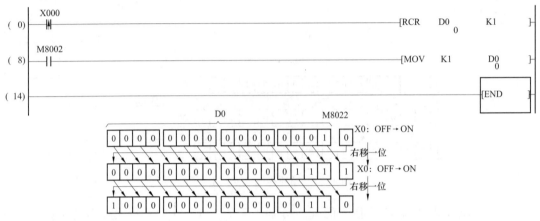

图 4-87　带进位循环移位指令使用说明

（3）位右/左移指令。如图 4-88 所示，K3 指出了从 X1 开始的 3 个位元件，即 X3、X2、X1；K16 指出了从 M0 开始的 16 个位元件，即 M15～M0，初始值均为 0。当 X0 由 OFF→ON 时，执行 SFTR 指令，M15～M0 向低位右移 3 位，此时空出的高 3 位的状态由 X3、X2、X1 移入。当 X0 再次由 OFF→ON 时，执行 SFTR 指令，M15～M0 向低位右移 3 位，此时空出的高 3 位的状态由 X3、X2、X1 移入。

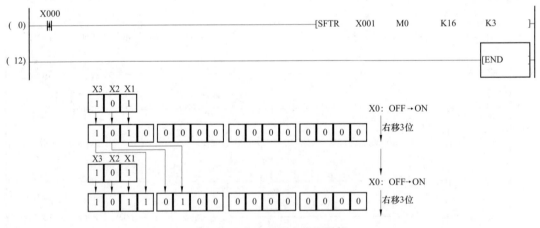

图 4-88　位右移指令使用说明

4.3.6　编程规则

PLC 梯形图的编写通常按照从左到右，从上到下的顺序编写。每个软元件线圈为一个逻辑段，每个逻辑段均从左母线开始，经过触点、线圈，右母线结束。线圈不能是输入 X 或特殊辅助继电器。

（1）左母线与线圈之间一定要有触点，线圈与右母线之间不能有任何触点，每个逻辑行最后必须都是继电器线圈。此外，输出类元件（如 OUT、MC、SET、RST、PLS、PLF 和大多数的应用指令）都应放在梯形图的最右边，它们不能直接与左侧母线相连。有的指令（如 END 和 MCR 指令）不能用触点驱动，必须与左母线和子母线相连。图 4-89 所示是几个常见的错误实例。

（2）触点串联块并联时，触点较多的块放在上面；触点并联块串联时，触点较多的块放在左边。如图 4-90 所示，这样可以减少编程语句，以节约存储单元。

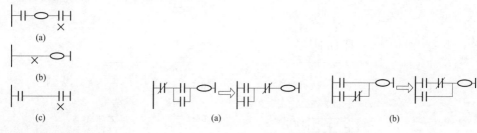

图 4-89　错误编程规则实例　　　　　　　　图 4-90　程序简化

（3）触点不能出现在垂直的梯形图线路上，如图 4-91 所示。

（4）在梯形图编程中避免双线圈输出，如图 4-92 所示。在 SFC 不同的状态中统一线圈可以多次使用。

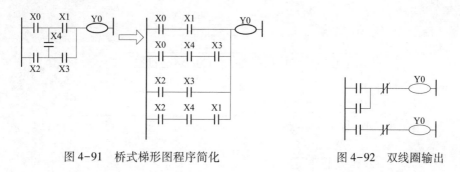

图 4-91　桥式梯形图程序简化　　　　　　　图 4-92　双线圈输出

4.4　PLC 程序的编写

4.4.1　移植法

在用 PLC 进行改造继电器-接触器控制系统时，原有的电气线路较为成熟，继电器电路图与梯形图在表示方法和分析方法上有很多的相似之处，如电路图中的"硬继电器"和 PLC 编程软元件中的"软继电器"在结构和工作原理上相通，通电延时通时间继电器和 PLC 的定时器指令相通，中间继电器和 PLC 的辅助继电器相通等。因此，可以根据继电器电路图来设计梯形图，即将继电器电路图进行"移植"。

在利用"移植法"编程时，通过分析原有系统的工作原理，确定 I/O 设备，确定继电器电路中的中间继电器、时间继电器等各器件与 PLC 中的辅助继电器和定时器的对应关系。设计梯形图程序后一定要仔细校对，认真调试。

【例 4-30】 三相异步电动机正反转控制。

（1）控制要求。按下复合按钮 SB2，接触器 KM1 动作，电动机正转；按下复合按钮 SB3，接触器 KM2 动作，电动机反转；按下停止按钮 SB1，电动机停止转动。电气控制原理如图 4-93 所示。

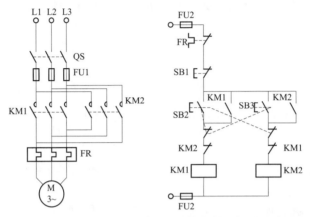

图 4-93　三相异步电动机正反转控制电气原理图

（2）PLC I/O 外部接线。三相异步电动机正反转控制 PLC I/O 外部接线图如图 4-94 所示。

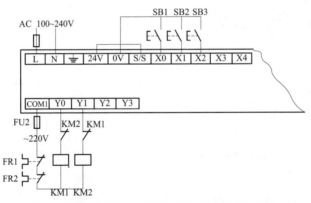

图 4-94 电动机正反转控制 PLC I/O 外部接线图

（3）PLC 程序。电动机正反转控制梯形图如图 4-95 所示。

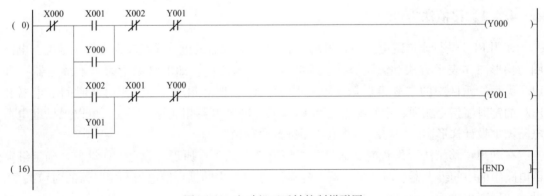

图 4-95　电动机正反转控制梯形图

【例 4-31】　两台电动机的顺序控制。

（1）控制要求。电动机 M1、M2 的运行主要是通过接触器 KM1、KM2 来控制的，电动机的顺序运行控制实质上就是控制接触器的工作顺序。从图 4-96 所示的电气原理图可以得出，当要求 KM1 通电后才允许 KM2 通电时，把 KM1 的动合辅助触点串接在 KM2 的线圈电路中。当要求 KM2 断电后 KM1 才能断电时，把 KM2 的动合辅助触点与 KM1 回路中的停止按钮并联。

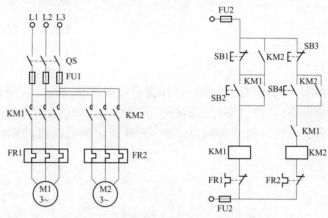

图 4-96　电动机的顺序控制电气原理图

（2）PLC I/O 外部接线。两台电动机的顺序控制 PLC I/O 外部接线图如图 4-97 所示。

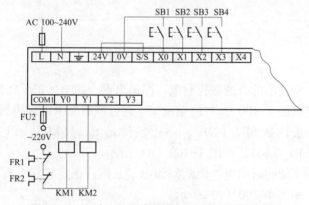

图 4-97　电动机的顺序控制 PLC I/O 外部接线图

（3）PLC 程序。两台电动机的顺序控制梯形图如图 4-98 所示。

图 4-98　两台电动机的顺序控制梯形图

4.4.2 经验设计法

经验设计法是指根据被控对象的要求，用设计继电器电路图的方法来设计开关量控制系统的梯形图。

简单的程序设计可遵循以下几点进行设计。

（1）启动→"启"。

（2）自锁→"保"。

（3）停止→"停"。

（4）限制→"互"。

"启"即启动作用，动合触点；"保"即保持自身线圈连续得电，即自锁，并联在"启动"条件两侧的动合触点；"停"即停止运行，串联在电路中的动断触点；"互"即被控对象间的相互制约，串联在对方的动断触点。图 4-99 所示为电动机的单向连续运行"启保停"控制梯形图。

图 4-99 "启保停"经验设计法

读者在编程时，先找出所有的被控对象，即输出点，如上述正反转控制电路，输出共有两个，因此可以先完成图 4-100（a）所示框架。通过控制要求可以得到以下几点。

（1）Y0 的启动条件是 SB2（X1），停止条件是 SB1（X0）；Y1 的启动条件是 SB3（X2），停止条件是 SB1（X0），如图 4-100（b）所示。

（2）正反转线圈不能同时得电，因此添加电气互锁；正反转相互转换时，不需要停止，因此增加机械互锁，如图 4-100（c）所示。

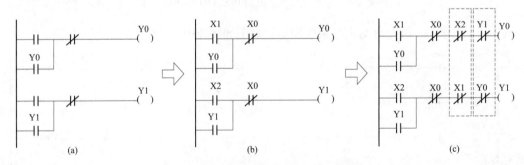

图 4-100 "启保停"经验设计思路步骤

【例 4-32】 小车自动往返运行控制。

（1）控制要求。在图 4-101 中，当按钮 SB2 按下时，小车右行，直到碰到限位开关

SQ2 时，小车停止右行，并向左运行，直到碰到限位开关 SQ1 时，小车停止左行，并再次向右运行；当按钮 SB3 按下时，小车左行，在 SQ1 和 SQ2 间循环往返。当按钮 SB1 按下时，小车立刻停止。

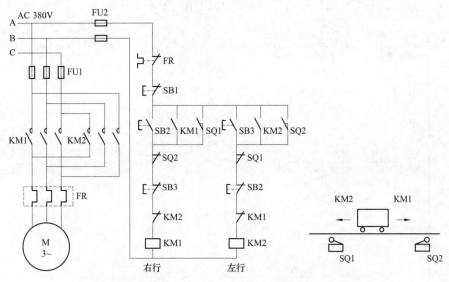

图 4-101　小车自动往返运行电气原理图和示意图

（2）PLC 的 I/O 外部接线。小车自动往返运行控制 PLC 的 I/O 外部接线如图 4-102 所示。

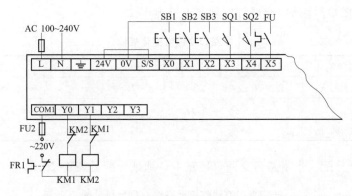

图 4-102　小车自动往返运行控制 PLC I/O 外部接线

（3）PLC 程序。根据控制要求可得出以下几点结论。

1）右行的启动条件有 SB2 和 SQ1，且二者只要有一个成立则启动右行，因此用并联的两个动合触点；同理，左行的启动条件为 SB3 和 SQ2。

2）左、右行的保持为各自的线圈对应的动合触点，并联在启动的两端。

3）停止按钮 SB1 动作、右行时碰到右限位 SQ2、右行时左行启动按钮 SB3 动作都可以视为右行的停止条件，且三者之间只要有一个成立则右行停止，因此，用串联的三个动断触点；同理，左行的停止条件为 SB1、SQ1、SB2。对于 SB2 和 SQ1 的作用也可以理解为当它们动作时，启动右行，停止左行；SB3 和 SQ2 的作用可以理解为当它们动作时，启动左行，停止右行。

4）左行和右行不能同时得电，因此要加电气互锁。也可将 SB2 和 SQ1，SB3 和 SQ2 是左、右行的机械互锁。

结合上述分析，小车自动往返运行控制 PLC 程序如图 4-103 所示。

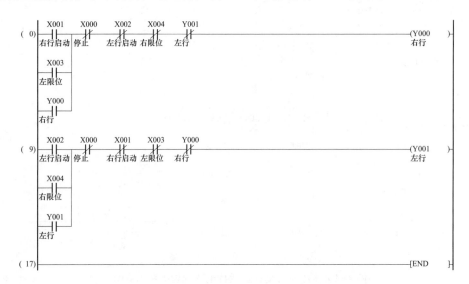

图 4-103　小车自动往返运行控制 PLC 程序

【例 4-33】　十字路口交通灯控制。

（1）控制要求。十字路口交通灯控制要求见表 4-22。

表 4-22　　　　　　　　　　十字路口交通灯变化规律

东西方向	灯	绿灯	绿灯闪烁	黄灯	红灯		
	时间（s）	30	3	2	35		
南北方向	灯	红灯			绿灯	绿灯闪烁	黄灯
	时间（s）	35			30	3	2

（2）I/O 地址分配。十字路口交通灯控制 I/O 地址分配见表 4-23。

表 4-23　　　　　　　　　十字路口交通灯控制系统 I/O 地址分配

类别	电气元件	PLC 软元件	功能
输入（I）	开关 SA	X0	交通灯开启、关闭开关
输出（O）	HL1	Y0	东西方向绿灯
	HL 2	Y1	东西方向黄灯
	HL 3	Y2	东西方向红灯
	HL 4	Y3	南北方向绿灯
	HL 5	Y4	南北方向黄灯
	HL 6	Y5	南北方向红灯

（3）PLC 的 I/O 外部接线。十字路口交通灯控制 PLC 的 I/O 外部接线如图 4-104 所示。

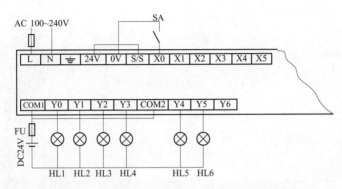

图 4-104　十字路口交通灯控制 PLC 的 I/O 外部接线图

（4）PLC 程序。根据控制要求可得出以下结论。

1）一个周期为 70s，可用 6 个定时器指令实现（T0 = 30s、T1 = 3s、T2 = 2s、T3 = 30s、T4 = 3s、T5 = 2s），程序如图 4-105 所示。

图 4-105　单周期中 6 定时器的循环控制

2）东西方向的绿灯，有两种工作方式，分别是常亮 30s 和闪烁 3s（用 M8013 实现），两种方式采用并联形式。如图 4-106 所示，常亮的启动条件为 X0 闭合，停止条件为 T0 时间到；闪烁的启动条件为 T0 时间到，停止条件为 T1 时间到。这里，Y0 的保持触点可以省略。

图 4-106　东西方向的绿灯控制

3）东西方向的黄灯，从 T1 时间到开始至 T2 时间到结束保持常亮。Y1 的保持触点省略，PLC 程序如图 4-107 所示。

图 4-107　东西方向的黄灯控制

4）东西方向的红灯，从 T2 时间到开始至 T5 时间到结束保持常亮。Y2 的保持触点省略，PLC 程序如图 4-108 所示。

图 4-108 东西方向的红灯控制

5）南部方向的绿灯、黄灯、红灯的分析方法同东西方向，注意时间段的起止点，PLC 程序如图 4-109 所示。请读者自行分析。

图 4-109 南部方向的绿灯、黄灯、红灯控制

4.4.3 时序图法

时序图编程设计法适用 PLC 各输出信号的状态变化有一定时间顺序的场合，要求系统工作时所有的动作都在定时器的控制下按时间顺序工作。在程序设计时根据画出的各输出信号的时序图，理顺各状态转换的时刻和转换条件，找出输出与输入及内部触点的对应关系，并进行适当化简。一般来讲，时序逻辑设计法应与经验法配合使用。

时序逻辑设计法的编程步骤如下：

（1）根据控制要求，明确输入、输出信号个数。

（2）根据系统的工作过程，把整个工作过程划分成若干个时间区段，找出区段间的分界点，弄清分界点处输出信号状态的转换关系和转换条件。

（3）给画分出来的每个时间段分配一个内部辅助继电器。例如，第一个时间段编为 M0，第二个时间段编为 M1，如此类推。

（4）编写梯形图程序，用定时器使这些时间段按要求顺序工作。

（5）找出每个输出所对应的工作时间段，并联输出。

（6）通过模拟调试，检查程序是否符合控制要求，结合经验设计法进一步修改程序。

【例 4-34】 彩灯循环控制。

（1）控制要求。开关 SA 闭合后，指示灯 HL1 亮，2s 后熄灭，HL2 亮，2s 后熄灭，HL3 亮，2s 后熄灭，HL1 亮……依次循环闪烁。当开关 SA 断开后，三盏灯同时熄灭。

（2）PLC 的 I/O 外部接线。彩灯循环控制 PLC 的 I/O 外部接线如图 4-110 所示。

（3）时序图。彩灯循环控制时序图如图 4-111 所示。

（4）PLC 程序。从控制要求和时序图中我们可以得出以下结论：

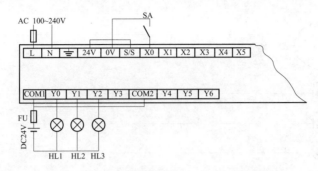

图 4-110　彩灯循环控制 PLC 的 I/O 外部接线

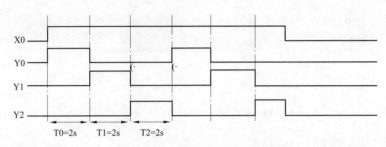

图 4-111　彩灯循环控制时序图

1）周期性工作，每个周期有 3 个时间段（分别为 T0、T1、T2）。

2）Y0 的启动条件是 X0，停止条件是 T0；Y1 的启动条件是 T0，停止条件是 T1；Y2 的启动条件是 T1，停止条件是 T2。

3）利用最后一个定时器（T2）实现循环，可以保证周期的完整性。

结合上述分析，彩灯循环控制 PLC 程序如图 4-112 所示。步 0 到步 8 完成对 3 个指示灯的输出控制，步 9 到步 24 完成对定时器单周期和周期循环的控制。

图 4-112　彩灯循环控制程序（开关控制）

在上述控制要求中，若将开关 SA 换成启动按钮 SB1 和 SB2，则时序图和程序将有所变动，在图 4-112 中，动合触点 X0 应由动合辅助触点 M（M0）代替，同时，用 SB1（X0）和 SB2（X2）控制 M0 的通断，PLC 程序如图 4-113 所示。

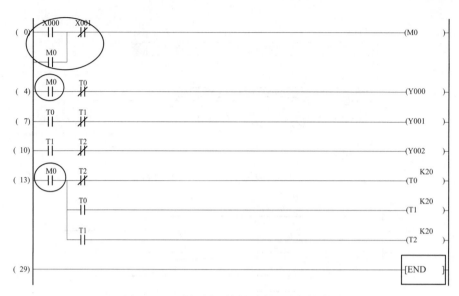

图 4-113　彩灯循环控制程序（按钮控制）

【例 4-35】　十字路口交通灯控制。

（1）控制要求。根据表 4-22 的控制要求，绘出十字路口交通灯时序图，如图 4-114 所示。

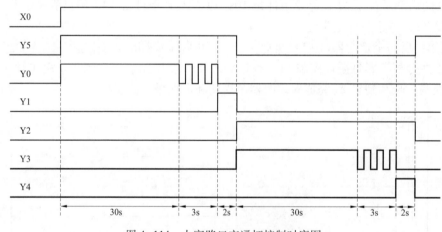

图 4-114　十字路口交通灯控制时序图

（2）PLC 程序。程序编程思路请结合经验设计法，程序略。

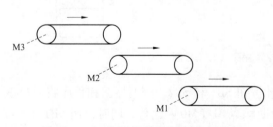

图 4-115　三级运输带顺序控制示意图

【例 4-36】　输送带的控制。

（1）控制要求。三级运输带顺序控制如图 4-115 所示。按下启动按钮 SB1，1 号运输带开始运行，5s 后 2 号运输带自动启动，再过 5s 后 3 号运输带自动启动。按下停止按钮 SB2，先停 3 号运输带，5s 后停 2 号运输带，再过 5s 停 1 号运输带。

（2）PLC 的 I/O 外部接线。三级运输带顺序控制 PLC 的 I/O 外部接线如图 4-116 所示。

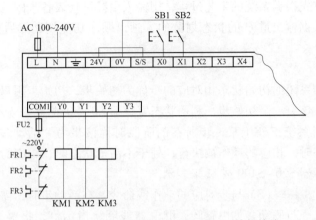

图 4-116　3 级运输带顺控 PLC 的 I/O 外部接线

（3）时序图。时序图法结合经验设计法可以达到较好的效果，根据控制要求绘制的时序图，如图 4-117 所示，可以得出以下结论。

1）Y0 的启动条件是 X0，停止条件是 T3。

2）Y1 的启动条件是 T0，停止条件是 T2。

3）Y2 的启动条件是 T1，停止条件是 X2。

4）3 条输送带需同时运行，因此不需加入互锁。

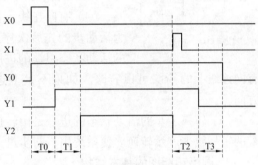

图 4-117　3 级运输带顺序控制时序图

（4）PLC 程序。

1）第一步：对"启、保、停"进行"填空"，得到的 PLC 程序如图 4-118 所示。

图 4-118　3 条输送带的"启保停"程序

2）第二步：在上述程序中，除去输入点和输出点外的定时器指令需要程序驱动。在编写程序时，需保证 4 个定时器的通电—延时—通。

4.4.4　顺序功能图法

所谓顺序控制，就是按照生产工艺预先规定的顺序，在各个输入信号的作用下，根据内部状态和时间的顺序，在生产过程中各个执行机构自动地有秩序地进行操作。

顺序功能图法首先根据系统的工艺过程，用输入量控制代表各步的编程元件，再用它们控制输出量。步是根据输出量 Q 的状态划分的，画出顺序功能图，然后根据顺序功能图画出梯形图。

1. 基本概念

（1）初始步。与系统的初始状态相对应的步称为初始步，初始步用双线方框表示，每一个顺序功能图至少应该有一个初始步，利用状态寄存器 S0~S0 或 M 来表示。

（2）活动步。当系统正处于某一步所在的阶段时称该步为"活动步"，用单线方框表示。步处于活动状态时，相应的动作被执行；处于不活动状态时，相应的非存储型动作停止执行，利用状态寄存器 S20~S499 或 M 来表示。

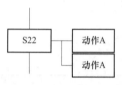

图 4-119 动作驱动

（3）与步对应的动作或命令。在活动步时，需要对相关的负载进行驱动，如电磁阀、继电器线圈、指示灯、报警器等，绘制方法如图 4-119 所示。

（4）有向连线。在画顺序功能图时，将代表各步的方框按它们成为活动步的先后次序顺序排列，并用有向连线将它们连接起来。步的活动状态习惯的进展方向是从上到下或从左至右，在这两个方向有向连线上的箭头可以省略。如果不是上述的方向，则应在有向连线上用箭头注明进展方向。

（5）转换。步的活动状态的进展是由转换的实现来完成的，用有向连线上与有向连线垂直的短划线来表示转换。使系统由当前步进入下一步的信号称为转换条件。

2. 顺序功能图的基本结构

在绘制顺序功能图时采用图 4-120 中所示的三种基本结构：单序列、选择序列和并行序列。

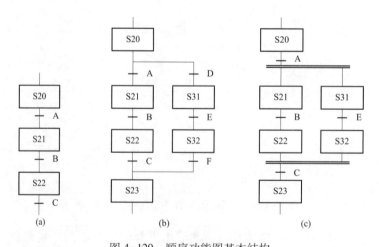

图 4-120 顺序功能图基本结构
（a）单序列；（b）选择序列；（c）并行序列

（1）单序列没有分支与合并。

（2）选择序列。选择序列的开始称为分支，转换符号只能标在水平连线之下。如果步

S20 是活动步，并且转换条件 A 为 ON，则由步 S20→步 S21。如果步 S20 是活动步，并且转换条件 D 为 ON，则由步 S20→步 S31。

选择序列的结束称为合并，转换符号只允许标在水平连线之上。如果步 S22 是活动步，并且转换条件 C 为 ON，则由步 S22→步 S23。如果步 S32 是活动步，并且转换条件 F 为 ON，则由步 S32→步 S23。

（3）并行序列。并行序列用来表示系统的几个同时工作的独立部分的工作情况。并行序列的开始称为分支，当步 S20 是活动步，并且转换条件 A 为 ON 时，从步 S20 转换到步 S21 和步 S31。为了强调转换的同步实现，水平连线用双线表示。

并行序列的结束称为合并，在水平双线之下，只允许有一个转换符号。步 S22 和步 S32 都处于活动状态，并且转换条件 C 为 ON 时，从步 S22 和步 S32 转换到步 S23。

3. 顺序功能图中转换实现的基本规则

（1）转换实现的条件。

1）该转换所有的前级步都是活动步。

2）相应的转换条件得到满足。

（2）转换实现应完成的操作。

1）使所有的后续步变为活动步。

2）使所有的前级步变为不活动步。

（3）绘制顺序功能图时的注意事项。

1）两个步绝对不能直接相连，必须用一个转换将它们分隔开。

2）两个转换也不能直接相连，必须用一个步将它们分隔开。

3）不要漏掉初始步。

4）在顺序功能图中一般应有由步和有向连线组成的闭环。

【例 4-37】　小车自动装送料控制。

（1）控制要求。在图 4-121 中，装料小车停在后限位开关处时，按下启动按钮 SB 后，向前运行，到达前限位开关 SQ1 处停，漏斗打开，装料 15s 后漏斗关闭，同时小车向后运行，到达后限位开关 SQ2 后停，翻门打开，小车卸料 10s 后关闭翻门，小车停在原处，等待下次命令。其 I/O 地址分配见表 4-24。

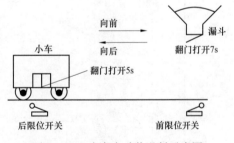

图 4-121　小车自动装送料示意图

表 4-24　　　　　　　　　　　小车自动装送料控制 I/O 地址分配

	名称	软元件		名称	软元件
输入	按钮 SB	X0	输出	向前运行	Y0
	前限位 SQ1	X1		向后运行	Y1
	后限位 SQ2	X2		漏斗	Y2
				翻门	Y3

（2）顺序功能图。根据控制要求可得 4 个运行状态：右行、装料、左行、卸料。因此，

需要4个中间状态，分别驱动每个状态下的负载，如图4-122所示。

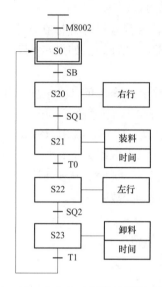

图4-122 小车自动装送料顺序功能图

（3）PLC 程序。

1）方法一：图4-123所示为利用 SFC 语言编写小车自动装送料 PLC 程序。

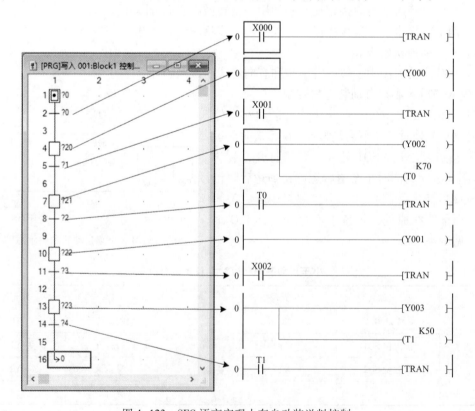

图4-123 SFC 语言实现小车自动装送料控制

2）方法二：图 4-124 所示为利用梯形图辅助继电器编写小车自动装送料 PLC 程序。

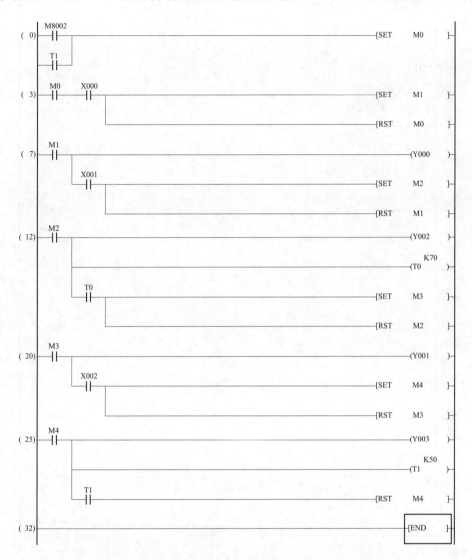

图 4-124　梯形图辅助继电器实现小车自动装送料控制

3）方法三：图 4-125 所示为利用梯形图步进指令编写小车自动装送料 PLC 程序。

【例 4-38】　十字路口交通灯控制。

控制要求见经验设计法，这里仅对编程思路作简单介绍。

（1）方法一：单序列结构的创建。我们已经分析得到，一个完整的周期有 6 个时间段，因此在单序列结构中需要构建 6 个状态，每个状态对应一个时间段，驱动相应的灯运行。

在图 4-126 中，可以看到，S20、S21 和 S22 三个状态下均驱动南北方向红灯，因此可以在 S20 状态中利用 "SET Y5" 程序控制点亮，使得 Y5 保持连续得电；在 S23 状态开始南北红灯熄灭，可利用 "RST Y5" 将其复位。东西方向红灯同理，在 S23 状态点亮，在 S0 状态开始熄灭。通过这样的方式可以简略地进行程序的编写。

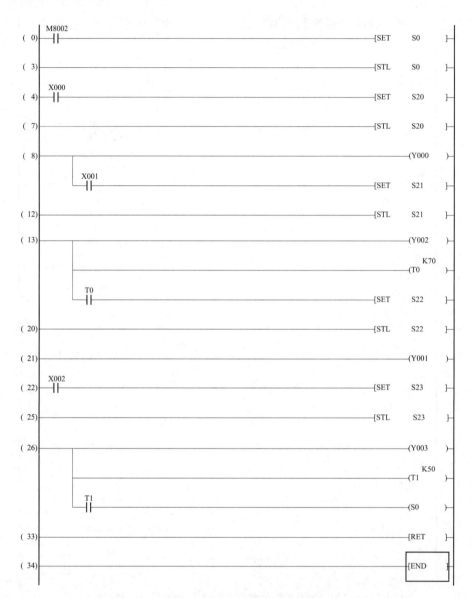

图 4-125 梯形图步进指令实现小车自动装送料控制

（2）方法二：并行序列结构的创建。采用并行序列顺序功能图的思路编写程序如图 4-127 所示。图 4-127 中，当开关 SA 闭合后，东西方向和南北方向的单序列同时被执行，每个分支有绿灯运行、黄灯和红灯运行三个状态，这里将绿灯的常亮状态和闪烁状态合并为一个状态，读者也可以将其分为两个状态来绘制顺序功能图。要注意的是并行序列结构的开始和结束时，转移条件的位置。

利用 SFC 实现的上述两种方法中，如果要求开关闭合时所有指示灯熄灭，则需再次新建数据，如图 4-128 所示。

【例 4-39】 手动自动控制。

（1）控制要求。按钮 SB1 和 SB2 控制电动机单向连续运转的启动和停止；按钮 SB3 控制电动机的点动运行。

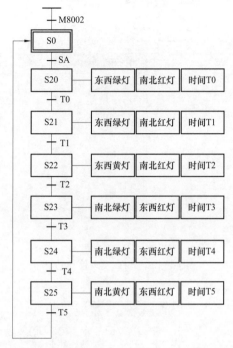

图 4-126 十字路口交通灯控制单序列顺序功能图

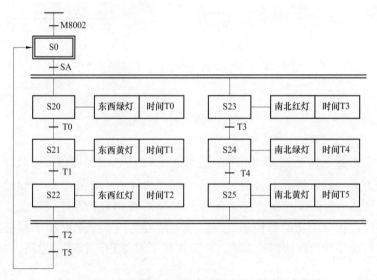

图 4-127 十字路口交通灯控制并行序列顺序功能图

（2）状态转移图。根据控制要求可得以下结论。

1）手动和自动属于两种控制方式，二者不能同时操作，因此采用选择性序列结构。

2）每种工作方式下只有一种工作状态。图 4-129 所示为手动自动控制状态转移图。图 4-129 中左侧分支为自动控制，右侧为手动控制。从状态 S0 向 S20 转移的条件为自动控制启动按钮 SB1（X0），从状态 S0 向 S21 转移的条件为手动控制按钮 SB3（X2）。为了防止两个按钮同时按下造成误动作，这里采用了按钮的机械互锁。

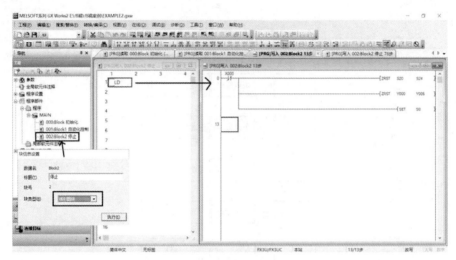

图 4-128　SFC 实现停止功能

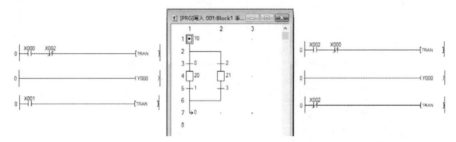

图 4-129　为手动自动控制状态转移图及程序

本 章 小 结

本章以日本三菱 FX$_{3U}$ 系列 PLC 为例，介绍了 FX$_{3U}$ 的基本组成单元以及开关量输入输出单元的结构和类型；着重讲解了目前较先进的编程软件 GX Works2 的创建过程、梯形图和 SFC 程序的编写及仿真调试过程；详细介绍了 FX$_{3U}$ 系列 PLC 的基本指令、步进指令、定时器、计数器和应用指令的功能和使用方法；最后结合实例，分别介绍了移植法、经验设计法、时序图法和顺序功能图法四种方法，详细阐述了编写 PLC 程序的思路。

第 5 章

组 态 技 术

5.1 软 件 概 述

5.1.1 MCGS 介绍

MCGS（Monitor and Control Generated System）是一套基于 Windows 平台的、用于快速构造和生成上位机监控系统的组态软件系统。MCGS 为用户提供了解决实际工程问题的完整方案和开发平台，能够完成现场数据采集、实时和历史数据处理、报警和安全机制、流程控制、动画显示、趋势曲线和报表输出以及企业监控网络等功能。

MCGS 具有操作简便、可视性好、可维护性强、高性能、高可靠性等突出特点，已成功应用于石油化工、钢铁行业、电力系统、水处理、环境监测、机械制造、交通运输、能源原材料、农业自动化、航空航天等领域，经过各种现场的长期实际运行，系统稳定可靠。

5.1.2 MCGS 组态软件的系统构成

1. MCGS 组态软件的整体结构

MCGS 软件系统包括组态环境和运行环境两个部分。组态环境相当于一套完整的工具软件，帮助用户设计和构造自己的应用系统。运行环境则按照组态环境中构造的组态工程，以用户指定的方式运行，并进行各种处理，完成用户组态设计的目标和功能。

2. MCGS 组态软件五大组成部分

MCGS 组态软件所建立的工程由主控窗口、设备窗口、用户窗口、实时数据库和运行策略五部分构成，每一部分分别进行组态操作，完成不同的工作，具有不同的特性。

（1）主控窗口。它是工程的主窗口或主框架。在主控窗口中可以放置一个设备窗口和多个用户窗口，负责调度和管理这些窗口的打开或关闭。主要的组态操作包括：定义工程的名称，编制工程菜单，设计封面图形，确定自动启动的窗口，设定动画刷新周期，指定数据库存盘文件名称及存盘时间等。

（2）设备窗口。它是连接和驱动外部设备的工作环境。在本窗口内配置数据采集与控制输出设备，注册设备驱动程序，定义连接与驱动设备用的数据变量。

（3）用户窗口。本窗口主要用于设置工程中人机交互的界面，如生成各种动画显示画面、报警输出、数据与曲线图表等。

（4）实时数据库。它是工程各个部分的数据交换与处理中心，它将 MCGS 工程的各个部分连接成有机的整体。在本窗口内定义不同类型和名称的变量，作为数据采集、处理、输出控制、动画连接及设备驱动的对象。

（5）运行策略。本窗口主要完成工程运行流程的控制。包括编写控制程序（if…then 脚本程序），选用各种功能构件，如数据提取、历史曲线、定时器、配方操作、多媒体输出等。

5.1.3　组建新工程的步骤

1. 工程项目系统分析

分析工程项目的系统构成、技术要求和工艺流程，弄清系统的控制流程和监控对象的特征，明确监控要求和动画显示方式，分析工程中的设备采集及输出通道与软件中实时数据库变量的对应关系，分清哪些变量是要求与设备连接的，哪些变量是软件内部用来传递数据及动画显示的。

2. 工程立项搭建框架

MCGS 称为建立新工程。主要内容包括：定义工程名称、封面窗口名称和启动窗口（封面窗口退出后接着显示的窗口）名称，指定存盘数据库文件的名称以及存盘数据库，设定动画刷新的周期。经过此步操作，即在 MCGS 组态环境中建立了由五部分组成的工程结构框架。封面窗口和启动窗口也可以等到建立了用户窗口后再行建立。

3. 设计菜单基本体系

为了对系统运行的状态及工作流程进行有效地调度和控制，通常要在主控窗口内编制菜单。编制菜单分两步进行：第一步首先搭建菜单的框架；第二步再对各级菜单命令进行功能组态。在组态过程中，可以根据实际需要，随时对菜单的内容进行增加或删除，不断完善工程的菜单。

4. 制作动画显示画面

动画制作分为静态图形设计和动态属性设置两个过程。前一部分类似于"画画"，用户通过 MCGS 组态软件中提供的基本图形元素及动画构件库，在用户窗口内"组合"成各种复杂的画面；后一部分则设置图形的动画属性，与实时数据库中定义的变量建立相关性的连接关系，作为动画图形的驱动源。

5. 编写控制流程程序

在运行策略窗口内，从策略构件箱中，选择所需功能策略构件，构成各种功能模块（称为策略块），由这些模块实现各种人机交互操作。MCGS 还为用户提供了编程用的功能构件（称之为"脚本程序"功能构件），使用简单的编程语言，编写工程控制程序。

6. 完善菜单按钮功能

包括对菜单命令、监控器件、操作按钮的功能组态；实现历史数据、实时数据、各种曲线、数据报表、报警信息输出等功能；建立工程安全机制等。

7. 编写程序调试工程

利用调试程序产生的模拟数据，检查动画显示和控制流程是否正确。

8. 连接设备驱动程序

选定与设备相匹配的设备构件，连接设备通道，确定数据变量的数据处理方式，完成设备属性的设置。此项操作在设备窗口内进行。

9. 工程完工综合测试

最后测试工程各部分的工作情况，完成整个工程的组态工作，实施工程交接。

注意：以上步骤只是按照组态工程的一般思路列出的。在实际组态中，有些过程是交织在一起进行的，用户可以根据工程的实际需要和自己的习惯，调整步骤的先后顺序，而并没有严格的限制与规定。这里，我们列出以上的步骤是为了帮助用户了解 MCGS 组态软件使用的一般过程，以便于用户快速学习和掌握 MCGS 工控组态软件。

5.2　新建画面和数据库建立

5.2.1　基本画面的建立

1. 步骤一：建立 MCGS 新工程

在 Windows 桌面上，会有"MCGS 组态环境"与"MCGS 运行环境"图标。鼠标双击"MCGS 组态环境"图标，进入 MCGS 组态环境。

在菜单"文件"中选择"新建工程"菜单项，如果 MCGS 安装在 D：根目录下，则会在 D：\ MCGS \ WORK \ 下自动生成新建工程，默认的工程名为新建工程 X. MCG（X 表示新建工程的顺序号，如 0、1、2 等）。

2. 步骤二：建立新画面

在 MCGS 组态平台上，单击"用户窗口"选项，在"用户窗口"中单击"新建窗口"按钮，则产生新的"窗口 0"，如图 5-1 所示。

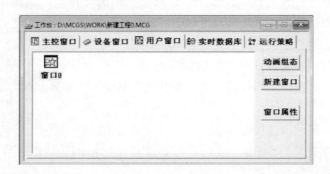

图 5-1　新建窗口界面

选中"窗口 0"，单击"窗口属性"按钮，进入"用户窗口属性设置"页面，如图 5-2 所示。将"窗口名称"改为"水位控制"；将"窗口标题"改为"水位控制"；在"窗口位置"中选中"最大化显示"选项，其他不变，单击"确认"按钮。

选中刚创建的"水位控制"用户窗口，单击"动画组态"选项，进入动画制作窗口。单击工具条中的"工具箱"按钮，则打开动画工具箱，常用图符工具箱包括 27 种常用的图符对象。图形对象放置在用户窗口中，是构成用户应用系统图形界面的最小单元，MCGS 中的图形对象包括图元对象、图符对象和动画构件三种类型，不同类型的图形对象有不同的属性，所能完成的功能也各不相同。

为了快速构图和组态，MCGS 系统内部提供了常用的图元、图符、动画构件对象，称为系统图形对象，如图 5-3 所示。

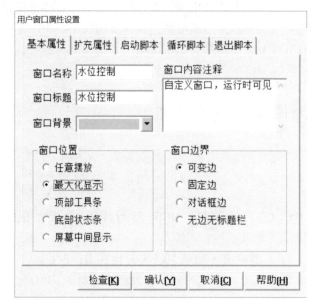

图 5-2 "用户窗口属性设置"界面　　　　图 5-3　图像工具箱

3. 步骤三：制作文字框图

（1）建立文字框。打开工具箱，选择"工具箱"内的"标签"按钮，鼠标的光标变为十字形，在窗口任何位置拖拽鼠标，拉出一个一定大小的矩形。

（2）输入文字。建立矩形框后，光标在其内闪烁，可直接输入"水位控制系统演示工程"文字，按回车键或在窗口任意位置用鼠标点击一下，文字输入过程结束。如果用户想改变矩形内的文字，先选中文字标签，按回车键或空格键，光标显示在文字起始位置，即可进行文字的修改。

（3）设定文字框颜色。选中文字框，单击工具条上的（填充色）按钮，设定文字框的背景颜色（设为无填充色）；单击（线色）按钮改变文字框的边线颜色（设为没有边线）。设定的结果是，不显示框图，只显示文字。

（4）设定文字的颜色。单击（字符字体）按钮改变文字字体和大小；单击（字符颜色）按钮，改变文字颜色（为蓝色）。

4. 步骤四：对象元件库管理

单击"工具"菜单，选中"对象元件库管理"或单击工具条中的"工具箱"按钮，则打开动画工具箱，如图 5-4 所示。

从"对象元件库管理"中的"储藏罐"中选取中意的罐，单击"确定"按钮，则所选中的罐在桌面的左上角，用户可以改变其大小及位置，如罐 17、罐 53。

从"对象元件库管理"中的"阀"和"泵"中分别选取两个阀（阀 56、阀 44）、一个泵（泵 40）。

流动的水是由 MCGS 动画工具箱中的"流动块"构件制作而成的。

选中工具箱内的"流动块"动画构件。移动鼠标至窗口的预定位置（鼠标的光标变为十字形状），单击鼠标左键，移动鼠标，在鼠标光标后形成一道虚线，拖动一定距离后，单

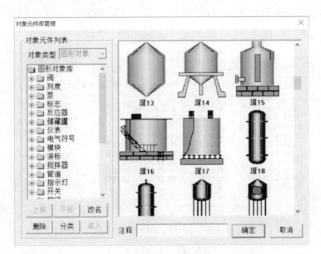

图 5-4 "对象元件库管理"界面

击鼠标左键，生成一段流动块；再拖动鼠标（可沿原来方向，也可垂直原来方向）生成下一段流动块。当用户想结束绘制时，双击鼠标左键即可。当用户想修改流动块时，先选中流动块（流动块周围出现选中标志，即白色小方块），鼠标指针指向小方块，按住左键不放，拖动鼠标，就可以调整流动块的形状。

用工具箱中的图标，分别对阀、罐进行文字注释。

最后生成的画面如 5-5 所示。选择菜单项"文件"中的"保存窗口"，则可对所完成的画面进行保存。

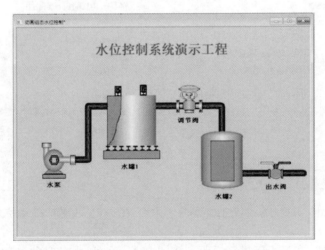

图 5-5 水位控制系统演示工程画面

5.2.2 数据库建立

实时数据库是 MCGS 工程的数据交换和数据处理中心。数据变量是构成实时数据库的基本单元，建立实时数据库的过程也即是定义数据变量的过程。定义数据变量的内容主要包括：指定数据变量的名称、类型、初始值和数值范围，确定与数据变量存盘相关的参数，如存盘的周期、存盘的时间范围和保存期限等。下面介绍水位控制系统数据变量的定义步骤。

分析变量名称：图5-6所示列出了工程中与动画和设备控制相关的变量名称。

图5-6 实时数据库变量名称

鼠标单击工作台的"实时数据库"窗口标签，进入实时数据库窗口页。

单击"新增对象"按钮，在窗口的数据变量列表中，增加新的数据变量，多次单击该按钮，则增加多个数据变量，系统缺省定义的名称为"Data1""Data2""Data3"等。

选中变量，单击"对象属性"按钮或双击选中变量，则打开对象属性设置窗口。

指定名称类型：在窗口的数据变量列表中，用户将系统定义的缺省名称改为用户定义的名称，并指定类型，在注释栏中输入变量注释文字。本系统中要定义的数据变量如图5-7和图5-8所示。

图5-7 "液位1"数据对象设置窗口   图5-8 "液位2"数据对象设置窗口

这里以"液位1"变量为例进行说明。在"基本属性"中，对象名称为"液位1"；对象类型为"数值"；其他不变。

液位组变量属性设置。在"基本属性"中，对象名称为"液位组"；对象类型为"组对象"；其他不变。在"存盘属性"中，数据对象值的存盘选中"定时存盘"，存盘周期设为1s。在组对象成员中选择"液位1""液位2"。具体设置如图5-9所示。

水泵、调节阀、出水阀三个开关型变量，属性设置只要把对象名称改为"水泵""调节阀""出水阀"；对象类型选中"开关"，其他属性不变，如图5-10所示。

(a)

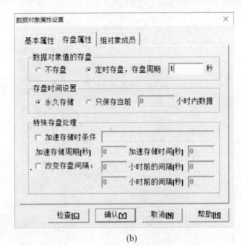

(b)

(c)

图 5-9　组对象属性设置

（a）基本属性设置；（b）存盘属性设置；（c）组对象成员设置

(a)

(b)

图 5-10　开关变量属性设置（一）

（a）数据对象水泵属性设置；（b）数据对象调节阀属性设置

177

(c)

图 5-10 开关变量属性设置（二）

（c）数据对象出水阀属性设置

5.2.3 静态连接

图形对象搭制而成的图形界面是静止不动的，需要对这些图形对象进行动画设计，真实地描述外界对象的状态变化，达到过程实时监控的目的。MCGS 实现图形动画设计的主要方法是将用户窗口中图形对象与实时数据库中的数据对象建立相关性连接，并设置相应的动画属性。在系统运行过程中，图形对象的外观和状态特征由数据对象的实时采集值驱动，从而实现了图形的动画效果。

在用户窗口中，双击水位控制窗口进入，选中水罐 1 双击，则弹出"单元属性设置"窗口，如图 5-11 所示。选中折线，进入"动画组态属性设置"窗口，按图 5-12 所示修改，其他属性不变。设置好后，单击"确定"按钮，再单击"确定"按钮，变量连接成功。对于水罐 2，只需要把"液位 2"改为"液位 1"；"最大变化百分比"改为"100"，对应的"表达式的值"改为"50"即可。

图 5-11 单元属性设置

图 5-12 水罐动态组态属性设置

在用户窗口中，双击水位控制窗口进入，选中调节阀双击，则弹出"单元属性设置"窗口，如图 5-13 所示。在图 5-13 中将"输入按钮"和"填充颜色"的数据对象连接"调节阀"。进入图 5-14 所示界面，并对按钮输入的数据对象值操作、填充颜色的表达式和连接颜色进行设置，设置参数分别如图 5-15 和图 5-16 所示。水泵属性设置和调节阀属性设置一样。

图 5-13　调节阀数据对象设置 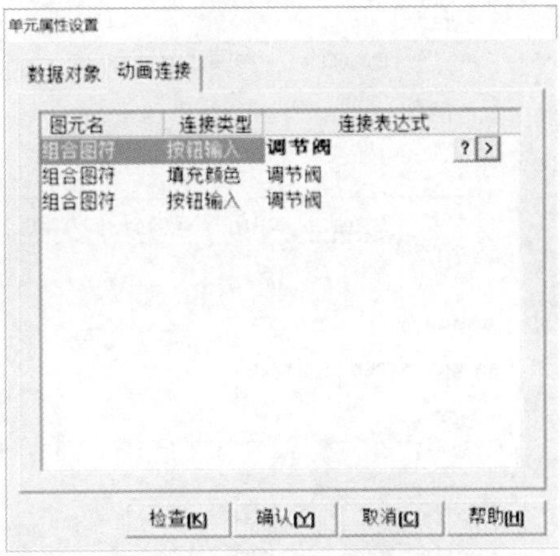　　　　　　　　图 5-14　调节阀动画连接设置

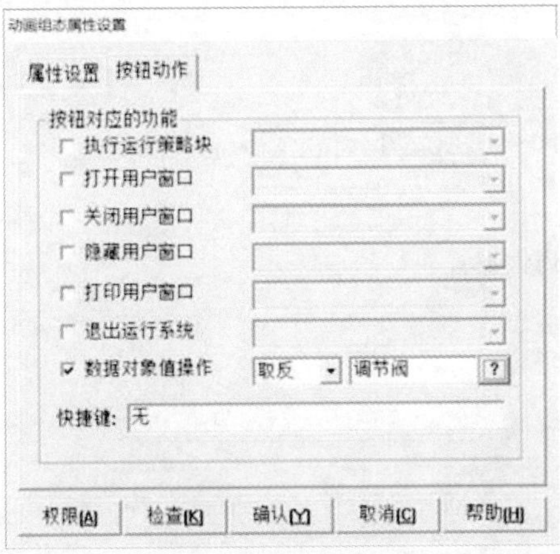

图 5-15　按钮输入动作设置 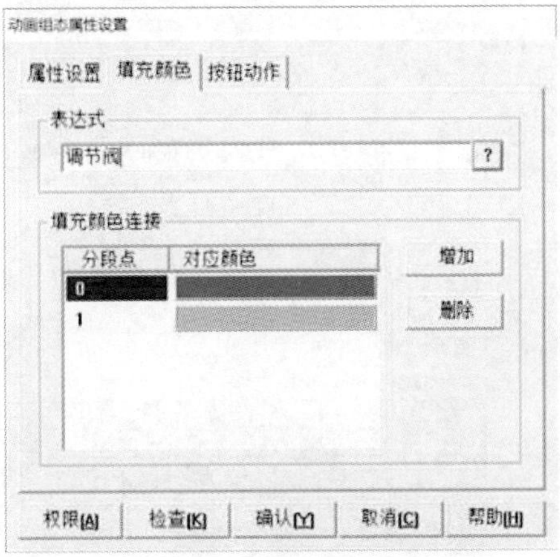　　　　　　　　　图 5-16　填充颜色属性设置

滑动块构件共有 3 个，一方面在"基本属性"中对滑动块的"流动外观""流动方向"和"流动属性"进行设置；另一方面对"流动属性"的"表达式"进行设置，这里分别和"水泵""调节阀"和"出水阀"相连。设置情况如图 5-17 所示。

在运行之前我们需要做一下设置。在用户窗口中选中"水位控制"，单击鼠标右键，单击"设置为启动窗口"按钮，这样工程运行后会自动进入的"水位控制"窗口。

在菜单项"文件"中选中"进入运行环境"或直接按 F5 或直接单击工具条中运行图标，都可以进入运行环境。这时我们看见的画面并不能动，移动鼠标到"水泵""调节阀""出水阀"上面的红色部分，会出现一只小"手"，单击一下，红色部分变为绿色，同时流动块相应地运动起来，如图 5-18 所示。

(a)　　　　　　　　　　　　(b)

(c)　　　　　　　　　　　　(d)

图 5-17　滑动块构件属性设置

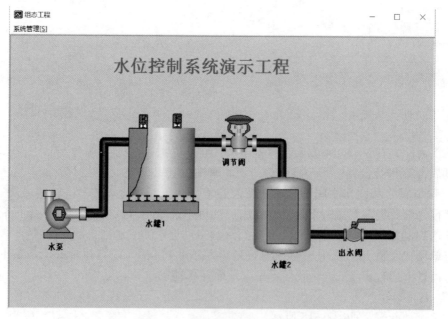

图 5-18　水位控制系统演示工程运行画面

5.3 动 画 连 接

5.3.1 利用对象控件模拟仿真

运行后水罐仍没有变化，这是由于我们没有信号输入，也没有人为地改变其值。我们现在可以用以下方法改变其值，使水罐动起来。

在"工具箱"中选中滑动输入器图标，当鼠标变为十字形后，拖动鼠标到适当大小，然后双击进入属性设置，具体操作如图 5-19 所示。这里以"液位 1"为例。

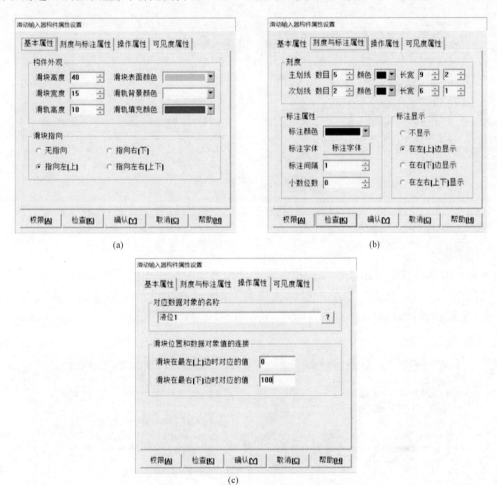

(a)

(b)

(c)

图 5-19 滑动输入器构件属性设置

在"滑动输入器构件属性设置"的"操作属性"中，把对应数据对象的名称改为"液位 1"，可以通过单击图标，到库中选，自己输入也可；"滑块在最右边时对应的值"为"100"。

在"滑动输入器构件属性设置"的"基本属性"中，在"滑块指向"中选中"指向左（上）"，其他不变。在"滑动输入器构件属性设置"的"刻度与标注属性"中，把"主划线数目"改为"5",即能被 10 整除,其他不变。

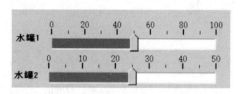

图 5-20　滑动输入器构件设置效果

属性设置好后,效果如图 5-20 所示。

这时再按 F5 或直接单击工具条中运行图标,进入运行环境后,可以通过拉动滑动输入器而使水罐中的液面动起来。

为了能准确了解水罐 1、水罐 2 的值,我们可以用数字显示其值,具体操作如下。

在"工具箱"中单击"标签"图标,调整大小放在水罐下面,双击进行属性设置,如图 5-21 所示。

图 5-21　"水罐"标签属性设置

现场一般都有仪表显示,如果用户需要在动画界面中模拟现场的仪表运行状态,需按下列方法操作:在"工具箱"中单击"旋转仪表"图标,调整大小放在水罐下面,双击进行图 5-22 所示的属性设置。

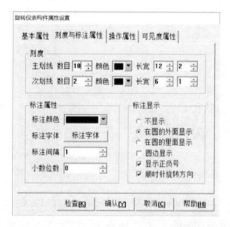

图 5-22　旋转仪表构件属性设置

这时再按 F5 或直接单击工具条中图标,进入运行环境(见图 5-23)后,可以通过拉动滑动输入器使整个画面动起来。

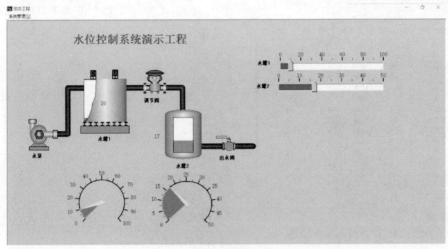

图 5-23 滑动块和旋转仪表运行界面

5.3.2 利用模拟设备模拟仿真

模拟设备是 MCGS 软件根据设置的参数产生一组模拟曲线的数据，以供用户调试工程使用。本构件可以产生标准的正弦波、方波、三角波、锯齿波信号，且其幅值和周期都可以任意设置。

（1）步骤一：通过模拟设备，可以使动画自动运行起来，而不需要手动操作，在"设备窗口"中双击"设备窗口"进入，单击工具条中的"工具箱"图标，打开"设备工具箱"。

如果在"设备工具箱"中没有发现"模拟设备"，请单击"设备工具箱"中的"设备管理"进入。在"可选设备"中可以看到 MCGS 组态软件所支持的大部分硬件设备。在"通用设备"中打开"模拟数据设备"，双击"模拟设备"，单击"确认"按钮后，在"设备工具箱"中就会出现"模拟设备"，双击"模拟设备"，则会在"设备窗口"中加入"模拟设备"。操作方法如图 5-24 所示。

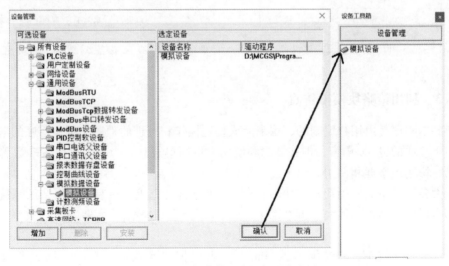

图 5-24 设备管理中添加设备方法

图 5-25　设备内部属性设置

（2）步骤二：双击设备工具箱中的"模拟设备"，进入模拟设备属性设置，具体操作如下。

在"设备属性设置"中，单击"内部属性"，进入"内部属性"设置页面，如图 5-25 所示。将通道 1 的曲线类型设置为"2-三角"，数据类型为"0-整数"，最大值为"100"，最小值为"0"，周期为"20"；通道 2 的曲线类型设置为"0-正弦"，数据类型为"0-整数"，最大值为"50"，最小值为"0"，周期为"20"。设置好后单击"确认"按钮回到"基本属性"页。

在"通道连接"中"对应数据对象"中输入变量，如图 5-26 中的"液位 1"，或在所要连接的通道中单击鼠标右键，到实时数据库中选中"液位 1"双击即可。在"设备调试"（见图 5-27）中可看到数据变化。这时再进入"运行环境"，"水位控制系统演示系统"便会自动地运行起来。

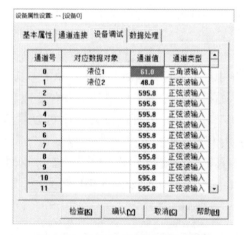

图 5-26　[设备 0] 通道连接设置　　　　　图 5-27　[设备 0] 设备调试界面

5.3.3　利用策略块模拟仿真

用户脚本程序是由用户编制的、用来完成特定操作和处理的程序，脚本程序的编程语法非常类似于普通的 Basic 语言，但在概念和使用上更简单直观，力求做到使大多数普通用户都能正确、快速地掌握和使用。

对于大多数简单的应用系统，MCGS 的简单组态就可完成。只有比较复杂的系统，才需要使用脚本程序，但正确地编写脚本程序，可以简化组态过程，大大提高工作效率，优化控制过程。

假设：当"水罐 1"的液位达到 90m 时，就要把"水泵"关闭，否则就要自动启动"水泵"；当"水罐 2"的液位不足 10m 时，就要自动关闭"出水阀"，否则自动开启"出水阀"；当"水罐 1"的液位大于 10m，同时"水罐 2"的液位小于 50m 时就要自动开启"调节阀"，否则自动关闭"调节阀"。具体操作如下。

（1）在"运行策略"中，双击"循环策略"选项，进入"策略属性设置"页面，如图 5-28 把"循环时间"设为"200ms"，单击"确认"即可。

图 5-28　策略属性设置

（2）在策略组态中，如果没有出现策略工具箱，可以单击工具条中的"工具箱"图 标进行添加。在策略组态中，单击工具条中的"新增策略行"图标，则显示图 5-29 所示界面。

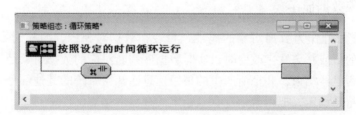

图 5-29　循环策略组态

（3）单击"策略工具箱"中的"脚本程序"选项，把鼠标移出"策略工具箱"，会出现一个小"手"，把小"手"放在上，单击鼠标左键，则显示图 5-30 所示界面。

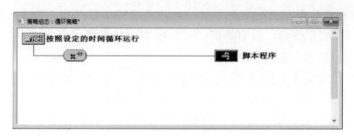

图 5-30　添加脚本程序策略

185

（4）双击"脚本程序"图标，进入脚本程序编辑环境，按图 5-31 所示输入程序。

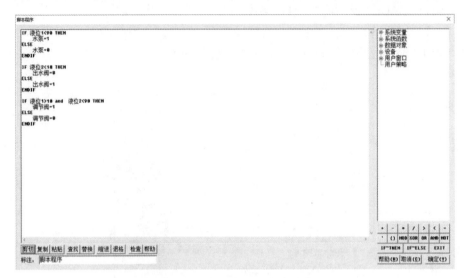

图 5-31　水罐 1 控制脚本程序

（5）单击"确定"按钮退出，脚本程序就编写好了，这时再进入运行环境，就会按照所需要的控制流程出现相应的动画效果。

5.4　报　警　显　示

5.4.1　报警数据显示

MCGS 把报警处理作为数据对象的属性，封装在数据对象内，由实时数据库来自动处理。当数据对象的值或状态发生改变时，实时数据库判断对应的数据对象是否发生了报警或已产生的报警是否已经结束，并把所产生的报警信息通知给系统的其他部分，同时，实时数据库根据用户的组态设定，把报警信息存入指定的存盘数据库文件中。

对于"液位 1"变量，在实时数据库中，双击"液位 1"选项，在"报警属性"中（见图 5-32），选中"允许进行报警处理"选项；在"报警设置"中选中"上限报警"，把报警值设为"90"；报警注释为"水罐 1 的水已达上限值"；在"报警设置"中选中"下限报警"，把报警值设为"10"；报警注释为"水罐 1 没水了"。在存盘属性（见图 5-33），选中"自动保存产生的报警信息"选项。

对于"液位 2"变量来说，只需要把"上限报警"的报警值设为"40"，其他一样。属性设置好后，单击"确认"按钮即可。

实时数据库只负责关于报警的判断、通知和存储三项工作，而报警产生后所要进行的其他处理操作（即对报警动作的响应），则需要在组态时实现。

从"工具箱"中单击"报警显示"图标，光标变成十字形后用鼠标拖动到适当位置与大小，如图 5-34 所示。

双击后再双击，弹出构件属性设置界面，如图 5-35 所示。

图 5-32　数据对象报警属性设置

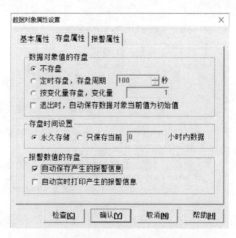

图 5-33　数据对象存盘属性设置

图 5-34　报警显示构件界面

图 5-35　报警显示构件属性设置

在"报警显示构件属性设置"页面中,把"对应的数据对象的名称"改为"液位组","最大记录次数"为"5",其他不变。单击"确认"按钮后,报警显示设置完毕。

5.4.2　报警数据

在报警定义时,"自动保存产生的报警信息"已经产生报警,这时可以通过以下操作,看看是否有报警数据存在。

(1)在"运行策略"中,单击"新建策略"按钮,弹出"选择策略的类型",选中"用户策略",单击"确认"按钮。选中"策略 1",单击"策略属性"按钮,弹出"策略属性设置"窗口,把"策略名称"设为"报警数据","策略内容注释"为"水罐的报警数据",单击"确认"按钮,如图 5-36 所示。

(2)选中"报警数据"选项,单击"策略组态"按钮进入,在策略组态中,单击工具条中的"新增策略行"图标,新增加一个策略行。再从"策略工具箱"中选取"报警信息浏览",加到策略行上,单击鼠标左键,如图 5-37 所示。

图 5-36　新建"报警数据"用户策略

图 5-37　报警信息浏览策略构件

（3）双击"报警信息浏览"图标，弹出"报警信息浏览构件属性设置"窗口，在"基本属性"中，把"报警信息来源"中的"对应数据对象"改为"液位组"。单击"确认"按钮设置完毕。单击"测试"按钮，进入"报警信息 浏览"页面，如图 5-38 所示。

图 5-38　"报警信息 浏览"测试界面

（4）在 MCGS 组态平台上，单击"主控窗口"选项，在"主控窗口"中，选中"主控窗口"选项，单击"菜单组态"按钮进入。单击工具条中的"新增菜单项"按钮 ，会产生"操作 0"菜单。双击"操作 0"菜单，弹出"菜单属性设置"窗口。在"菜单属性"中把"菜单名"改为"报警数据"。在"菜单操作"中选中"执行运行策略块"选项，选中"报警数据"选项，单击"确认"按钮设置完毕。

5.4.3　报警限值的修改

在"实时数据库"中，对"液位 1""液位 2"的上下限报警值都定义好后，如果用户想在运行环境下根据实际情况随时需要改变报警上下限值，具体操作如下。

（1）在"实时数据库"中选"新增对象"选项，增加四个变量，分别为"液位 1 上限"

"液位 1 下限""液位 2 上限""液位 2 下限"。在基本属性中设置初始值分别为"90""10""40""10",并利用标签和输入框在组态用户窗口,界面如图 5-39 所示。

图 5-39　报警数据修改画面组态

（2）在 MCGS 组态平台上,单击"运行策略"按钮,在"运行策略"中双击"循环策略"选项,双击进入脚本程序编辑环境,在脚本程序中增加语句如下:

```
! SetAlmValue(液位 1,液位 1 上限,3)
! SetAlmValue(液位 1,液位 1 下限,2)
! SetAlmValue(液位 2,液位 2 上限,3)
! SetAlmValue(液位 2,液位 2 下限,2)
```

5.5　MCGS 与 PLC 的连接

在工作台中双击设备窗口中的"设备窗口",在设备管理中添加通用串口父设备和三菱 FX 系列编程口,如图 5-40 所示。

图 5-40　设备组态界面

双击图 5-40 中"通用串口父设备 0"的基本属性页面,对串口端口号、波特率、数据位位数、停止位位数和校验方式进行设定,如图 5-41 所示。然后单击"确认"按钮,完成设置。

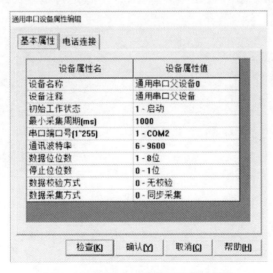

图 5-41　通用串口设备基本属性设置

双击图 5-40 中"设备 0-［三菱 FX 系列编程口］",对其基本属性的内部属性和通道连接进行设定,如图 5-42 和图 5-43 所示。

图 5-42　设备 0 通道属性设置

图 5-43　设备 0 通道连接设置

在上述水位控制系统中,组态软件需要检测的信息有水泵、调节阀、出水阀、水罐 1 的液位(液位 1)和水罐 2 的液位(液位 2)。开关量水泵、调节阀和出水阀一方面显示现场中设备的状态,另一方面控制现场的设备,因此利用可读写的辅助继电器 M 创建;模拟量液位 1 和液位 2 用来实时显示现场水罐 1 和水罐 2 中的液位情况,因此利用只读 16 位无符号的数据寄存器 DW 创建。

本 章 小 结

本章以北京昆仑通态 MCGS 为例,以水位控制系统演示工程为主线,介绍了 MCGS 组建新工程的步骤,包括基本画面的组态、实时数据库的建立、静态数据的连接和三种模拟仿真的动画连接方式以及报警数据的显示和修改,最后介绍了 MCGS 与三菱 FX 系列编程口进行通信的设置方式。

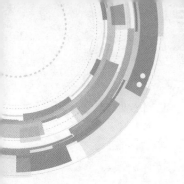
第 6 章

电气自动化综合应用

6.1 艺术馆进入检测设计

6.1.1 系统方案设计

青岛滨海学院世界动物标本艺术馆始建于 2004 年 6 月，原名青岛滨海学院博物馆。该馆是一座集地质、标本、字画、陶瓷、根雕等藏品于一体的综合性艺术馆，面积 14 000 余平方米。建馆以来，接待大中小学生 20 多万人次，在科普教育的同时，有效推进了学校提倡的自然科学教育和环境道德教育。

为了提高进门检票的效率，杜绝人情票，提高管理水平和工作效率，艺术馆选择安装摆闸式检票门，并在现有的检票门装置中，增加触摸屏、PLC 和语音模块。升级后的检票门可实现条形码门票的自动检票放行，提供文明、有序的检票入场通行方式，同时又可阻止非法人员出入。

检票门共有两个通道，包括显示单元、检票单元、门禁单元，如图 6-1 所示。

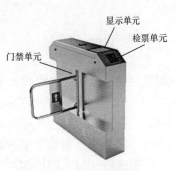

图 6-1 检票门结构

1. 显示单元

显示单元的主要功能是：显示当天进馆人数、在馆人数和出馆人数，并对累计人数清零，同时循环显示艺术馆代表性景点图片。

2. 检票单元

也称闸机，主要有进站检票机、出站检票机、双向检票机。主要功能是检查乘客所持车票的有效性并将处理后的信息返回给 PLC。

3. 门禁单元

门禁单元与检票单元相连控制通道闸机动作，包括核心器件 PLC 控制器、光电检测传感器、语音模块和执行机构。

（1）PLC 控制器的功能有：扫描检票单元传送的门票有效信息，实现对执行机构的控制；扫描光电传感器的动作顺序信息，判断游客是进馆状态还是出馆状态；接受触摸屏下达的清零信号，将统计人数进行清零复位。

（2）光电检测传感器在游客进出门时被触发，并将动作的信号传送给 PLC。语音模块具备：①请过闸；②请检票；③请勿在通道中停留；④请勿逆行；⑤欢迎再次光临……等等多种智能语音和音效提示，使设备更人性化。

（3）执行机构采用永磁直流减速电动机，带动闸门打开、闭合，具备传动效率高，寿命长，低噪声，大力矩等特点。

6.1.2 系统硬件选型

1. 触摸屏选型

触摸屏选用的是北京昆仑通泰公司出品的 7 英寸高亮度液晶屏 TPC7062KT（TD），它是一套嵌入式低功耗的高性能嵌入式触摸屏，具备强大的数据处理和图像显示功能，完全符合系统需求。TPC7062KT（TD）型触摸屏外观图如图 6-2 所示。

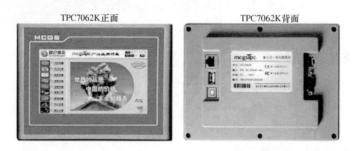

图 6-2 TPC7062KT（TD）型触摸屏外观图

2. 光电开关的选型

光电开关（光电传感器）是光电接近开关的简称。光电开关按检测方式可分为漫射式、对射式、镜面反射式、槽式光电开关和光纤式光电开关。根据闸门安装条件选择漫反射型光电开关。漫反射型是当开关发射光束时，目标产生漫反射，发射器和接收器构成单个的标准部件，当有足够的组合光返回接收器时，开关状态发生变化，作用距离的典型值一般到 3m，图 6-3 所示为漫反射型光电开关工作原理。

系统选用：24V E3F-5DN1 E3F-5l M18 PNP 三线动合（NO），线长为 100mm，其接线图如图 6-4 所示。

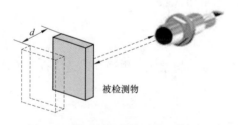

图 6-3 漫反射型光电开关工作原理

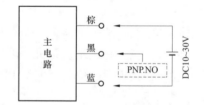

图 6-4 PNP 三线光电开关外部接线图

图 6-5 所示为门禁系统光电开关的安装位置俯视图。

3. 可编程控制器 PLC 选型

检票门有两个通道，每个通道有两个光电开关，一个检票单元反馈信号，共计有 6 个输入点；两台直流减速电动机，5 段语音，共计 7 个输出点。因此，选用 PLC 选用的是日本三菱 FX_{3U}-16MR/ES-A 系列，如图 6-6 所示。

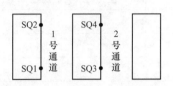

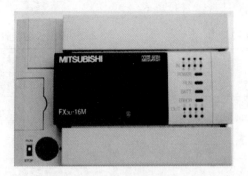

图 6-5 光电开关安装位置　　　　图 6-6 FX$_{3U}$-16MR 外观图

该 PLC 为 8 输入，8 继电器输出（AC 电源），输入电压为 AC 100～240V 50/60Hz，输出为 DC 5～30V。其 I/O 地址分配表见表 6-1。外部接线如图 6-7 所示。

表 6-1　　　　　　　　　　　　　　　　I/O 地址分配表

	名称	软元件地址		名称	软元件地址
输入	1 号通道光电 SQ1	X0	输出	语音 1 KA3	Y0
	1 号通道光电 SQ2	X1		语音 2 KA4	Y1
	2 号通道光电 SQ1	X2		语音 3 KA5	Y2
	2 号通道光电 SQ2	X3		语音 4 KA6	Y3
	1 号通道检票反馈 KA1	X4		语音 5 KA7	Y4
	2 号通道检票反馈 KA2	X5		直流电动机 KM	Y5

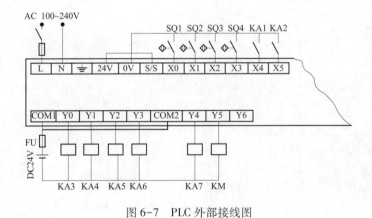

图 6-7 PLC 外部接线图

6.1.3 PLC 程序的设计

1. 设计思路

选用 SFC 语言编写门禁系统 PLC 程序。

（1）系统有两个通道，可以同时允许游客通过。因此，采用并行结构。

（2）每通道游客可进可出，但不能同时进行。因此，采用选择结构。

193

（3）计数统计见表 6-2。

表 6-2 进出门人数统计计数原则

进门计数		
1 号门	2 号门	显示数据
0	0	0
1	0	加 1
0	1	加 1
1	1	加 2
出门计数		
A	B	显示数据
0	0	0
1	0	减 1
0	1	减 1
1	1	减 2

2. 顺序功能图及 PLC 程序

图 6-8 所示为门禁系统的 SFC 语言下的顺序功能图（状态转移图）。状态 S20 和 S30 下分别控制 1 号通道和 2 号通道的计数过程。

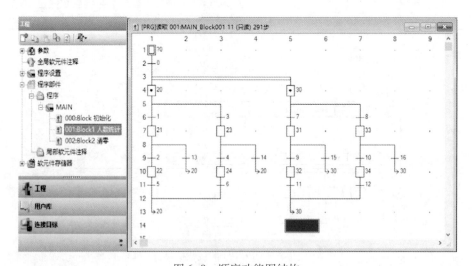

图 6-8　顺序功能图结构

（1）000：Block 初始化。

（2）001：Block1 人数统计。

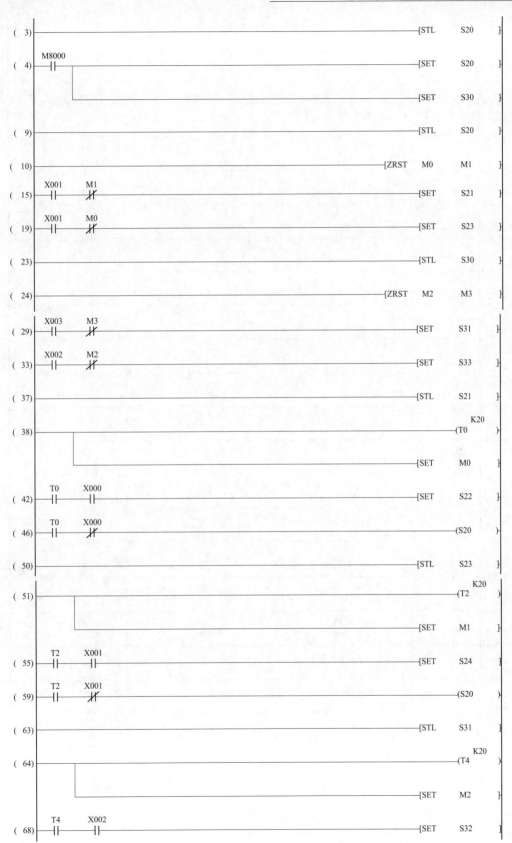

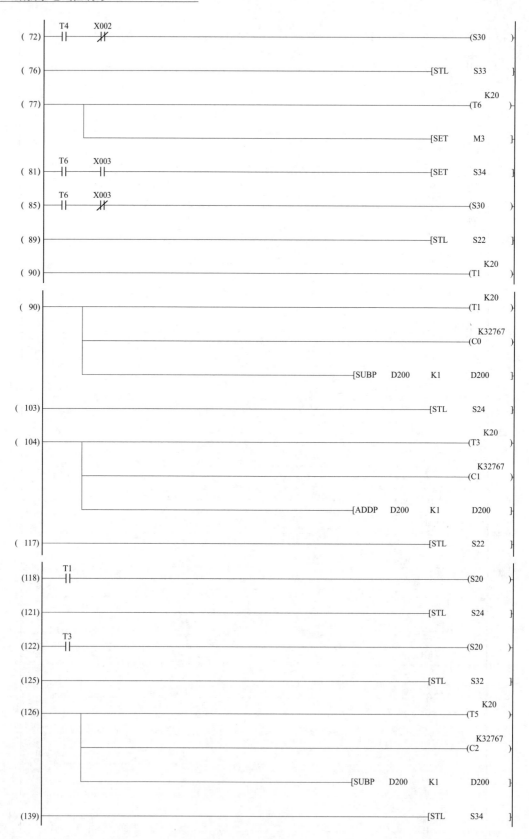

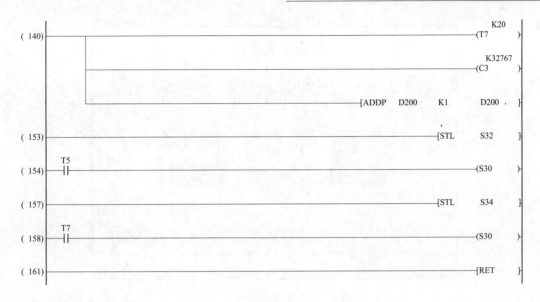

（3）002：Block2 清零。

6.1.4　组态画面的设计

1. 主界面

图 6-9 所示为门禁显示单元的主界面，它包括三部分功能：游客统计、部分展示和人数统计。单击"游客统计"选项时，进入图 6-10 所示界面，可以对人数进行查看；单击"部分展示"选项时，进入图 6-11 所示界面，可以循环显示艺术馆代表性展品；单击"人数清零"选项时，可以对所统计的人数进行清零。

2. 人数统计界面

图 6-10 所示为门禁显示单元的人数统计界面，通过该界面可实时向艺术馆管理人员显示入馆人数、出馆人数和馆内人数，有利于管理人员对游客动态信息的掌握。在闭馆时，当馆内人数非零的情况下，则有必要进行检查，以保证游客的安全。

图 6-9　门禁显示单元主界面

图 6-10　门禁显示单元人数统计界面

3. 部分展品展示界面

图 6-11 所示为门禁显示单元的部分展品展示界面，通过该界面可以向游客动态显示部分具有代表性的展览区，有利于提高游客观赏的兴趣。

6.1.5　PLC 和触摸屏的通信设置

（1）第一步：设备组态。在 MCGS 工作台的设备窗口中，添加"通用串口父设备设备 0-［通用串口父设备］"和"设备 0-［三菱 FX 系列编程口］"，如图 6-12 所示。

（2）第二步：通用串口父设备设备 0-［通用串口父设备］参数设置。通用串口设备属性编辑主要包括：串口端口号、波特率、数据位位数、停止位位数和数据校验方式，其他按照默认值即可。具体参数值如图 6-13 所示。

图6-11 门禁显示部分展品展示界面

图6-12 设备组态界面

图6-13 〔通用串口父设备〕参数设置界面

（3）第三步：设备0-〔三菱FX系列编程口〕参数设置。设备编辑窗口的参数主要有：内部属性、CPU类型以及变量连接，如图6-14所示。变量连接中的"连接变量"数据需要和实时数据库建立相一致的变量名和数据类型；"通道名称"数据需要在"内部属性"中进行添加和删除。

图 6-14 ［三菱 FX 系列编程口］参数设置界面

6.2 智能故障检测柜设计

6.2.1 控制柜设计的方案

1. 研究的目的和意义

在电气设备运行过程中，由于环境、人为、过载及本身质量等诸多因素，可能会发生故障，导致设备不能正常运行，不仅影响工作进度，严重时还会造成人身安全事故。因此，维修电工人员必须掌握及时、准确排除故障的能力。

2008 年青岛滨海学院为电气、机电类考生掌握维修电工职业技能，采购了 SL-135A 型通用电工实训考核装置，用于维修电工职业技能的故障检测科目的培训和考察。但随着工业自动化的推进，原来的设备也渐渐无法满足实训要求。目前设备存在下列几个问题：①实训内容有限，功能缺少，已经无法满足现阶段工业维修控制的要求；②装置型号、类型比较落后，部分元器件已出现不同程度损坏；③实验台只能通过人工操作按钮来设置故障与排除，这种单一的操作方式在自控技术日趋发达的今天已经显得落伍。

为解决上述问题，结合国家维修电工中高级考核大纲，提出一种智能的故障检测考核装置的升级方案。该装置将 PLC、触摸屏和电气控制等关键技术融合在一起，实现考生随机抽题、系统智能评分的过程，从而真正考察了考生解决实际问题的能力。

2. 系统总体方案

维修电工故障检测系统设备在 SL-135A 型通用电工实训考核装置基础上改造完成，在原有装置基础上添加 PLC、触摸屏、开关电源、中间继电器等元件，替换老损、故障元件。在正常电路中人为添加一些通断点，通过断开或闭合某个通断点开关致使电路无法正常运行，考生通过一些检查和推断，排除故障，使系统正常运行。

系统包括电气电路部分、PLC 部分和触摸屏部分，其中电气电路包括继电器、按钮、热继电器和接触器。系统结构框架如图 6-15 所示。

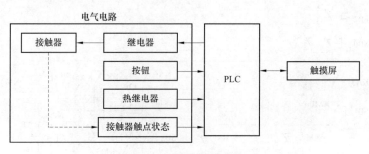

图 6-15　系统结构框架

触摸屏一方面显示现场相关器件的工作状态，另一方面供考生随机抽取考题并作答；PLC 完成相关器件的状态检测，将信息传给触摸屏，并根据触摸屏给出的题号，控制继电器线圈得电和失电；电气电路结合继电器得失电的组合，实现故障点的设置。

6.2.2　控制柜硬件设计

1. PLC 选型和设计

故障检测系统是在原有实训装置上改进而来的，可供安装面积的并不多，应选用小体积的 PLC。设计中共需要输入输出 20 个点。综上考虑选用日本三菱公司推出的 FX_{3U}-40MR 型 PLC，PLC 外部接线如图 6-16 所示。

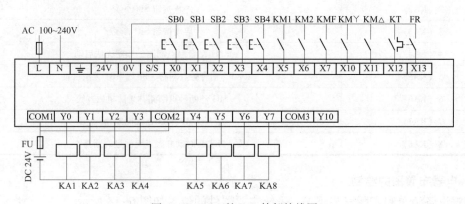

图 6-16　PLC 的 I/O 外部接线图

2. 故障点的设计

故障点是人为在控制电路中添加的故障，通过排除故障点的过程检测学生掌握故障检测技术的水平，锻炼学生准确、迅速找到故障部位并排除故障的能力。故障检测系统中使用了四种工厂常见的基本控制电路（长动电路、正反转电路、顺序启动电路、丫-△降压启动电路）来考查学生故障排除水平。电气原理如图 6-17 所示。

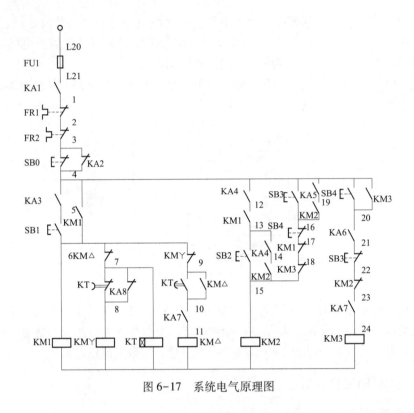

图 6-17　系统电气原理图

在图 6-17 中，继电器 KA 不同的通断电组合来完成故障点的设置，系统故障信息见表 6-3。

表 6-3　　　　　　　　　　　　　　　　系 统 故 障 表

1（KA1）	热继电器 FR1 断路
2（KA2）	停止按钮 SB0 短路
3（KA3）	启动按钮 SB1 断路
4（KA4）	KM1 动合触点断路，顺序无法启动
5（KA5）	KM2 动合触点断路，SB2、SB3 无法自锁
6（KA6）	SB3 动断触点断路，无法机械互锁
7（KA7）	KMF、KM△ 线圈断路
8（KA8）	KT 延时动断触点无法延时断开

3. 电器布置图的绘制

根据设备清单和实际安装要求，系统主要器件的位置如图 6-18 所示。

6.2.3　系统软件设计

1. 触摸屏程序设计思路

开始考试后，考生输入准考证号和学号，核对自己信息，查看考试说明，确认后进入考试，考试开始计时。考生根据触摸屏显示内容和用万用表实地测量情况完成考试，交卷后将自动生成分数，考官登录系统查看成绩，考试结束。考试流程如图 6-19 所示。

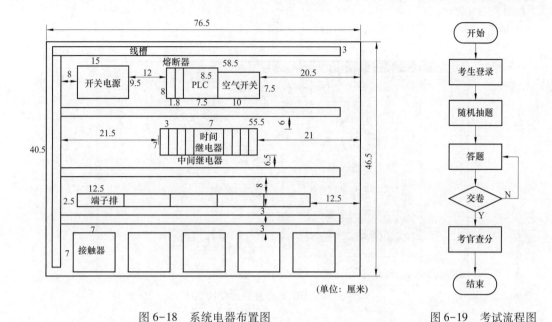

图 6-18　系统电器布置图　　　　　　图 6-19　考试流程图

故障检测考试主要内容涉及工厂常见的电气控制线路，包括长动、正反转、Y-△降压启动、顺序启动控制电路。在了解各种控制电路的工作原理后，设计各种电路的合理考试题目选项，使学生在培训考核中真正掌握故障排除技能。考核系统有如下几个优点。

（1）保证考试公平性。故障检测考试系统中有四套题，每套题又分为5道小题，每套题都涉及四种典型控制电路（长动、正反转、顺序启动、Y-△降压启动电路）的考核。系统会随机选取一套题让学生去完成，每套题难度相似，以保证考试的公平性。

（2）人性化界面设计，方便考生。在考试系统中含有许多方便考生的人性化功能。考试有一定的时间限制，超时将自动交卷，考生可以直接在触摸屏上看到考试剩余时间，方便考生把握考试节奏。另外答题界面中可以靠动画显示直观看到元件吸合断开的变化。这样的设计大大方便了考生操作。

（3）优化考试，提高工作效率。考生确认交卷后，考官输入查分密码，直接查看考生成绩，记录考生是否通过考核，节约了考官评卷环节。考官还可以在系统设置界面设置考试时长和考试通过分数线，灵活设置考试。

（4）提高安全性，防止误操作。考试过程中，考生只需要用万用表测量可能故障点的对应元件端子，然后在触摸屏中作出判断，如果选择正确 PLC 则会自动排除故障。全程电路故障的设置与排除由 PLC 控制完成，有效防止了误操作，提高了考生安全性。

2. 界面设计

（1）登录界面的设计。登录界面的设计中左侧有考试注意事项，在右侧输入正确的考生准考证号和考生学号，如图 6-20 所示。若不输入或输入错误则考试成绩无效。之后单击"确认并开始考试"按钮，系统将随机抽取其中一套题，考生开始进行答题。随机抽题功能运用了随机数函数，随机数若在［0，1）中抽取第一套题，若在［1，2）中抽取第二套题，若在［2，3）中抽取第三套题，若在［3，4）中取抽第四套题。

203

抽题=！Rand(0,4)

IF 抽题 >=0 and 抽题<1 THEN 用户窗口.T11.Open()

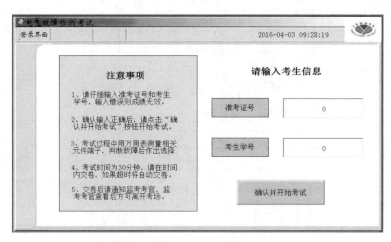

图 6-20　MCGS 登录界面设计

（2）考生答题界面的设计。考生开始考试后，会随机抽取四套题中的一套题，每套题内有 5 道小题，涵盖 4 个典型电路（长动控制、正反转控制、Y-△启动控制、顺序启动控制电路）的试题。在界面中左上角会显示考生学号和准考证号，右上角显示考试剩余考试时间，方便考生把握做题节奏。左侧显示该题故障所在电路图，图中有重点元件的通断动画，动画显示与实际元件同步。右侧显示该题可能的故障选项。考生根据信息测量可能的故障元件，以此判断故障原因，在右下角选择答案。考生答题界面设计如图 6-21 所示。图 6-21 所示为长动电路答题界面。

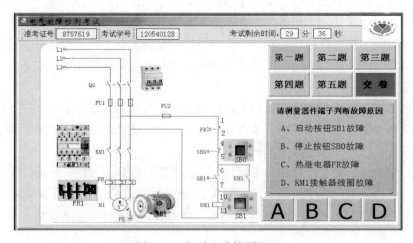

图 6-21　长动电路答题界面

（3）交卷审核界面的设计。维修电工考试系统的设计中检查交卷和考官审核界面的设计非常重要。考生做完题后，单击"交卷"按钮后会在检查交卷页面显示考生所做答案，若其中某题没有选择答案，该题将会显示"?"方便考生发现漏题，并返回作答，在最终修改完后点击"确认交卷"后将无法修改。

在考官审核界面，考官可以在表格里直观看出考生每题作答正确与否，系统自动得出总分。若考生分数高于预设合格分数线将显示通过考试，方便考官记录考生成绩。考官审核界面设计如图 6-22 所示。

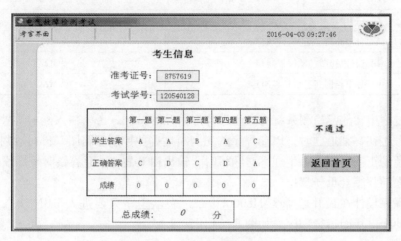

图 6-22　考官审核界面设计

（4）首页与系统设置界面设计。首页界面是系统启动后显示第一个界面，首页有 3 个选项，分别是"考试入口""系统设置""退出系统"。系统设置界面中可以设置考试时间，考核通过分数线，考官查看密码等系统属性设置。

3. 运行策略的设计

运行策略是用户为实现系统所需功能可以自由控制所编写的一系列功能模块的总称。其中，包含循环策略、事件策略和停止策略等。每种策略都能完成特定的功能。每种策略的实现也需要达到特定的条件。

维修电工故障检测系统的运行策略根据实际功能编写。其中运用了一组循环策略和一组事件策略。首先在工作台中选择"运行策略"选项卡，双击"循环策略"，在循环策略界面右键选择"新增策略行"；在策略工具箱中选择脚本程序，编写脚本程序，设定策略行条件属性、循环时间等设置。新建事件策略与循环策略方法相同。

4. PLC 程序设计

为对故障检测系统加以升级的 PLC 程序中所对应的 I/O 输入输出点分配见表 6-4。

表 6-4　　　　　　　　　　　　PLC 的 I/O 地址分配表

电路图故障点	输入软元件	输出软元件
热继电器 FR1 断路	M0	Y0
停止按钮 SB0 短路	M1	Y1
启动按钮 SB1 断路	M2	Y2
KM1 动合触点断路	M3	Y3
KM2 动合触点断路	M4	Y4
SB3 动断触点断路	M5	Y5
KMF、KM△线圈断路	M6	Y6
KT 延时动断触点无法延时断开	M7	Y7

对故障检测系统加以升级的 PLC 程序中所对应的电路图连接点分配见表 6-5。

表 6-5　　　　　　　　　　　　　　电路连接点分配表

电路图连接点	
第一种电路图（长动控制）	M20
第二种电路图（正反转控制）	M21
第三种电路图（顺序控制）	M22
第四种电路图（星三角控制）	M23

在考试过程中，故障检测系统为考生选择好第几套试题，考生输入姓名学号后正式进入答题环节，考生在答某道题时，PLC 程序首先判断是哪种控制电路图，再通过判断故障点从而判断出此题的正确答案，考生在答对题目时，输出由 0 置 1，而答错时程序没有反应。在答下一道题之前程序会重新复位。

PLC 的程序设计在最开始加入 M8000 指令，表示程序只要进入 RUN 状态，就视为接通，用来驱动上电从而运行程序，如图 6-23 所示。

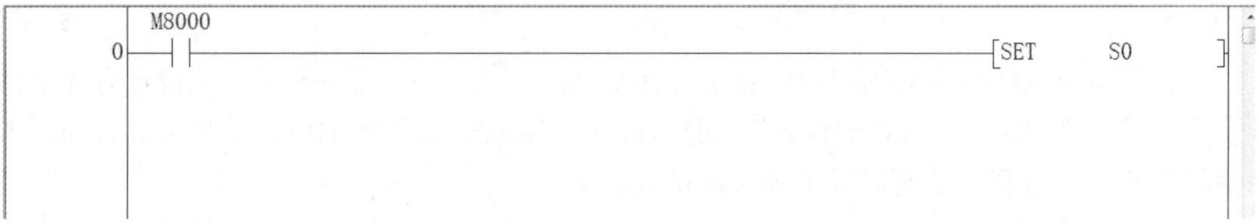

```
     M8000
0 ───┤├──────────────────────────────────[SET    S0  ]
```

图 6-23　PLC 驱动程序

PLC 程序在得到上位机传来的判断控制电路图种类的信号后，再通过所传来的故障点的信号，从而分析出正确答案。如图 6-24 所示，M20、M21、M22、M23 分别代表长动、顺序、正反转、星三角控制电路，M0~M7 则代表故障 1 到故障 8，最后通过上位机的信号判断答案正确与否。

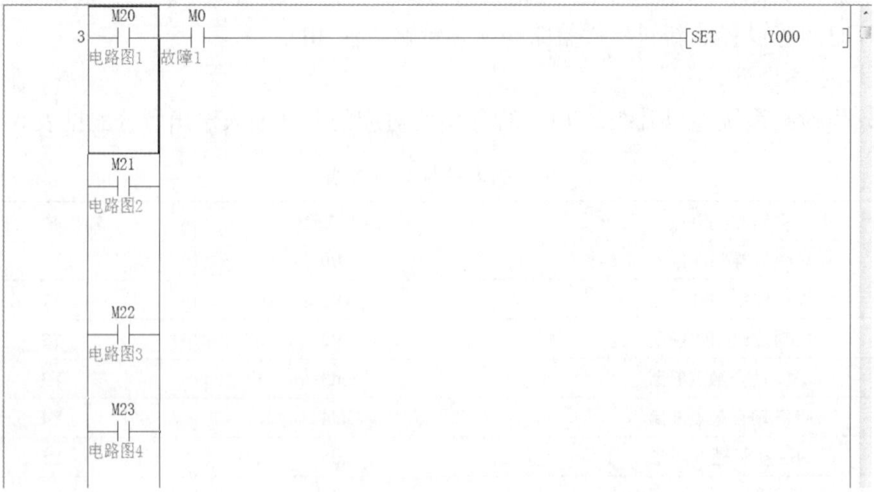

图 6-24　PLC 故障判断程序

　　PLC 程序在完成一道题之后，需要为故障检测系统程序复位。当考生在判断故障点并且选择出答案时，每个故障点之间互不影响。如果程序不进行复位，则会使得故障点判断混乱。图 6-25 所示为当故障点为 M0 时的复位程序。

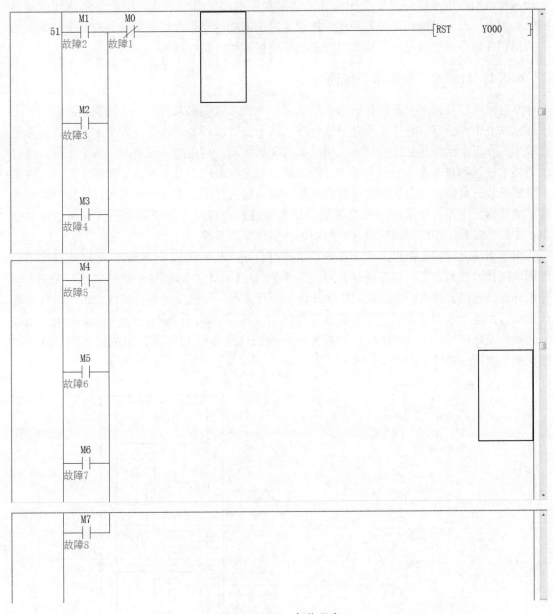

图 6-25　PLC 复位程序

6.3　恒压供水变频控制系统

　　近些年中国经济快速发展，工业与生活用水与日俱增。所以，建设一个标准化、高效率的自来水厂是一个地区快速发展的基础。通过现代工控技术建造自动化控制的自来水厂能够保证地区居民的饮水健康，以及供水的持续稳定。因此，高效便捷的储水、蓄水、控水工程已经成为各自来水厂的建设目标。

按照需要建设的自来水厂是指具有自来水生产、消毒、供给等设备，能完成自来水整个生产过程，生产出水质符合生产用水和生活用水要求的安全自来水。因此，要达到这些目的，必须有一套完善的自动控制系统，能够实时、准确地监控水厂各个设备的运行情况及相关数据，并能作出快速反应，实现对设备的集中控制和分站控制。

6.3.1 自来水厂供取水系统简介

某自来水厂包括五个水源井、两个清水池、一个二级供水泵房、一个加氯设备室、一个中控室和一个办公室。五个水源井分别分布在几十公里以外的野地里，各个水源井之间相距亦较远；在每个水源井处建控制室，可以进行现场控制，利用潜水泵取水，各个水源井通过管道将水输送到自来水厂的清水池中；两个清水池建在水厂，互相连通，作储水用；二级供水泵房安装三台泵，负责从清水池取水供给区内的居民使用，进行恒压供水；加氯设备室安装二氧化氯发生器，产生的二氧化氯加入清水池进行消毒，并由余氯检测仪检测清水池余氯；中控室安装工控机，同时设计监控画面，实现全厂监控。

由于水井之间相隔距离大于 1000m，水井与自来水厂距离大于 20km，所以通过使用光纤局域网技术使水井之间相互通信，通过光纤将 1~4 号水井的信号汇集到离水厂最近的 5号水井处，通过交换机汇集，由一根光纤传送到自来水厂二级泵房室，完成与水厂设备的通信连接。在各个水源井和水厂处分别建立 PLC 站点，水源井处备有光电转换交换机，把信号转换为光纤信号，在自来水厂由多口光电交换机连接各个 PLC 站，组成以太网，进行数据交换。水厂分布图如图 6-26 所示。

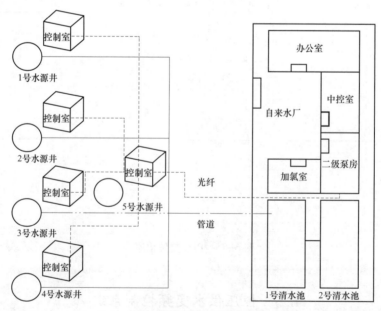

图 6-26　水厂分布图

本水厂自动化监控系统主要由水源井、清水池、二级泵房、二氧化氯发生器等部分组成，实现了全厂供取水的自动监控。整个系统分为三级控制：中控室操作为三级控制，现场控制柜触摸屏操作为二级控制，按钮开关操作为一级控制。优先级顺序为：一级>二级>三级。当远离现场时应该切换到三级控制，由中控室工控机操作控制；当去现场调试时，应在触摸屏上切换为二级控制进行操作，这时远程控制不起作用；而想脱离 PLC 控制时，需现场通过转换开关切换到一级控制，这时可以通过按钮来进行操作。

整个自来水厂控制系统建立以太网通信网络，以光纤、工业网线为传输介质，通过交换机实现信息交换，目的是实现水厂取水和供水的完全自动监控，能够提高系统的人性化、方便性、稳定性和灵活性，使得值班人员操作简单，维护方便。

全厂共建 7 个 PLC 站点，即二级泵房站、加氯站和 5 个水源井站。每个站点安装有以太网模块和工业交换机，站点之间通过光纤或网线相连，组成以太网网络控制系统。

作为自来水厂供取水控制系统的一部分，恒压供水的控制设备安装在二级泵房，共有三台泵，采取恒压供水方式，三台泵的作用分别是一用一备一补充。控制箱内包括 PLC、模拟量输入模块、模拟量输出模块、触摸屏、变频器、工业交换机等设备，现场安装有液位计、流量计、压力变送器采集信息。二级泵房 PLC 同时作为整个水厂控制系统的主控制器，对全厂进行集中控制，交换机选用一光五电，分别连接水源井光纤信号、二级泵房 PLC、中控室工控机和加氯设备 PLC。本节仅介绍恒压供水的实现，并不介绍全厂的控制。二级泵房通过触摸屏操作画面可进行现场二级控制。

6.3.2　二级泵房部分方案

二级泵房位于自来水厂内，由三台泵从清水池取水供给用户，供水过程实现恒压。二级泵房现场安装布置图如图 6-27 所示，安装有三台水泵，功率均为 7.5kW，其中两台正常使用，另一台为补充泵。

从变频恒压供水的原理分析可知，该系统主要由压力传感器、变频器、恒压控制单元、水泵机组以及低压电器组成。系统主要的设计任务是利用恒压控制单元使变频器控制三台水泵，实现管网水压的恒定，同时还要能对运行数据进行传输。系统的流程简图如图 6-28 所示。

图 6-27　二级泵房现场安装布置图

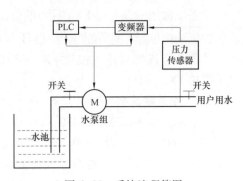

图 6-28　系统流程简图

（1）控制系统：主要由 PLC、变频器、电气控制设备三个模块组成。其中 PLC 是整个恒压供水系统的核心模块，供水控制器可以对系统中各个需求压力量进行采集，先通过 A/D 转换，再通过 PLC 的 PID 指令输出模拟量，在经过 D/A 转换将电信号传送给变频器对水泵进行控制。变频器对水泵进行控制，当供水出现不足或过量时变频器通过调整水泵的频率，进而对其转速进行调节，实现供水的合理性，提高工作效率，节约水源和能源。电气控制设备主要是由继电器、接触器和各种转换开关组成。

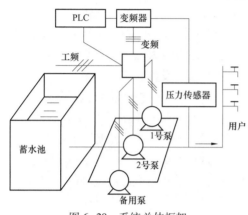

图 6-29　系统总体框架

（2）执行机构：三台水泵，它们之间相互协调，通过控制系统的作用达到恒压供水的目的。

（3）检测系统：通过传感器检测现场信号，并传递给人机画面，实时监控系统的运行情况，保证系统可靠运行。

（4）报警系统：根据传感器信号，判断系统运行状况，并做出报警输出，工作人员在第一时间获取报警信息，能够及时进行故障排除，减小安全隐患。

系统总体框图如图 6-29 所示。

二级泵房供水泵的控制方式也有三种：继电器一级控制、现场 PLC 二级控制、远程中控室三级控制。一级控制通过继电器电路实现，由一个转换开关切换，完全抛开自动化系统，具有最高的优先级，防止系统瘫痪时仍能够保证供水。二级控制由现场 PLC 控制，通过触摸屏进行操作，优先级高于中控室控制信号，方便到现场调试时控制，二级/三级的切换在触摸屏上完成。三级控制是通过工控机组态画面操作，并由 S7-300 PLC 实现控制，同时需要通过网线把现场监测的液位、流量、压力、频率等信号发送到中控室组态画面上。

触摸屏实现的功能：显示压力、瞬时流量、频率，水泵运行指示，变频器故障、高压、低液位的报警指示，启动、停止操作，二级/三级转换，1 号清水池/2 号清水池转换，以及一些参数的设定。

6.3.3　设备选型

1. PLC 选型

系统选用三菱公司 FX_{3U} 系列的可编程逻辑控制器作为数据处理单元，选择的 CPU 型号为 FX_{3U}-16MT/DSS，并扩展两个模拟量输入模块 FX_{3U}-4AD、一个模拟量输出模块 FX_{3U}-4DA。

2. 变频器选型

系统选用 McirorMaster430 系列变频器，水泵型号为 ISG80-160，转速为 2900r/min，额定功率为 7.5kW。MicroMaster430 系列变频器是风机和泵类变转矩负载专家，功率范围 7.5~250kW。MciorMaster430 变频器的端子接口分布如图 6-30 所示。

图 6-30　MM430 端子接口分布图

MicroMaster430 变频器各端子的功能见表 6-6。

表 6-6　　　　　　　　　　　变频器端子功能表

引脚序号	引脚名称	功能	引脚序号	引脚名称	功能
1	+10V	电源电压	12	AOUT1+	模拟输出 1
2	0		13	AOUT1-	
3	AIN1+	模拟输入 1	14	PTCA	
4	AIN1-		15	PTCB	
5	DINN1	数字输入	16	DIN5	数字输入
6	DINN2		17	DIN6	
7	DINN3		26	AOUT2+	模拟输出 2
8	DINN4		27	AOUT2-	
9	+24V	电源电压	28	PE	RS-485
10	AIN2+	模拟输入 2	29	P+	
11	AIN2-		30	P-	
18	RL1-A	输出继电器的触头	22	RL2-C	输出继电器的触头
19	RL1-B		23	RL3-A	
20	RL1-C		24	RL3-B	
21	RL2-B		25	RL3-C	

3. 压力传感器选型

CYYB-120 系列压力变送器为两线制 4～20mA 电流信号输出产品，它采用 CYYB-105 系列压力传感器的压力敏感元件，经后续电路给电桥供电，并对输出信号进行放大、温度补偿及非线性修正、V/I 变换等处理，它对供电电压要求宽松，具有 4～20mA 标准信号输出。一对导线同时用于电源供电及信号传输，输出信号与环路导线电阻无关，抗干扰性强、便于电缆铺设及远距离传输，与数字显示仪表、A/D 转换器及计算机数据采集系统连接方便。CYYB-120 系列压力变送器新增加了全密封结构带现场数字显示的隔爆型产品，可广泛应用于航空航天、科学试验、石油化工、制冷设备、污水处理、工程机械等液压系统产品及所有压力测控领域，主要特点如下：

（1）高稳定性、高精度、宽的工作温度范围。

（2）抗冲击、耐震动、体积小、防水。

（3）标准信号输出、良好的互换性、抗干扰性强。

（4）最具有竞争力的价格。

4. 液位传感器选型

SL980-投入式液位变送器，广泛用于储水池、污水池、水井、水箱的水位测量，油池、油罐的油位测量，江河湖海的深度测量等。它接受与液体深度成正比的液压信号，并将其转换为开关量输出，送给计算机、记录仪、调节仪或变频调节系统以实现液位的全自动控制。其主要特点是：安装简单，精度高，可靠性高，性能稳定，能实现自身保护等。

6.3.4 控制系统设计

1. 系统硬件电路设计

供水系统主电路设计如图 6-31 所示。系统采用了一台变频器同时连接两台电动机，所以必须确保开关 KM1 和 KM2 电气连锁，连锁功能由软件和硬件实现。在变频水泵出现问题或紧急情况下，可以启用备用水泵。

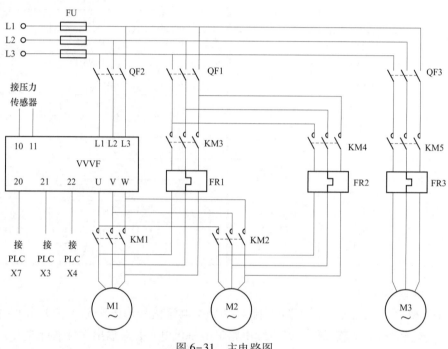

图 6-31 主电路图

2. I/O 的分配

恒压变频供水控制系统 I/O 点的统计见表 6-7。

表 6-7 I/O 统计表

输入器件			输出器件		
编号	符号	名称	编号	符号	名称
1	SB1	启动	1	KM1	1 号泵变频
2	SB2	停止	2	KM2	2 号泵变频
3	S1	液位传感器	3	KM3	1 号泵工频
4	S2	变频器达到上限	4	KM4	2 号泵工频
5	S3	变频器达到下限	5	KM5	备用泵工频
6	S4	1 号水泵故障	6	L1	报警指示灯
7	S5	2 号水泵故障			
8	S36	变频器故障			

根据功能要求和工艺流程，以及系统的控制要求以及合理利用 I/O 口的原则分配 I/O 接点，分配表见表 6-8。

表 6-8　　　　　　　　　　　　　　I/O 分配表

	输入器件		输出器件
X0	启动（SB0）	Y0	驱动 KM1（1 号泵变频）
X1	停止（SB1）	Y1	驱动 KM2（2 号泵变频）
X2	液位传感器	Y2	驱动 KM3（1 号泵工频）
X3	变频器达到上限	Y3	驱动 KM4（2 号泵工频）
X4	变频器达到下限	Y4	驱动 KM5（备用泵工频）
X5	1 号水泵故障	Y5	报警指示灯
X6	2 号水泵故障		
X7	变频器故障		

3. PID 参数的预置

由于 SIEMENS MM430 变频器自带了 PID 模块，因此不需要编程进行 PID 调节，只需进行简单的参数设置即可。将设置模拟输入的 DIP 开关 1 拨到 ON 位置，选择为 4~20mA 输入，将 DIP 开关 2 拨到 OFF 位置选择电动机的频率，OFF 位置为 50Hz。其他参数的设置见表 6-9。

表 6-9　　　　　　　　　　　　MM430 参数预置表

参数	名称	参数	名称
P0003 = 2	用户访问级别为专家级	P2255 = 100	PID 的增益系数
P0004 = 22	参数滤过，选择 PID 应用宏	P2256 = 100	PID 微调信号的增益系数
P0700 = 2	选择命令源，选择为端子控制	P2257 = 10s	PID 设定值的斜坡加速时间
P1000 = 2	频率设定选择为模拟设定值	P2258 = 10s	PID 设定值的斜坡减速时间
P1080 = 5Hz	最小频率	R2260 = 100%	显示 PID 的总设定值
P1082 = 50Hz	最大频率	R2261 = 3s	PID 设定值的滤波时间常数
P2200 = 1	闭环控制选择，PID 功能有效	R2262 = 100%	显示滤波后的 PID 设定值
P2231 = 1	允许存储 P2240 的设定值	P2265 = 3s	PID 反馈立场拨时间常数
P2240 = 75%	键盘给定的 PID 设定值	P2267 = 100	PID 反馈信号的上限值
P2253 = 2250：0	选择 P2240 的值作为 PID 给定	P2268 = 0	PID 反馈信号的下限值
P2250 = 100%	显示 P2240 的设定值输出	P2269 = 100%	PID 反馈信号的增益
P2254 = 0.0	缺省值，对微调信号没有选择	P2291 = 100	PID 输出的上限
P2292 = 0.00	PID 输出的下限	P2280 = 3.00	PID 的比例增益系数
P2285 = 7.00s	PID 的微分时间	P2294 = 100%	实际的 PID 控制器输出

4. PLC 编程

PLC 程序如图 6-32 所示。

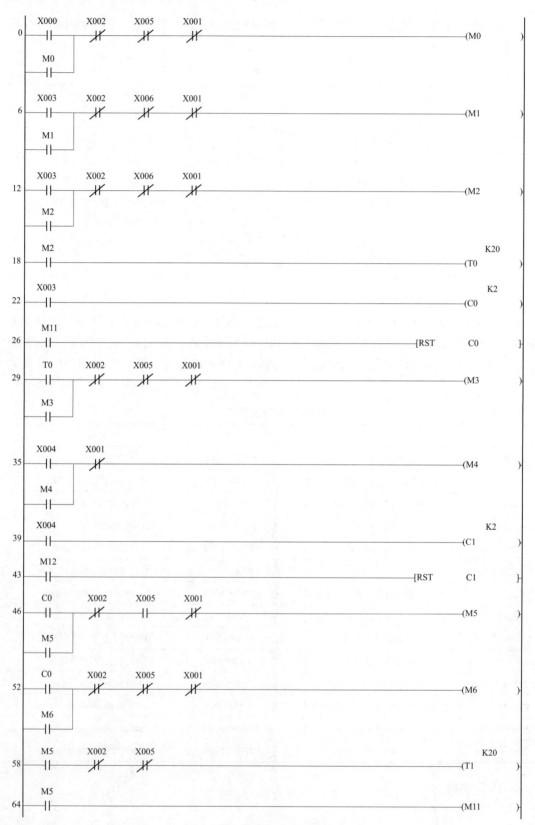

图 6-32　恒压供水 PLC 程序（一）

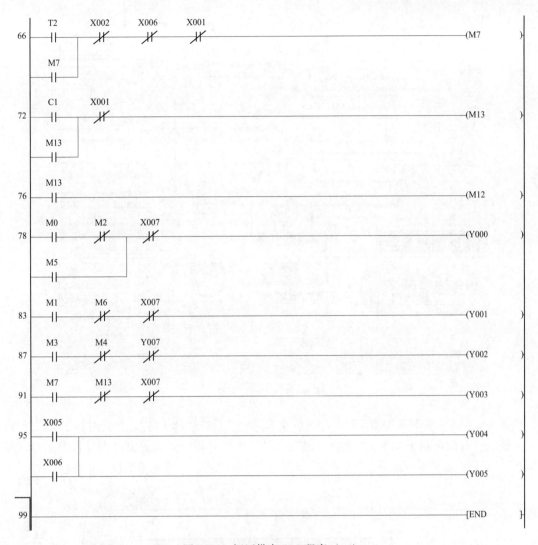

图 6-32　恒压供水 PLC 程序（二）

5. 二级泵房触摸屏组态画面设计

水厂二级泵房现场监控也是通过触摸屏实现的，选用的是西门子 10 寸工业触摸屏 KTP1000 Basic PN，它带有一个以太网通信口。

泵房主监控画面如图 6-33 所示。它主要实现以下功能。

（1）画面中三个供水泵进行供水，每个泵上有指示灯，未运行时亮红灯，运行后亮绿灯，并且相应管道会有水流状动画显示。

（2）控制级别显示，可以看到当前控制级别。

（3）数据显示：三台变频器频率、供水总流量、当前压力、设定压力、压力报警值。其中设定压力和压力报警值可手动设置，设定压力为用户设定的希望达到的供水压力，压力报警值为上限值，当压力达到此值时进行报警指示。

（4）画面下方是操作区域：两个较大的按钮为自动状态下的启停控制按钮，红色为启动，绿色为停止。两个转换开关，分别用来进行二／三级转换和一／二号水泵切换。报警指示

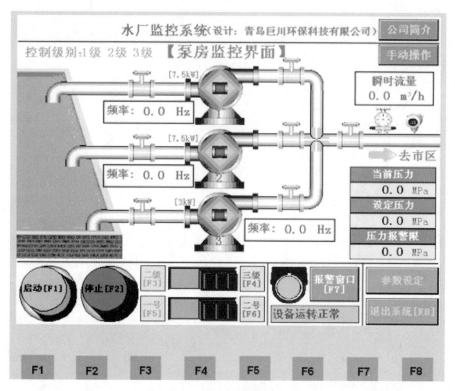

图 6-33　主监控画面

灯和报警文本，正常时报警指示灯亮绿灯，文本显示"设备运转正常"，报警时指示灯闪红灯，文本显示"有故障报警发生"。单击"报警窗口"按钮可切换到报警窗口查看报警信息（见图 6-34），分别显示 1 号水泵、2 号水泵、3 号水泵、供水水压、清水池液位等状态信息。

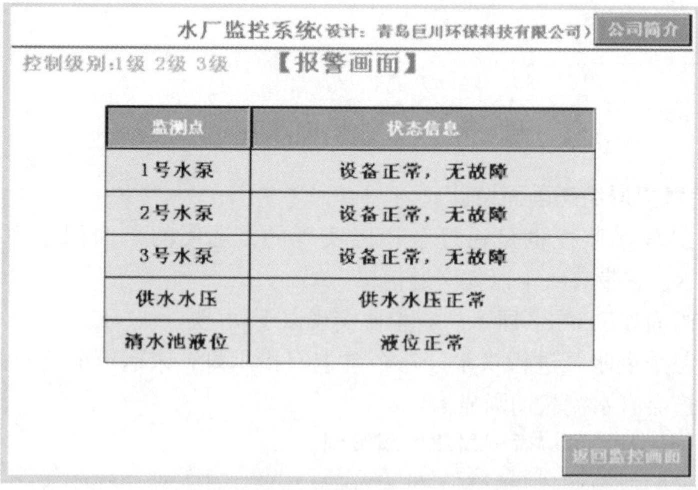

图 6-34　报警画面

（5）另外，单击"参数设定"按钮，参数设定画面设有密码，不允许随意进入，由工程师现场检修时方可进入。

（6）触摸屏按键，触摸屏下方有 8 个按键，分别标有 F1～F8 字样，每个按钮都有特定功能，各功能和触摸屏上相关按钮、切换开关对应相同，已经在画面中标出提示，即每个功能都有两种方式可以实现。

6. 中控室组态画面设计

中控室安装有工业计算机，性能稳定可靠，确保系统安全稳定运行，监控画面由组态王6.53 来编辑完成。全厂监控画面如图 6-35 所示。

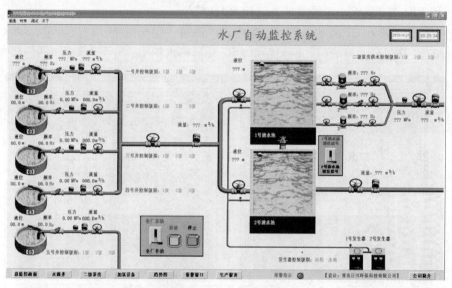

图 6-35　全厂监控画面

二级泵房画面如图 6-36 所示。它实现主画面相同显示功能：频率、压力、流量。另外，增加了操作部分：1 号/2 号泵选择开关、手动/自动选择开关、1 号/2 号/3 号泵的启动和停止、自动启动和停止。

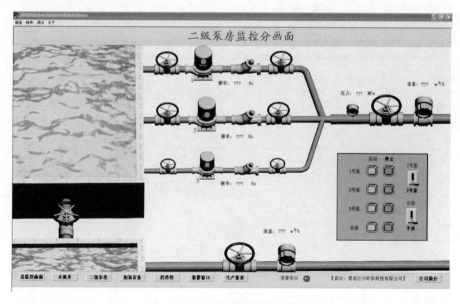

图 6-36　二级泵房画面

217

控制方式：把切换开关打到手动，使控制方式为手动情况，可通过按钮来启停对应水泵，当有水泵处于开启状态时，要开其他水泵，已开水泵频率必须超过 49Hz，否则无法开启。

把切换开关打到自动，使控制方式为自动情况。自动情况下，根据"1 号/2 号泵选择开关"的选择，自动开启 1 号或 2 号水泵，当 1 号或 2 号水泵频率超过 49Hz 时，系统会自动开启 3 号泵，当 1 号或 2 号水泵频率低于 30Hz 时，系统会自动关闭 3 号泵。其中 1 号或 2 号水泵采用 PID 变频调节，3 号水泵为定频 50Hz。

趋势图画面如图 6-37 所示。它可以实现进厂流量、供水流量、自流流量、供水压力、1 号清水池液位、2 号清水池液位、1 号供水频率、2 号供水频率、3 号供水频率的趋势图显示。

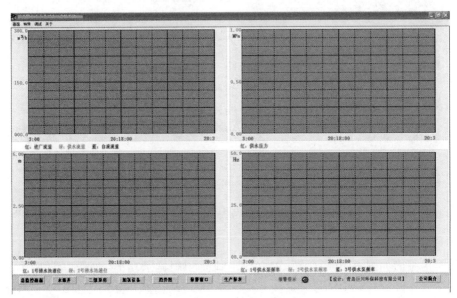

图 6-37　趋势图画面

报警画面如图 6-38 所示。图 6-38 左半部分以表格的形式显示报警日期、时间、名称、

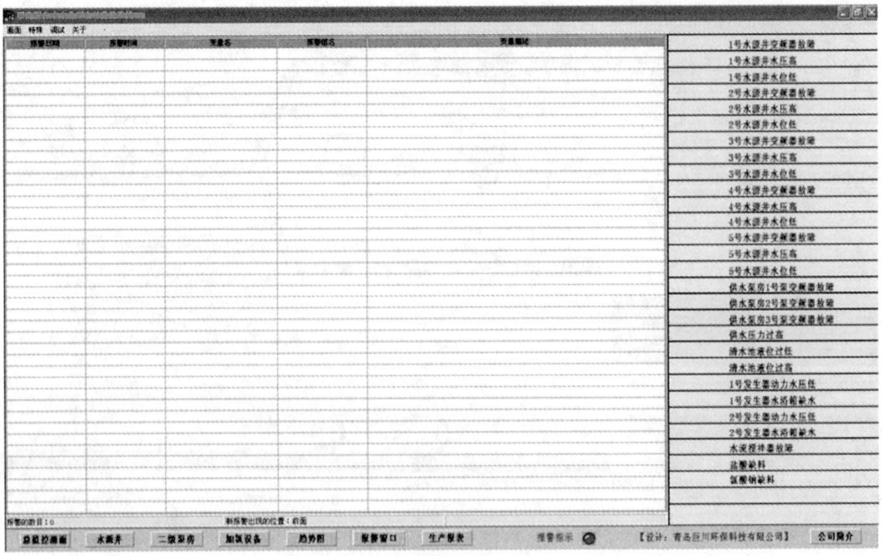

图 6-38　报警画面

报警组名称、报警描述等信息；右半部分为报警列表，当某条报警发生时，对应报警行变红色，名称闪烁；在每一个画面底部有一个报警指示灯，正常为绿色，当有报警发生时，变红灯闪烁。

生产报表画面如图 6-39 所示。它可以对重要数据进行保存、打印。

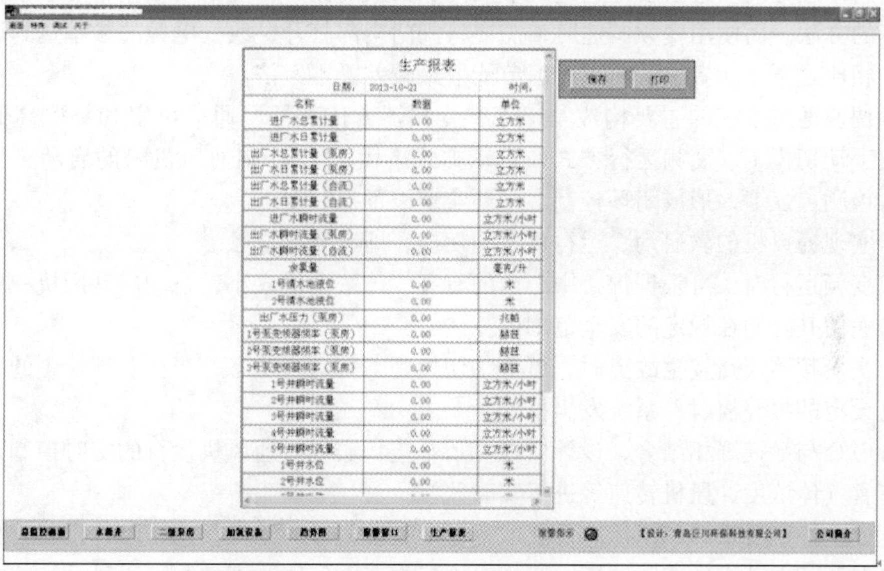

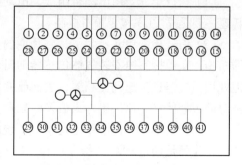

图 6-39　报表画面

单击"打印"按钮，进入预览画面，单击"打印"按钮，即可通过打印机打印报表。

6.4　风机调速系统应用实例

6.4.1　风机调速系统介绍

在地下洞、室等相对较封闭的场所中，通风机是保证其安全生产的必要设备。某学校焊接实训中心拥有焊接工位 41 个，作为工科专业进行金工实习的实训教学场所之一，其在承担着实践教学任务的同时，也肩负了保障师生生命安全的重大职责，因此良好的通风透气条件是其展开正常教学的必要前提。焊接实训中心平面分布图如图 6-40 所示。

在焊接作业过程中产生的电弧有很高的温度，加上融熔后的焊条和焊件会发生一系列的物理现象，如气化、蒸发等，过程中会产生许多氧化物以及其他的有害烟尘。长时间工作在这样的环境中，人体的健康会受到影响。因此产生的烟气需要通过排风机及时排出，从而改善焊接工作场所的通风性，保障工作人员的健康与安全。

图 6-40　焊接实训中心平面分布图

6.4.2 设计方案

目前国内的通风系统的控制方式也不止有一种，如最早期的传统方式逻辑电子电路控制方式、单片机微电路控制方式等（这些基本上已经被淘汰），后续还出现了一些自动化程度不是很高的排风方式。过去多是通过调节阀门和挡板的张开程度来改变流量的大小，很少采用变转速的方法。而使用变频调速时，需要将阀门全部打开，改变电源的频率达到调节转速的目的，相比之下，前者方法简单，但节能效果较差，不经济。

变频调速通风系统的主要构成是 PLC、变频器、传感器、通风机组和一些高低压电器等，可由手动切换工、变频运行方式，自动方式下由 PLC 控制通风机组的启动，气体传感器的实时检测、反馈，形成闭环控制。主要实现以下控制要求。

（1）实现通风机的软启动、运行状态的切换，即工频或变频。

（2）变频运行时，可根据焊接中心内的有害气体浓度的大小，自动启动风机，并调整通风机的转速使其控制在规定的安全范围内。

（3）当变频器线路发生故障时，可手动切换到工频运行状态；当作业环境中的有害气体浓度达到设定的报警值时，系统发出报警。

（4）PLC 与触摸屏相结合，设计监控显示系统，实现对通风机运行的实时控制，并对空气中的有害气体浓度、风机转速等进行实时监控。

根据以上控制要求，利用传感器获取空气中有害气体的浓度信息，PLC 接收信息后通过控制变频器调节电动机的实际转速，实现对空气中有害气体浓度控制。通风系统的主要构成如图 6-41 所示。它主要由 PLC、变频器、通风机组和气体传感器构成。

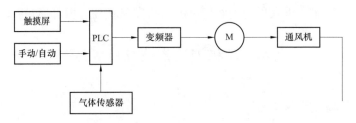

图 6-41　系统构成图

根据图 6-41 系统构成图可知该系统分为以下几个单元。

（1）执行单元：由电动机组成，电动机带动通风机转动，电动机的启、停以及电动机的转速主要是靠 PLC 和变频器控制。

（2）信号检测单元：为了达到预期的有效排烟的效果，报警信号和反馈信息是至关重要的两步，在焊接室内安装气体传感器随时监测、采集焊接室内的有害气体浓度并反馈，PLC 把处理后的信息传送到变频器，进而改变电动机的运行转速。报警信号可以提供各种系统异常时的报警信息，以供工作人员及时处理。

（3）控制单元：控制单元是整个系统的核心模块，控制单元的核心就是 PLC，电动机的任何动作都是通过 PLC 的指令动作。PLC 对系统的各个信号进行接收、处理、输出，包括气体浓度报警等信号。虽然控制单元是核心，但系统的正常运行是各单元结合起来才可以正常稳定运行，完成焊接产生烟气的有效排除。

6.4.3 系统硬件设计

1. 器件的选择

构成通风系统的主要器件有：PLC、气体传感器、变频器、通风机组以及其他电器元件，主要设备清单见表 6-10。

表 6-10　　　　　　　　　主 要 设 备 清 单

主要设备	型号	数量
可编程控制器	三菱 FX_{3U}-32MR	1
模拟量混合处理模块	三菱 FX_{0N}-3A	1
变频器	西门子 MM430	1
通风机	Y200L1-2　30kW 三相异步电动机	1
气体传感器	MQ-7B 一氧化碳气体传感器	若干
触摸屏	昆仑通态触摸屏	1

系统采用的通风机组为焊接室原有设备，实物如图 6-42 所示。相关设备参数见表 6-11 和表 6-12。

图 6-42　焊接室通风机

表 6-11　　　　　　　　　三相异步电动机相关技术参数

型号	额定电压	额定电流	额定转速	额定功率	效率	功率因数	接法
Y200L1-2	380V	56.9A	2950r/min	30kW	90.0	0.89	△

表 6-12　　　　　　　　　离心通风机相关技术参数

型号	额定功率	额定电压	主轴转速	流量	全压	电源频率
4-72 No10c	30kW	380V	1120r/min	31 237~43 722m³/h	1902~1505Pa	50Hz

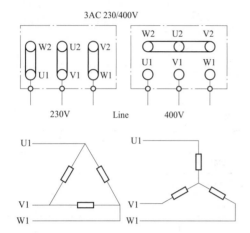

图 6-43　三相异步电动机的星形、三角形接线

电动机的连接方法分为星形连接和三角形连接，具体使用信息可在电动机铭牌上获得。厂家在电动机出厂前将其三相定子绕组的首末端设定好，在实际使用中不可随意颠倒，否则会发生接线错误，致使电动机不能正常启动，如果通电时间过长将会造成启动电流过大，引起电动机过热，影响其使用寿命，严重时还会烧毁电动机的绕组。

三相异步电动机定子绕组的接线方法如图 6-43 所示。

系统选用 MQ-7B 一氧化碳气体传感器测一氧化碳浓度，其采用 S_nO_2 作为气敏材料，工作方式为高低温循环检测，传感器的电导率随空气中一氧化碳气体浓度增加而增大。

特点：低成本、驱动电路简单，对一氧化碳气体灵敏度高，模拟量输出 0~5V 电压，浓度越高电压越高。技术数据见表 6-13。

表 6-13　　　　　　　　　　MQ-7B 一氧化碳气体传感器相关技术参数

检测 CO 浓度	回路电压 V_c	加热电压 V_H	加热时间 T_L	敏感体表面电阻 R_s	灵敏度 S	浓度斜率 α
10~1000ppm	≤10V DC	5.0V±0.2V AC/DC（高） 1.5V±0.1V AC/DC（低）	(60±1) s（高） (90±1) s（低）	2~20kΩ (in100ppm)	≥5	≤0.6

2. 主电路设计

通风系统的主电路如图 6-44 所示。由电动机 M；接触器 KM1、KM2；热继电器 FR；熔断器 FU；断路器 QF 组成。图 6-44 中 M 表示通风电动机，变频器的 U、V、W 三个端子经接触器接至三相电动机上。

KM1、KM2 分别是电动机的工频运行和变频运行的接触器，FR 作电动机过载保护，FU 作短路保护，QF 起控制作用和保护作用。

电动机有两种工作状态即工频和变频。工频控制主要是为了在变频设备或线路出现故障或需要检修时，仍能保证正常的生产运行而设置的一种预防措施。

3. 控制电路设计

根据控制要求，在编写 PLC 主程序之前要分配好 I/O 地址，确定每个 I/O 点的功能，具体见表 6-14。

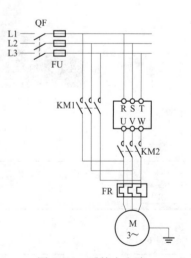

图 6-44　系统主电路

表 6-14　　　　　　　　　　　　　I/O 地址分配表

输入点	名称	符号	输出点	名称	符号
X1	停止	SB0	Y0	工频运行	KM1
X2	工频启动	SB1	Y1	变频运行	KM2
X3	变频启动	SB2	Y4	报警指示灯	HL1
X4	手动	SB3	Y5	报警电铃	HA
X5	自动	SB4	Y6	手动指示灯	HL2
X6	复位	SB5	Y10	正转	5 Din1

PLC 的外部接线图如图 6-45 所示。

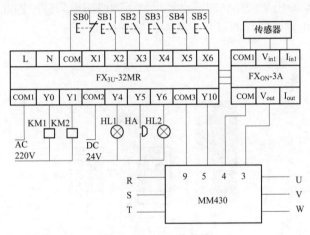

图 6-45　PLC 接线图

4. 变频器参数设定

为使变频调速通风系统达到设计的要求，实现控制功能，设定参数见表 6-15。

表 6-15　　　　　　　　　　　　变 频 器 参 数 设 定

参数代码	代码含义	默认值	设置值
P0304	电动机额定电压	230	380
P0305	电动机额定电流	3.25	56.9
P0307	电动机额定功率	0.75	30
P0310	电动机额定频率	50	50
P0311	电动机额定转速	0	2950
P0335	电动机冷却方式	0	0
P0700	选择命令源	2	1
P0701	数字输入 1 的功能	1	1
P0703	数字输入 3 的功能	9	9
P1000	频率设置选择	2	1

参数代码	代码含义	默认值	设置值
P1080	最低运行频率	0	30
P1082	最高运行频率	50	50
P1120	加速时间	10	20
P1121	减速时间	30	30
P1210	自动再启动	1	0
P1300	变频器控制方式	1	2

5. 旁路功能

MM430 风机/水泵专用变频器在内部已经设置了旁路切换软件，因此用户只需进行参数的设置，再加上硬件电路的连接即可实现功能，如图 6-46 所示。

图 6-46　旁路电路

（1）切换条件有三种，可单独使用，也可组合使用，用 P1260 选择：a 频率抵达信号，b 外接旁路命令，c 变频器故障信号。

（2）设置两个继电器输出功能：P731＝1261.0、P732＝1261.1。

（3）必须使用捕捉再启动。

（4）关于旁路功能使用的说明：用频率到达或者是变频器故障的条件来由旁路转到工频后不能再切换回变频；但是如果是使用外接旁路命令的话，则可以从工频再切回到变频，但是运行频率不能更改。

在实际使用中，变频器的输出接触器 KM1 和旁路接触器 KM2 两者之间应使用机械连锁。KM1 采取数字输出 1 控制，KM2 使用数字输出 2 控制，那么 P731 设为 1261.0，端子接19、20；P732 设定为 1261.1，端子接 21、22。

旁路频率，P1265＝50；旁路控制，P1260＝4，旁路由实际频率＝P1265来控制。

旁路控制的死时（P1262）是断开一台接触器，并接通另一台接触器，进行切换的连锁时间。其最小值应不低于电动机的祛磁时间P0347。

6. 多泵切换

MM430变频器的多泵切换也就是常说的分级控制，其应用场合多为一台变频电机和若干台（通常为1~3台）辅助电动机的闭环控制，整个过程需要变频器的PID功能参与。此外，变频器还需要通过数字量输出来控制其他辅助电动机。

常见的系统配置如图6-47所示。

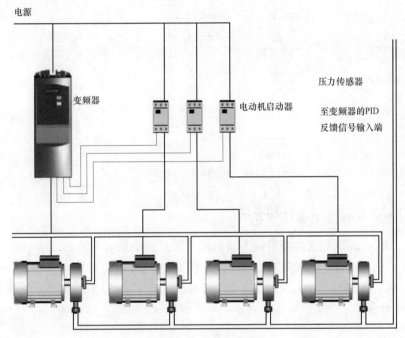

图 6-47　分级控制

在使用分级控制时，首先要确保变频器的PID功能能够正确使用。可通过PID控制器的设定值（r22620）和反馈值（r2272）来判断，此外还需要检查PID的输出（r2294）能否根据偏差（r2273）进行正确的调节。

一般来说，只要PID反馈值正确并稳定，再通过设置合理的比例积分参数后，PID控制器便可以工作了。

7. 水泵无水检测

传动机构故障的检测作为MM430变频器的一大特色，该功能用于识别传动装置机械部分的故障，如水泵无水空转，V形皮带断裂等。

在工作过程中，变频器对输出转矩的变化范围进行实时的监控，从而判别变频器是否处于欠负载或过负载的状态。将当前实际的转速/转矩曲线与编程的速度/转矩曲线（包络线）进行比较，允许的频率/转矩范围是阴影覆盖的区域。当曲线处于包络线外边，就会发出报警信号或者引起跳闸。

传动机构故障检测如图6-48所示。相关参数有P2181~P2192。

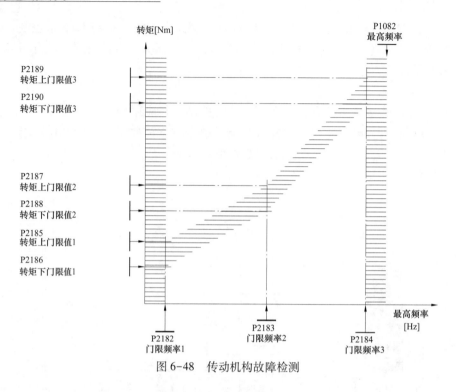

图 6-48　传动机构故障检测

6.4.4　PLC 控制程序设计与分析

按下按钮 SB4，系统根据模拟量输入输出模块采集到的信号自动启动变频器，由不同的检测结果执行不同的动作，当 CO 浓度大于设定值时电动机正转排烟；当 CO 浓度等于设定值，报警电铃响，以提醒工作人员；当 CO 浓度小于设定值报警指示灯显示正常状态，PLC 程序如图 6-49 所示。

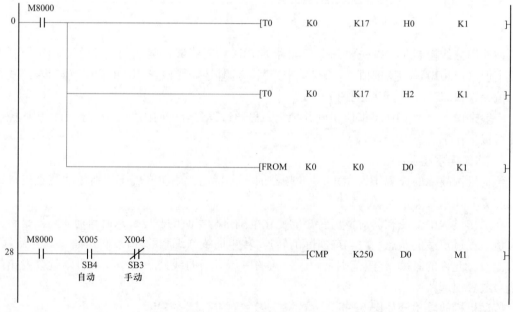

图 6-49　自动运行（一）

226

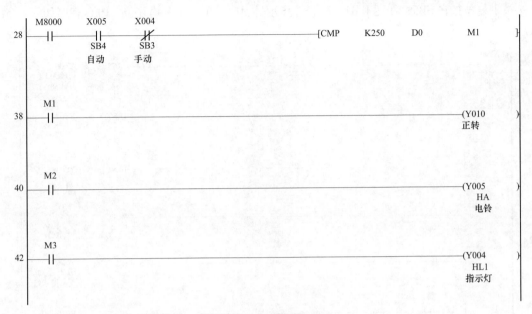

图 6-49　自动运行（二）

为防止变频线路发生故障时影响工作使用，设计了工频/变频切换，按下按钮 SB3，执行手动操作。SB3 和 SB4 形成互锁。按下 SB1 按钮此时工频启动，按下 SB2 则可手动切换到变频启动，同时 KM1 与 KM2 构成电气互锁。程序如图 6-50 所示。

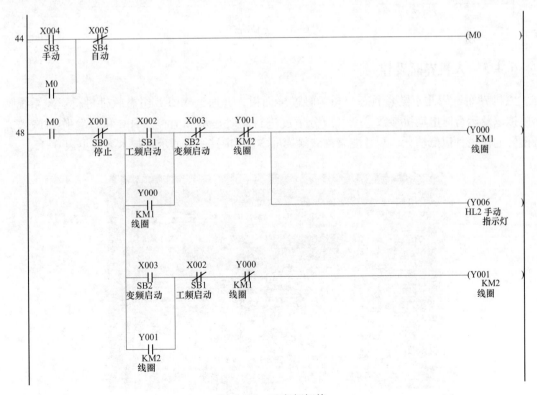

图 6-50　工变频切换

按下复位按钮 SB5，线圈 KM1、KM2、指示灯 HL1、电铃 HA 均复位。PLC 程序如图 6-51 所示。

图 6-51　复位程序

6.4.5　人机界面设计

人机界面选用北京昆仑通态公司的触摸屏面板，并通过 MCGS 组态软件进行通风系统画面模拟以及运行时电动机参数、空气成分浓度进行实时显示和监控。TPC7062KD 作为嵌入式触摸屏的代表，以低功耗、高性能著称。触摸屏实物如图 6-52 所示。技术参数见表 6-15。

图 6-52　MCGS 触摸屏实物图

1. 建立监控窗口

打开软件→用户窗口→新建窗口，并对新建窗口进行属性设置，如图 6-53 所示。

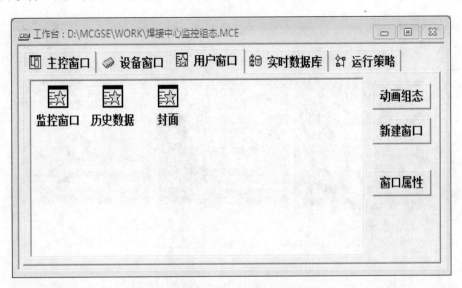

图 6-53　新建窗口

2. 建立数据对象

建立数据对象：打开组态软件→实时数据库→新增对象，并对新增的对象进行属性编辑，如图 6-54 所示。

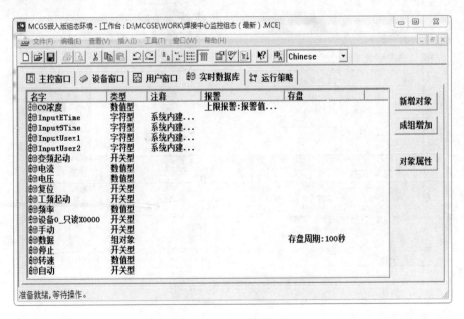

图 6-54　建立数据对象

在工具箱中选择合适的元件、图符动画构件，搭建设计所需的监控画面。并将所选的元件与相应的数据对象连接起来。根据焊接实训中心的实际状况，以及系统运行过程中的实际需要，设计了如图 6-55 和图 6-56 所示的监控画面和报警数据显示画面，以便于实时监控系统及设备的运行状况。

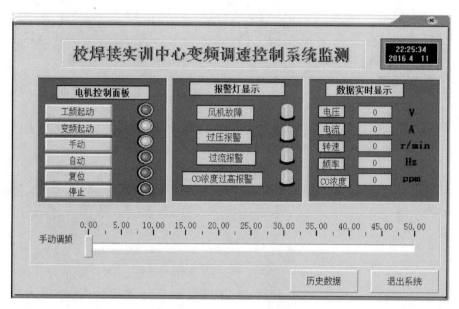

图 6-55　监控窗口

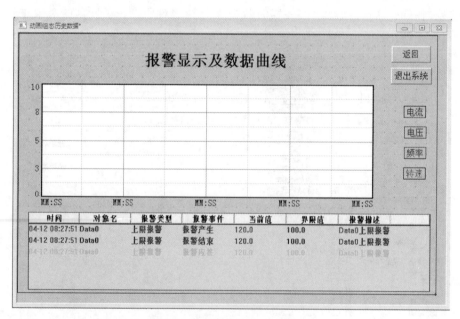

图 6-56　报警数据显示窗口

3. 设备间通信的实现

（1）PLC 的通信设置。设备通信需要 MCGS 与 PLC 和计算机通信端口属性一致，以保证系统正常运行。计算机设置串口端口号共用 COM1，通信波特率为 9600bps，数据位位数为 7，停止位数为 1 位，采用偶校验方式。

系统需要将 PLC 程序写入到 FX_{2N}型 PLC 中，PLC 设置的通信串口端口号、波特率、数据位数、停止位数和奇偶校验与在计算机相一致。

(2) MCGS 的通信设置。设计中触摸屏和 PLC 之间通信需要分配正确的地址，保证系统的正常运行。参数设置要按照通信设备的需求来设置，如果设置不正确，会导致无法正常通信。打开 MCGS 界面后，在设备窗口中双击设备窗口，出现设备窗口界面，添加“通用串口父设备”和“三菱 FX 系列编程口”。

设备窗口管理如图 6-57 所示。通用串口父设备属性设置如图 6-58 所示。

设备组态：设备窗口*
通用串口父设备0--[通用串口父设备]
设备0--[三菱_FX系列编程口]

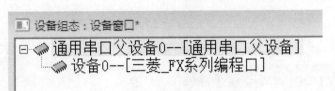

图 6-57　设备窗口管理

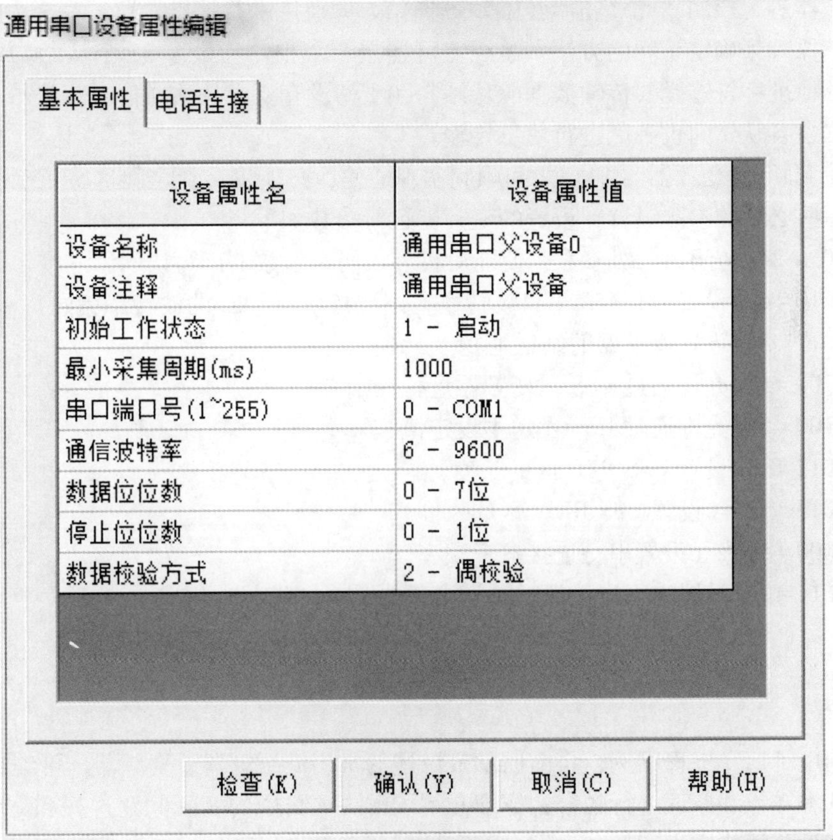

通用串口设备属性编辑
基本属性
电话连接
设备属性名
设备属性值
设备名称
通用串口父设备0
设备注释
通用串口父设备
初始工作状态
1 - 启动
最小采集周期(ms)
1000
串口端口号(1~255)
0 - COM1
通信波特率
6 - 9600
数据位位数
0 - 7位
停止位位数
0 - 1位
数据校验方式
2 - 偶校验
检查(K)
确认(Y)
取消(C)
帮助(H)

图 6-58　通用串口父设备属性编辑窗口

在设备属性中完成“连接变量”和“通道名称”的连接，如图 6-59 所示。

(3) 变频器的通信设置。所有的标准西门子变频器都有一个串行接口，采用 RS-485 双线连接方式。根据变频器的地址可以找到需要的变频器。PLC 通过 RS-485 总线与变频器通

图 6-59　设备连接状态

信，对变频器进行控制。此外还涉及了 USS 通信，即通用串行接口协议。USS 按照串行总线的主从通信原理来确定访问的方法。总线上可连接一个主站和最多 31 个从站。主站根据通信报文中的地址字符选择要传输数据的从站。在主站没有要求从站通信时，从站本身不能首先发送数据，各从站间也不能进行信息传输。

为了使 MM430 变频器与 PLC 之间顺利实现通信，必须将二者之间进行正确的连接并对变频器作一些必要的参数设置。设置的变频器运行参数如下。

1）P003 = 2（访问第二级参数，使能对扩展级所有参数的读写访问）。

2）P2010 = 6（设置 RS-485 串口波特率，该波特率与 PLC 的波特率相同）。

3）P2011 = 3（设置变频器的站地址）。

4）P0700 = 5（允许通过 USS 对变频器进行控制）。

5）P0100 = 5（允许通过 USS 发送主设定值）。

6）P2012 = 2（设置 USS PZD 区的长度）。

7）P2013 = 127（设置 USS PKW 区的长度）。

8）P2000 = 50Hz（设置串行连接参考频率）。

9）P2014 = 0（设置串行连接超时时间为 0，即禁止超时）。

本 章 小 结

本章选用了四个工程案例，将前面章节讲述的常用低压电器、变频器、可编程控制器和触摸屏的基本知识和原理进行融合，详细介绍了解决项目中的实际问题过程和方法。案例 1 以青岛滨海学院博物馆为背景，运用可编程控制器和触摸屏解决了进出门检测设计；案例 2 以青岛滨海学院维修电工考核项目中的故障检测为背景，运行可编程控制器和触摸屏，完成了智能故障设置及评分系统设计；案例 3 以某自来水厂供取水系统为背景，运用变频器、可编程控制器和触摸屏实现了全厂供取水的三级自动监控设计；案例 4 以青岛滨海学院焊接培训中心风机控制背景，运用变频器、可编程控制器和触摸屏实现变频调速通风系统的设计。

附录　MM430 变频器参数表（人工操作方式获取）

参数号	参数名称	设定范围及说明	出厂值	设定值	访问级
r0000	驱动装置的显示		—		1
r0002	驱动装置的状态	0：调试方式（P0010！=0）。 1：驱动装置运行准备就绪。 2：驱动装置故障。 3：驱动装置正在启动。 4：驱动装置正在运行。 5：停车（斜坡函数正在下降）	—	1	3
P0003	用户访问级	0：用户定义的参数表 1：标准级。 2：扩展级。 3：专家级。 4：维修级	1	3	1
P0004	参数过滤器	0~22	0	0	1
P0005	显示选择	2~2890	21		2
P0006	显示方式	0~4	2	2	3
P0007	背光延迟时间	0~2000	0	0	3
P0010	调试参数过滤器	0~30	0	0	1
P0011	"锁定"用户定义的参数	0~65 535	0	0	3
P0012	用户定义的参数解锁	0~65 535	0	0	3
P0013	用户定义的参数	0~65 535	0	0	3
r0018	微程序（软件）的版本	—	—	2.02	3
r0019	CO/BO：BOP 控制字	—	—	B＿＿＿r	3
r0020	CO：RFG 前（实际）的频率设定值	—		38.6	3
r0021	CO：经过滤波的实际频率	—		0.00	3
r0022	经过滤波的转子实际速度	—		0	3
r0024	CO：经过滤波的实际的输出频率	—		0.00	3
r0025	CO：实际的输出电压	—		0	3
r0026	CO：经过滤波的直流回路电压实际值	—		579	3
r0027	CO：经过滤波的输出电流实际值	—		0.00	3
r0031	CO：经过滤波的转矩的实际值	—		0.00	3
r0032	CO：功率的实际值	—		0.00	3
r0035	CO：电动机的实际温度	—		—	3
r0037	CO：变频器的温度	—		—	3
r0038	CO：功率因数实际值	—		0	3
r0039	CO：能量消耗计量表［kWh］	—		25 564	3

参数号	参数名称	设定范围及说明	出厂值	设定值	访问级
P0040	能量消耗计量表复位	0：不复位。 1：r0039 复位 0	0	0	3
r0050	CO：有效的命令数据组	—	—	1	2
r0051	CO：激活的驱动数据组	—	—		2
r0052	CO/BO：实际的状态字 1	—	—		3
r0053	CO/BO：实际的状态字 2	—	—		3
r0054	CO/BO：实际控制字 1	—	—		3
r0055	CO/BO：实际控制字 2	—	—		3
r0056	CO/BO：电动机的控制状态	—	—		3
r0061	CO：电动机转子的实际速度	—	—	0	3
r0063	CO：频率实际值	—	—	0	3
r0065	CO：滑差频率	—	—	0	3
r0067	CO：输出电流的实际限制值	—	—	38.55	3
r0071	CO：最大输出电压	—	—	38.00	3
r0080	CO：实际转矩	—	—	0.00	3
r0086	CO：有功电流实际值	—	—	0.00	3
P0095	Cl：显示 PZD 信号	—		0	3
r0096	PZD 信号	—	—		3
P0100	使用地区：欧洲/北美	—	0	0	1
P0199	本设备的系统编号	0~255	0	0	2
r0200	功率组件的实际标号	—	—	277	3
P0201	功率组件的标号	0~65 535	0	277	3
r0203	变频器的实际类型	—	—	7	3
r0204	功率组件的特征	—	—	b——	3
r0206	变频器的额定功率	—	—	18.50	3
r0207	变频器的额定电流	—	—	35.00	3
r0208	变频器的额定电压	—	—	400	3
r0209	变频器的最大电流	—	—	64.00	3
P0210	直流供电电压	0~1000	230	400	3
r0231	电缆的最大长度	50~100	—		3
P0290	变频器过载时的应对措施	0：降低输出频率。 1：跳闸（F004）。 2：降低调制脉冲频率和输出频率。 3：降低调制脉冲频率，然后跳闸（F0004）	2	2	3
P0291	变频器保护的配置	0~7	1		3

续表

参数号	参数名称	设定范围及说明	出厂值	设定值	访问级
P0292	变频器的过载报警	0~25	15	15	3
P0295	变频器冷却风机断电延迟时间	0~3600	0	0	3
P0304	电动机的额定电压	10~2000	230	380	1
P0305	电动机的额定电流	0.01~10 000	3.25	56.9	1
P0307	电动机的额定功率	0.01~2000	0.75	30	1
P0308	电动机的额定功率因数	0~1	0		3
P0309	电动机的额定效率	0~99	0		3
P0310	电动机的额定频率	12~650	50	50	1
P0311	电动机的额定速度	0~40 000	0		1
r0313	电动机的极对数	—	—		1
P0320	电动机磁化电流	0~99	0		3
r0330	电动机的额定滑差	—			3
r0331	额定磁化电流	—			3
r0332	额定功率因数	—			3
P0335	电动机的冷却	0~3	0		3
P0340	电动机参数的计算	0~4	0		3
P0344	电动机的重量（kg）	1.0~6500.0	9.4		3
P0346	磁化时间（s）	0~20	1		3
P0347	祛磁时间	0~20	1		3
P0350	定子电阻（线间）	0.000 01~2000	4		3
P0352	电缆电阻	0~120	0		3
r0384	转子时间常数（ms）	—			3
r0395	CO：总定子电阻（%）	—	—	2.782	3
r0396	CO：实际的转子电阻（%）	—		1.46	3
P0400	选择编码器的类型	0~2	0		3
r0403	CO/BO：编码器的状态字	—			3
P0408	编码器每转一圈的脉冲数	2~20 000	1024		3
P0492	允许的速度偏差	0~100	10		3
P0494	速度反馈信号丢失时采取应对措施的延迟时间	0~65 000	10		3
P0500	工艺过程的应用对象	0：恒定转矩负载。 1：风机和水泵	0		3
P0601	电动机温度传感器	0：无温度传感器。 1：PTC热敏元件。 2：KTY84	0		3
P0604	电动机温度保护的门限值	0~200	130		2

参数号	参数名称	设定范围及说明	出厂值	设定值	访问级
P0610	电动机 I^2t 过温的应对措施	0：除报警外无应对措施。 1：报警，并降低最大电流。 2：报警和跳闸	2		3
P0625	电动机运行的环境温度	−40～80	20		3
P0640	电动机过载因子（％）	10～400	110		3
P0700	选择命令源	0：工厂的缺省设置。 1：BOP（键盘）设置。 2：由端子排输入。 4：BOP 链路的 USS 设置。 5：COM 链路的 USS 设置。 6：COM 链路的通信板设置	2		1
P0701	数字输入 1 的功能	0～99	1		2
P0702	数字输入 2 的功能	0～99	12		2
P0703	数字输入 3 的功能	0～99	9		2
P0704	数字输入 4 的功能	0～99	15		2
P0705	数字输入 5 的功能	0～99	15		2
P0706	数字输入 6 的功能	0～99	15		2
P0707	数字输入 7 的功能	0～99	0		3
P0708	数字输入 8 的功能	0～99	0		3
P0718	CO/BO：手动/自动	0=自动操作：模拟的和数字的 输入端进行控制。 1=手动操作：用 BOP 进行控制	0	1	3
P0719	命令和频率设定值的选择	0～66	0		3
r0720	数字输入的数目	—	—	8	3
r0722	CO/BO：二进制输入值	—	—		3
P0724	数字输入采用的防颤动时间	0：无防颤动时间。 1：防颤动时间为 2.5ms。 2：防颤动时间为 8.2ms。 3：防颤动时间为 12.3ms	3	3	3
P0725	PNP/NPN 数字输入	0：NPN 方式→低电平有效。 1：PNP 方式→高点平有效	1	1	3
r0730	数字输出的数目	—	—	3	3
P0731	BI：数字输出 1 的功能	0～4000	52.3		2
P0732	BI：数字输出 2 的功能	0～4000	52.7		2
P0733	BI：数字输出 3 的功能	0～4000	0		2
r0747	CO/BO：数字输出的状态	—	—		3
P0748	数字输出反相	0～7	0		3
r0750	ADC（A/D 转换输入）的数目	—	—	2	3
r0752	ADC 的实际输入（V）或（mA）				2

参数号	参数名称	设定范围及说明	出厂值	设定值	访问级
P0753	ADC 的平滑时间	0~10 000	3		3
r0754	标定后的 ADC 实际值（%）	—	—		2
r0755	CO：按十六进制数（4000h）标定的模拟输入值	—	—		3
P0756	ADC 的类型	0~4	0		2
P0757	标定 ADC 的 x1 值（V/mA）	−20~20	0		2
P0758	标定 ADC 的 y1 值	−99 999.9~99 999.9	0		2
P0759	标定 ADC 的 x2 值（V/mA）	−20~20	10		2
P0760	标定 ADC 的 y2 值	−99 999.9~99 999.9	100		2
P0761	ADC 死区的宽度（V/mA）	0~20	0		3
P0762	信号丢失的延迟时间	0~10 000	10		3
r0770	DAC 的数目	—	0	2	3
P0771	DAC 的功能	0~4000	21		2
P0773	DAC 的平滑时间	0~1000	2		3
r0774	实际的 DAC 值（V）或（mA）	—	—		3
P0776	DAC 的类型	0：模拟输出 1（DAC1）。 1：模拟输出 2（DAC2）	—		
P0777	DAC 的标定的 x1 值	−99 999~99 999	0		2
P0778	DAC 标定的 y1 值	0~20	0		2
P0779	DAC 标定的 x2 值	−99 999~99 999	100		2
P0780	DAC 标定的 y2 值	0~20	20		2
P0781	DAC 的死区宽度	0~20	0		3
P0800	BL：下载参数置 0	0~4000	0		3
P0801	BL：下载参数 1	0~4000	0		3
P0809	复制命令数据组（CDS）	0~2	0		3
P0810	BL：CDS 位 0（本机/远程）	0~4095	718	718.0	3
P0811	BL：CDS 位 1	0~4095	0		2
P0819	复制驱动数据组	0~2	0		2
P0820	BI：DDS 位 0	0~4095	0	0	3
P0821	BI：DDS 位 1	0~4095	3	0	3
P0840	BI：正向运行的 ON/OFF 命令	0~4000	722		3
P0842	BI：反向运行的 ON/OFF 命令	0~4000	0		3
P0844	BI：第一个 OFF2 停车命令	0~4000	1		3
P0845	BI：第二个 OFF2 停车命令	0~4000	19.1		3
P0848	BI：第一个 OFF3 停车命令	0~4000	1		3
P0849	BI：第二个 OFF3 停车命令	0~4000	1		3

参数号	参数名称	设定范围及说明	出厂值	设定值	访问级
P0852	BI：脉冲使能	0～4000	1		3
P0918	CB 地址	0～65 535	3	3	2
P0927	怎样才能更改参数	0～15	15		3
r0947	最后的故障码	—	—		3
r0948	故障发生的时间	—	—		3
r0949	故障数值	—	—		3
P0952	故障的总数	0～8	0	5	3
r0964	微程序版本的数据	—	—		3
r0965	Profibus Profile	—	—	0303	3
r0967	控制字 1	—	—		3
r0968	状态字 1	—	—		3
r0970	工厂复位	0：静止复位。 1：参数复位	0	0	1
P0971	从 RAM 到 E²PROM 的数据传输	0：禁止传输。 1：启动传输	0	0	3
P1000	频率设定值的选择	0～77	2		1
P1001	固定频率 1	−650～650	0		3
P1002	固定频率 2	−650～650	5		3
P1003	固定频率 3	−650～650	10		3
P1004	固定频率 4	−650～650	15		3
P1005	固定频率 5	−650～650	20		3
P1006	固定频率 6	−650～650	25		3
P1007	固定频率 7	−650～650	30		3
P1008	固定频率 8	−650～650	35		3
P1009	固定频率 9	−650～650	40		3
P10010	固定频率 10	−650～650	45		3
P10011	固定频率 11	−650～650	50		3
P10012	固定频率 12	−650～650	55		3
P10013	固定频率 13	−650～650	60		3
P10014	固定频率 14	−650～650	65		3
P10015	固定频率 15	−650～650	70		3
P1016	固定频率方式—位 0	1：直接选择。 2：直接选择+ON 命令。 3：二进制编码选择+ON 命令	1	1	3
P1017	固定频率方式—位 1	1：直接选择。 2：直接选择+ON 命令。 3：二进制编码选择+ON 命令	1	1	3

参数号	参数名称	设定范围及说明	出厂值	设定值	访问级
P1018	固定频率方式—位2	1：直接选择。 2：直接选择+ON命令。 3：二进制编码选择+ON命令	1	1	3
P1019	固定频率方式—位3	1：直接选择。 2：直接选择+ON命令。 3：二进制编码选择+ON命令	1	1	3
P1020	BI：固定频率选择—位0	0~4000	0		3
P1021	BI：固定频率选择—位1	0~4000	0		3
P1022	BI：固定频率选择—位2	0~4000	0		3
P1023	BI：固定频率选择—位3	0~4000	722.3		3
P1024	CO：实际的固定频率	—		0	3
P1025	固定频率方式—位4	1：直接选择。 2：直接选择+ON命令	1	1	3
P1026	BI：固定频率选择—位4	0~4000	722.4		3
P1027	固定频率方式—位5	1：直接选择。 2：直接选择+ON命令	1	1	3
P1028	BI：固定频率选择—位5	0~4000	722.5		3
P1031	MOP的设定值存储	0：MOP设定值不存储。 1：存储MOP设定值	0		3
P1032	禁止MOP的反向	0：允许反向。 1：禁止反向	1	1	3
P1035	BI：使能MOP（UP——升速命令）	0~4000	19.13		
P1036	BI：使能MOP（DOWN——减速命令）	0~4000	19.14		3
P1040	MOP的设定值	−650~650	5		2
P1050	CO：MOP的实际输出频率	—		38.6	3
P1070	CI：主设定值	0~4000	755		3
P1071	CI：主设定值标定	0~4000	1		3
P1074	BI：禁止附加设定值	0~4000	0		3
P1075	CI：附加设定值	0~4000	0		3
P1076	CI：附加设定值标定	0~4000	1		3
r1078	CO：总的频率设定值	—		38.6	3
P1080	最低频率	0~650	0		1
P1082	最高频率	0~650	50		1
P1091	跳转频率1	0~650	0		3
P1092	跳转频率2	0~650	0		3
P1093	跳转频率3	0~650	0		3
P1094	跳转频率4	0~650	0		3

续表

参数号	参数名称	设定范围及说明	出厂值	设定值	访问级
P1101	跳转频率的频带宽度	0~10	2		3
P1110	BI：禁止负的频率设定值	0~4000	1		3
P1113	BI：反向	0~4000	722.1		3
r1114	CO：改变控制方向以后的频率设定值	—	—	38.6	3
r1119	CO：RFG 前的频率设定值	—	—	38.6	3
P1120	斜坡上升时间	0~650	10		1
P1121	斜坡下降时间	0~650	30		1
P1130	斜坡上升曲线的起始段圆弧时间	0~40	0		2
P1131	斜坡上升曲线的结束段圆弧时间	0~40	0		2
P1132	斜坡下降曲线的起始段圆弧时间	0~40	0		2
P1133	斜坡下降曲线的结束段圆弧时间	0~40	0		2
P1134	平滑圆弧的类型	0：连续平滑。 1：断续平滑	0		2
P1135	OFF3 斜坡下降时间	0~650	0		2
P1140	BI：RFG 使能	0~4000	0		3
P1141	BI：RFG 开始	0~4000	1		3
P1142	BI：RFG 使能设定值	0~4000	1		3
r1170	CO：RFG 后的频率设定值	—	—	0	3
P1200	捕捉再启动	0~6	0	0	3
P1202	电动机电流：捕捉再启动	10~200	100		3
P1203	搜索速率：捕捉再启动	10~200	100		3
P1210	自动再启动	0：禁止自动再启动。 1：上电后跳闸复位。 2：在主电源中断后再启动。 3：在主电源消隐或故障后再启动。 4：在主电源消隐后再启动。 5：在主电源中断和故障后再启动。 6：在电源消隐，电源中断或故障后再启动	1	4	3
P1211	再启动重试的次数	0~10	3	10	3
P1212	第一次启动的时间	0~1000	30	10	3
P1213	再启动时间增量	0~1000	30	5	3
P1215	抱闸制动使能	0：禁止电动机抱闸制动。 1：使能电动机抱闸制动	0	0	2
P1216	抱闸制动释放的延时时间	0~20	1	1	2
P1217	斜坡曲线结束后的抱闸时间	0~20	1	1	2
P1230	BI：使能直流制动	0~4000	0		3
P1232	直流制动电流	0~250	100		3

参数号	参数名称	设定范围及说明	出厂值	设定值	访问级
P1233	直流制动的持续时间	0~250	0		3
P1234	直流制动的起始频率	0~650	650		3
P1236	复合制动电流	0~250	0		3
P1240	直流电压（V_{dc}）控制器的配置	0：禁止直流电压（V_{dc}）控制器。 1：最大直流电压控制器使能	1		3
r1242	CO：最大直流电压控制器的接通电平	—	—	648.4	3
P1243	最大直流电压控制器的动态因子	10~200	100		3
P1253	直流电压控制器的输出限幅	0~600	10		3
P1254	V_{dc}接通电平的自动检测	0：禁止。 1：使能	1	1	3
P1260	旁路控制	0~7	0		2
r1261	BO：旁路状态字	—	—		2
P1262	旁路控制的死时	0~20	1		2
P1263	旁路的时间	0~300	1		2
P1264	旁路时间	0~300	1		2
P1265	旁路频率	12~650	50		2
P1266	旁路命令	0~4000	0		2
P1300	变频器的控制方式	0~23	1		3
P1310	连续提升（%）	0~250	50		3
P1311	加速度提升（%）	0~250	0		3
P1312	启动提升（%）	0~250	0		3
P1316	提升结束点的频率（%）	0~100	20		3
P1320	可编程的 V/f 特性曲线频率坐标 1（Hz）	0~650	0		3
P1321	可编程的 V/f 特性曲线电压坐标 1（V）	0~3000	0		3
P1322	可编程的 V/f 特性曲线频率坐标 2（Hz）	0~650	0		3
P1323	可编程的 V/f 特性曲线电压坐标 2（V）	0~3000	0		3
P1324	可编程的 V/f 特性曲线频率坐标 3（Hz）	0~650	0		3
P1325	可编程的 V/f 特性曲线电压坐标 3（V）	0~3000	0		3
P1330	CI：电压设定值	0~4000	0		3
P1333	FCC 的起始频率（%）	0~100	10		3
P1335	滑差补偿（%）	0~600	0		3
P1336	滑差限值（%）	0~600	250		3
r1337	CO：V/f 滑差频率	—	—	0	3
P1338	V/f 特性的谐振阻尼增益系数	0~10	0		3
P1340	最大电流控制器的频率控制比例增益系数	0~0.499	0		3
P1341	最大电流控制器的频率控制积分时间	0~50	0.3		3

参数号	参数名称	设定范围及说明	出厂值	设定值	访问级
r1343	CO：Imax 控制器的频率输出	—	—	100	3
r1344	CO：Imax 控制器的电压输出	—	—	0	3
P1345	Imax 控制器的电压控制比例增益系数	0～5.499	0.25		3
P1346	Imax 控制器的电压控制积分时间	0～50	0.3		3
P1350	电压软启动	0：OFF。 1：ON	0		3
P1800	脉冲频率	2～16	4	8	2
r1801	CO：实际的开关频率（kHz）	—	—	8	3
P1802	调制方式	0：SVM/ASVM 自动方式。 1：不对称 SVM。 2：空间矢量调制。 3：SVM/ASVM 控制方式	0	0	3
P1910	选择电动机数据是否自动检测	0：禁止自动检测功能。 1：自动检测定子电阻，并改写参数数值。 2：自动检测定子电阻，到但不改写参数数值。 3：设定电压矢量	0	0	3
P1911	要自动检测的相数	1～3	3	3	3
r1912	测出的定子电阻	—	—		3
r1925	测出的通态电压	—	—	0	3
r1926	测出的门控单元死时	—	—	0	3
P2000	基准频率	1～650	50		2
P2001	基准电压	10～2000	1000		3
P2002	基准电流	0.1～1000	0.1		3
P2003	基准转矩	0.1～99 999	0.75		3
r2004	基准功率	—	—		3
P2009	USS 规格化	0：禁止。 1：使能规格化	0		3
P2010	USS 波特率	4～12	6		3
P2011	USS 地址	0～31	0		3
P2012	USS 协议的 PZD（过载数据）长度	0～8	2		3
P2013	USS 协议的 PKW 长度	0：字数为 0。 3：3 个字。 4：4 个字。 127：PKW 长度是可变的	127		3
P2014	USS 报文的停止传输时间	0～65 535	0		3
r2015	CO：从 BOP 链路（USS 协议）传输的 PZD	—	—		3
P2016	CI：将 PZD 发送到 BOP 链路（USS）	0～4000	52		3
r2018	CO：有 COM 链路（USS）传输的 PZD	—	—		3

续表

参数号	参数名称	设定范围及说明	出厂值	设定值	访问级
P2019	CI：将 PZD 数据发送到 COM 链路（USS）	0~4000	52		3
r2024	无错误 USS 报文的数目	—	—		3
r2025	据收的 USS 报文	—	—		3
r2026	USS 字符帧错误	—	—		3
r2027	USS 超时错误	—	—		3
r2028	USS 奇偶错误	—	—		3
r2029	USS 不能识别起始点	—	—		3
r2030	USS 的 BCC 错误	—	—		3
r2031	USS 长度错误	—	—		3
r2032	BO：从 BOP 链路（USS）传输的控制字 1	—	—		3
r2033	BO：从 BOP 链路（USS）传输的控制字 2	—	—		3
r2036	BO：从 COM 链路（USS）传输的控制字 1	—	—		3
r2037	BO：从 COM 链路（USS）传输的控制字 2	—	—		3
r2040	CB（通信板）报文停止时间		20	20	3
P2041	CB 参数	0~65 535	0		3
r2050	CO：由 CB 接收到的 PZD	—	—		3
P2051	CL：将 PZD 发送到 CB	0~4000	52		3
r2053	CB 识别	—	—		3
r2054	CB 诊断	—	—		3
r2090	BO：由 CB 收到的控制字 1	—	—		3
r2091	BO：由 CB 收到的控制字 2	—	—		3
P2100	选择故障报警信号的编号	0~65 535	0		3
P2101	停车措施的序号	0：不采取措施，没有显示。 1：采用 OFF1 停车。 2：采用 OFF2 停车。 3：采用 OFF3 停车。 4：不采取措施，只发报警信号。 5：转至固定频率 15	0		3
P2103	BL：第一个故障应答	0~4000	722		3
P2104	BL：第二个故障应答	0~4000	0		3
P2106	BL：外部故障	0~4000	1		3
r2110	报警信号的数目	—	—		3
P2111	报警信号的总数	0~4	0	2	3
r2114	运行时间计数器	—	—		3
P2115	AOP 实时时钟	0~65535	0		3
P2150	回线频率 f_ hys	0~10	3		3
P2153	速度滤波器的时间常数	0~1000	5		3

参数号	参数名称	设定范围及说明	出厂值	设定值	访问级
P2155	门限频率 f_ 1	0～650	30		3
P2156	门限频率 f_ 1 的延迟时间	0～10 000	10		3
P2157	门限频率 f_ 2	0～650	30		3
P2158	门限频率 f_ 2 的延迟时间	0～10 000	10		3
P2159	门限频率 f_ 3	0～650	30		3
P2160	门限频率 f_ 3 的延迟时间	0～10 000	10		3
P2161	频率设定值的最小门限值	0～10	3		3
P2162	监视超速的回线频率	0～650	20		3
P2163	允许偏差的门限频率	0～20	3		3
P2164	监视速度偏差的回线频率	0～10	3		3
P2165	允许偏差的延迟时间	0～10 000	10		3
P2166	斜坡上升结束信号的延迟时间	0～10 000	10		3
P2167	关断频率 f—off	0～10	1		3
P2168	关断延迟时间 T_ off	0～10 000	10		3
r2169	CO：经过滤波的实际频率	—	—	0	3
P2170	门限电流 I_ thresh	0～400	100		3
P2171	电流的延迟时间	0～10 000	10		3
P2172	直流回路的门限电压	0～2000	800		3
P2173	直流回路的门限电压的延迟时间	0～10 000	10		3
P2174	转矩门限 T_ thresh	0～99 999	5. 13		3
P2176	转矩门限的延迟时间	0～10 000	10		3
P2177	闭锁电动机的延迟时间	0～10 000	10		3
P2178	电动机停车的延迟时间	0～10 000	10		3
P2179	判定负载消失的电流门限值	0～10	3	3	3
P2180	判定无负载的延迟时间	0～10 000	2000	2000	3
P2181	传动机构故障的检测方式	0：禁止传动机构故障检测功能。 1：低于转矩/速度报警。 2：高于转矩/速度报警。 3：高于/低于转矩/速度报警。 4：低于转矩/速度跳闸。 5：高于转矩/速度跳闸。 6：高于/低于转矩/速度跳闸	0		3
P2182	传动机构门限频率 1	0～650	5		3
P2183	传动机构门限频率 2	0～650	30		3
P2184	传动机构门限频率 3	0～650	50		3
P2185	转矩上门限值 1	0～99 999	99 999		3
P2186	转矩下门限值 1	0～99 999	0		3
P2187	转矩上门限值 2	0～99 999	99 999		3

续表

参数号	参数名称	设定范围及说明	出厂值	设定值	访问级
P2188	转矩下门限值 2	0~99 999	0		3
P2189	转矩上门限值 3	0~99 999	99 999		3
P2190	转矩下门限值 3	0~99 999	0		3
P2192	传动机构故障的延迟时间	0~65	10		3
r2197	CO/BO：监控字 1	—	—		3
r2198	CO/BO：监控字 2	—	—		3
P2200	BI：允许 PID 控制器投入	0~4000	0		2
P2201	PID 控制器的固定频率设定值 1	−200~200	0		3
P2202	PID 控制器的固定频率设定值 2	−200~200	10		3
P2203	PID 控制器的固定频率设定值 3	−200~200	20		3
P2204	PID 控制器的固定频率设定值 4	−200~200	30		3
P2205	PID 控制器的固定频率设定值 5	−200~200	40		3
P2206	PID 控制器的固定频率设定值 6	−200~200	50		3
P2207	PID 控制器的固定频率设定值 7	−200~200	60		3
P2208	PID 控制器的固定频率设定值 8	−200~200	70		3
P2209	PID 控制器的固定频率设定值 9	−200~200	80		3
P2210	PID 控制器的固定频率设定值 10	−200~200	90		3
P2211	PID 控制器的固定频率设定值 11	−200~200	100		3
P2212	PID 控制器的固定频率设定值 12	−200~200	110		3
P2213	PID 控制器的固定频率设定值 13	−200~200	120		3
P2214	PID 控制器的固定频率设定值 14	−200~200	130		3
P2215	PID 控制器的固定频率设定值 15	−200~200	140		3
P2216	PID 固定频率设定值方式—位 0	1：直接选择。 2：直接选择+ON 命令。 3：二进制编码选择+ON 命令	1	1	3
P2217	PID 固定频率设定值方式—位 1	1：直接选择。 2：直接选择+ON 命令。 3：二进制编码选择+ON 命令	1	1	3
P2218	PID 固定频率设定值方式—位 2	1：直接选择。 2：直接选择+ON 命令。 3：二进制编码选择+ON 命令	1	1	3
P2219	PID 固定频率设定值方式—位 3	1：直接选择。 2：直接选择+ON 命令。 3：二进制编码选择+ON 命令	1	1	3
P2220	BI：PID 固定频率设定值选择位 0	0~4000	0		3
P2221	BI：PID 固定频率设定值选择位 1	0~4000	0		3
P2222	BI：PID 固定频率设定值选择位 2	0~4000	0		3

续表

参数号	参数名称	设定范围及说明	出厂值	设定值	访问级
P2223	BI：PID 固定频率设定值选择位 3	0~4000	722.3		3
r2224	CO：PID 实际的固定频率设定值	—	—	0	3
P2225	PID 固定频率设定值方式—位 4	1：直接选择。 2：直接选择+ON 命令	1	1	3
P2226	BI：PID 固定频率设定值选择位 4	0~4000	722.4		3
P2227	PID 固定频率设定值方式—位 5	1：直接选择。 2：直接选择+ON 命令	1	1	3
P2228	BI：PID 固定频率设定值选择位 5	0~4000	722.5		3
P2231	PID-MOP 的设定值存储	0：不允许 PID-MOP 的设定值。 1：允许存储 PID-MOP 的设定值 （改写 P2240）	1		3
P2232	禁止 PID-MOP 设定值反向	0：允许反向。 1：禁止反向	1	1	3
P2235	BI：使能 PID-MOP 升速（UP-命令）	0~4000	19.13		3
P2236	BI：使能 PID-MOP 降速（DOWN-命令）	0~4000	19.14		3
P2240	PID-MOP 的设定值	-200~200	10		3
r2250	CO：PID-MOP 输出的设定值	—	—	77.2	3
P2253	CI：PID 设定值信号源	0~4000	2250		2
P2254	CI：PID 微调信号源	0~4000	0		3
P2255	PID 设定值的增益系数	0~100	100	100	3
P2256	PID 微调信号的增益系数	0~100	100	100	3
P2257	PID 设定值的斜坡上升时间	0~650	1	1	2
P2258	PID 设定值的斜坡下降时间	0~650	1	1	2
r2260	CO：PID-RFG 后面的 PID 设定值	—	—	7.2	2
P2261	PID 设定值的滤波时间常数	0~60	0	0	3
r2262	CO：RFG 后面经过滤波的已激活的 PID 设定值	—	—	77.2	3
P2263	PID 控制器的类型	0：反馈信号的 D（微分）分量。 1：误差信号的 D（微分）分量	0		3
P2264	CI：PID 反馈信号	0~4000	755.1		2
P2265	PID 反馈滤波时间常数	0~60	0	0	2
r2266	CO：经滤波的 PID 反馈	—	—	0	2
P2267	PID 反馈信号的上限值	-200~200	100	100	3
P2268	PID 反馈信号的下限值	-200~200	100	0	3
P2269	PID 反馈信号的增益	0~500	100	100	3
P2270	PID 反馈功能选择器	0：禁止。 1：平方根。 2：平方。 3：立方	0	0	3

参数号	参数名称	设定范围及说明	出厂值	设定值	访问级
P2271	PID 传感器的反馈形式	0~1	0	0	2
r2272	CO：PID 标定的反馈信号	—	—	0	2
r2273	CO：PID 误差	—		77.2	2
P2274	PID 微分时间	0~60	0	0	2
P2280	PID 比例增益系数	0~65	3	3	2
P2285	PID 积分时间	0~60	0		2
P2291	PID 输出上限	−200~200	100		2
P2292	PID 输出下限	−200~200	0		2
P2293	PID 限福值的斜坡上升/下降时间	0~100	1		3
r2294	CO：实际的 PID 输出	—	—		2
P2370	电动机的分级停车方式	0：常规方式停车。 1：顺序停车	0		3
P2371	电动机分级控制的配置	0：不进行电动机分级控制。 1：M1＝1X，M2＝　，M3＝　。 2：M1＝1X，M2＝1X，M3＝　。 3：M1＝1X，M2＝2X，M3＝　。 4：M1＝1X，M2＝1X，M3＝1X。 5：M1＝1X，M2＝1X，M3＝2X。 6：M1＝1X，M2＝2X，M3＝3X。 7：M1＝1X，M2＝1X，M3＝3X。 8：M1＝1X，M2＝2X，M3＝3X	0		3
P2372	电动机的分级循环	0：禁止分级循环。 1：允许分级循环	0		3
P2373	电动机分级控制回线宽度	0~200	20		3
P2374	电动机进入分级控制的延时	0~650	30		3
P2375	电动机退出分级控制的延时	0~650	30		3
P2376	电动机分级控制延时超限	0~200	25		3
P2377	电动机分级控制闭锁定时器	0~650	30		3
P2378	电动机的分级控制频率	0~120	50		3
r2379	CO/BO：电动机分级控制的状态字	—	—		3
P2380	电动机进入分级控制运行的小时数	0	0		3
P2390	节能设定值	−200~200	0	0	3
P2391	节能定时器	0~254	0	0	3
P2392	节能再启动的设定值	−200~200	0	0	3
P2800	使能自由功能块（FFB）	0：禁止 FFB。 1：使能 FFB	0	0	3
P2801	激活自由功能块（FFB）	0：不激活。 1：第一级。 2：第二级。 3：第三极	0		3

参数号	参数名称	设定范围及说明	出厂值	设定值	访问级
P2802	激活自由功能块（FFB）	0：不激活。 1：第一级。 2：第二级。 3：第三极	0		3
P2810	BL：AND1	0~4000	0		3
r2811	BO：AND1	—	—	0	3
P2812	BL：AND2	0~4000	0		3
r2813	BO：AND2	—	—	0	3
P2814	BL：AND3	0~4000	0		3
r2815	BO：AND3	—	—	0	3
P2816	BL：OR1	0~4000	0		3
r2817	BO：OR1	—	—	0	3
P2818	BL：OR2	0~4000	0		3
r2819	BO：OR2	—	—	0	3
P2820	BL：OR3	0~4000	0		3
r2821	BO：OR3	—	—	0	3
P2822	BI：XOR1	0~4000	0		3
r2823	BO：XOR1	—	—	0	3
P2824	BI：XOR2	0~4000	0		3
r2825	BO：XOR2	—	—	0	3
P2826	BI：XOR3	0~4000	0		3
r2827	BO：XOR3	—	—	0	3
P2828	BI：NOT1	0~4000	0	0	3
r2829	BO：NOT1	—	—	0	3
P2830	BI：NOT2	0~4000	0	0	3
r2831	BO：NOT2	—	—	0	3
P2832	BI：NOT3	0~4000	0	0	3
r2833	BO：NOT3	—	—	0	3
P2834	BI：D-FF1	0~4000	0		3
r2835	BO：Q D-FF1	—	—	0	3
r2836	BO：NOT-Q D-FF1	—	—		3
P2837	BI：D-FF2	0~4000	0		3
r2838	BO：Q D-FF2	—	—	0	3
r2839	BO：NOT-Q D-FF2	—	—	1	3
P2840	BI：RS-FF1	0~4000	0		3
r2841	BO：Q RS-FF1	—	—	0	3
r2842	BO：NOT-Q RS-FF1	—	—	1	3

续表

参数号	参数名称	设定范围及说明	出厂值	设定值	访问级
P2843	BI：RS-FF2	0~4000	0		3
r2844	BO：Q RS-FF2	—	—	0	3
r2845	BO：NOT-Q RS-FF2	—	—	1	3
P2846	BI：RS-FF3	0~4000	0		3
r2847	BO：Q RS-FF3	—	—	0	3
r2848	BO：NOT-Q RS-FF3	—	—	1	3
P2849	BI：定时器（Timer）1	0~4000	0	0	3
P2850	定时器 1 的延迟时间	0~6000	0	0	3
P2851	定时器 1 的工作方式	0：ON 延时。 1：OFF 延时。 2：ON/OFF 延时。 3：脉冲发生器	0	0	3
r2852	BO：定时器 1	—	—	0	3
r2853	BO：定时器 1 取反	—	—	0	3
P2854	BO：定时器 2	0~4000	0	0	3
P2855	定时器 2 的延迟时间	0~6000	0	0	3
P2856	定时器 2 的工作方式	0：ON 延时。 1：OFF 延时。 2：ON/OFF 延时。 3：脉冲发生器	0	0	3
r2857	BO：定时器 2	—	—	0	3
r2858	BO：定时器 2 取反	—	—	0	3
P2859	BI：定时器 3	0~4000	0	0	3
P2860	定时器 3 的延迟时间	0~6000	0	0	3
P2861	定时器 3 的工作方式	0：ON 延时。 1：OFF 延时。 2：ON/OFF 延时。 3：脉冲发生器	0	0	3
r2862	BO：定时器 3	—	—	0	3
r2863	BO：定时器 3 取反	—	—	0	3
P2864	BI：定时器 4	0~4000	0	0	3
P2865	定时器 4 的延迟时间	0~6000	0	0	3
P2866	定时器 4 的工作方式	0：ON 延时。 1：OFF 延时。 2：ON/OFF 延时。 3：脉冲发生器	0	0	3
r2867	BO：定时器 4	—	—	0	3
r2868	BO：定时器 4 取反	—	—	0	3
P2869	CI：加法器（ADD）1	0~4000	755		3

参数号	参数名称	设定范围及说明	出厂值	设定值	访问级
r2870	CO：ADD1	—	—	0	3
P2871	CI：ADD2	0～4000	755		3
r2872	CO：ADD2	—	—	0	3
P2873	CI：减法器（SUB）1	0～4000	755		3
r2874	CO：SUB1	—	—	0	3
P2875	CI：SUB2	0～4000	755		3
r2876	CO：SUB2	—	—	1	3
P2877	CI：乘法器（MUL）1	0～4000	755		3
r2878	CO：MUL1	—	—	0	3
P2879	CI：MUL2	0～4000	755		3
r2880	CO：MUL2	—	—	0	3
P2881	CI：除法器（DIV）1	0～4000	755		3
r2882	CO：DIV1	—	—	0	3
P2883	CI：DIV2	0～4000	755		3
r2884	CO：DIV2	—	—	0	3
P2885	CI：比较器（CMP）1	0～4000	755		3
r2886	BO：CMP1	—	—	0	3
P2887	CI：CMP2	0～4000	755		3
r2888	BO：CMP2	—	—	0	3
P2889	CO：以［%］表示的固定设定值1	-200～200	0	0	3
P2890	CO：以［%］表示的固定设定值2	-200～200	0	0	3
P3900	结束快速调试	0：不用快速调试。 1：结束快速调试，并按工厂设置使参数复位。 2：结束快速调试。 3：结束快速调试，只进行电动机数据的计算	0	0	1